U0231918

中国食品安全
“多元协同”治理模式研究

李静 著

图书在版编目(CIP)数据

中国食品安全“多元协同”治理模式研究/李静著. —北京:北京大学出版社,2016.3

ISBN 978-7-301-26787-5

Ⅰ. ①中… Ⅱ. ①李… Ⅲ. ①食品安全—安全管理—研究—中国 Ⅳ. ①TS201.6

中国版本图书馆 CIP 数据核字(2016)第 009917 号

书　　名 中国食品安全“多元协同”治理模式研究
ZHONGGUO SHIPIN ANQUAN “DUOYUAN XIETONG” ZHILI MOSHI YANJIU

著作责任者 李　静　著

责 任 编 辑 姚文海　杨丽明

标 准 书 号 ISBN 978-7-301-26787-5

出 版 发 行 北京大学出版社

地　　址 北京市海淀区成府路 205 号　100871

网　　址 http://www.pup.cn

电 子 信 箱 sdyy_2005@126.com

新 浪 微 博 @北京大学出版社　@北大出版社法律图书

电　　话 邮购部 62752015　发行部 62750672　编辑部 021-62071998

印 刷 者 三河市博文印刷有限公司

经 销 者 新华书店

965 毫米×1300 毫米　16 开本　17 印张　287 千字

2016 年 3 月第 1 版　2016 年 3 月第 1 次印刷

定　　价 48.00 元

序

中国共产党十八届三中全会公报将“推进国家治理体系和治理能力的现代化”作为全面深化改革的总目标之一,是我国社会建设理论和实践的又一次与时俱进。社会治理概念的提出与理念的确定,标志着治理主体的多元、治理方式的灵活、治理手段的综合、治理过程的协调、社会关系的平等,是一种柔性的、动态的、主动的治理,是多元平等主体之间的最佳状态,是不同于传统规制与社会管理的全新范式。食品安全问题是一个世界性的严峻问题,以创新的食品安全治理模式来实现安全食品之供给,从而保障民众食品安全、提升社会整体福利是各国学者与实务工作者矢志追求之愿景。

《中国食品安全“多元协同”治理模式研究》一书是李静在攻读博士学位期间,在其教育部人文社会科学研究青年基金项目“企业社会责任视域下的食品安全治理模式研究”的基础上提炼的成果。该书从社会治理视角出发,在规范的学术前提支持下,以“多元协同”治理模式之建构为依归,展现了一幅由体制内“多头混治”到架构内“多元共治”主体设计、由“单向一维监管”到“网络多维治理”结构设计、由“分段监管”到“协同治理”运行机制设计的食品安全治理全景蓝图。尽管囿于学科专业限制、实际操作困难,但作者在协调宏观的知识研究和微观的规范分析的努力中,以食品安全治理为聚焦,广泛借鉴国内外成功治理经验,秉持谦虚的诠释学姿态,在独立思考的基础上,以“主体、结构、运行机制”为主要研究维度,建构了一个多元协同的食品安全治理模式。

该书体现了几个创新:一是创造性地归纳了现行食品安全规制模式。作者通过大量阅读现有研究成果、经过潜心钻研,从主体、结构、运行机制三个维度对目前我国食品安全规制模式进行了归纳总结,将其归纳为“一元单向分段”模式。据我掌握的材料,目前几无学者从模式化角度对当前我国食品安全规制模式进行操作化界定,大多只是就某一个方面作出一些概念化界定。二是创造性地建构了一个新的综合分析视角。作者试图整合主体设计、架构设计、运行机制设计三个维度,综合“多元共治、网络治理、协同治理”三大理论,以形成一个全新的综合性的分析视角,并在这一综合视角下分析探讨中国食品安全治理问题。该书改变了过分强调政府监管责任的路径依赖,而是将研究关爱广涉于企业、消费者、社会组织等多元主体,以“多元共治、网络治理、协同治理”这一综合视角来考察食品安全问题,实现了分析视角的创新。三是创造性地构建了一种新的治理模式。作者从主体设计、结构设计、运行机制设计等方面加强制度建设,通过制度供给与机制创新,以制度贯穿食品生产、加工、流通、消费的全过程,促进包括政府、企业、公众、社会组织等在内的多元参与,通过网络构建实现主体协同,以减少问题食品的产生与流通,最终解决我国食品安全问题。

该书的最大特点是研究逻辑的一致性。作者以治理主体、治理结构、治理运行机制三个向度作为推进研究的逻辑主线,归纳出“一元单向分段”的现行模式,并对现行模式失灵进行原因之探究;在借鉴国际经验时,作者从主体、结构、运行机制三个向度选择了日本多元参与模式、美国网络治理模式、欧盟协同治理模式加以剖析,分析世界上食品最安全之三国(地区)的成功经验,以此为创新中国食品安全治理模式之启示。在最后的模式构建阶段,作者亦是从主体、结构、运行机制三个方面着力。全书脉络清晰、逻辑严密且一以贯之。

作为年轻学者,李静博士聪明好学、功底深厚、学术视野开阔,涉猎行政管理、社会保障及社会学等领域,相信他的学术研究道路会越走越宽广。我与李静博士亦师亦友、情投意合,应其要求,欣然为之序。

周　沛

2016 年 1 月 10 日

目　　录

第一章 导 论

食品安全是一个困扰各国的世界性难题。[①] 保障食品安全是政府义不容辞的责任,更是包括政府在内的全社会的共同愿景。进入 21 世纪以来,我国多次发生严重的食品安全问题,食品安全形势每况愈下,数量庞大且形式多样的食品生产、加工、运输、销售、消费主体,食品行业的复杂业态等因素都对我国食品安全治理提出了严峻的考验。有鉴于此,如何创新食品安全治理模式,提高食品安全治理绩效,切实保障我国食品安全,就成为摆在我国社会面前一项现实而艰巨的课题。

第一节 研究缘起与选题意义

一、研究缘起

(一) 现实背景

古语云,“民以食为天,食以安为先”。食品消费是人民生活最基本,也最重要的组成部分。要促进社会发展,提高人类福祉,首要条件必须维护并保障民众的生命健康安全,而要实现这一条件,又必须切实保障食品安全,以安全食品的供给保障人民生活水平的提高。所以可以说,食品安全问题事关广大人民群众的切身利益和生命财产安全,事关社会的全面小康与整体和谐,事关国民经济持续健康快速发展,也事关党和政府的公信力与合法性,保障食品安全成为我国政府履行监管职责,维护广大人民利益的基本要求。

有研究者认为,“食品安全主要包括数量安全与质量安全两方面意义”[②]。经过新中国成立以后六十多年的建设发展,我国已经基本解决了

① See Sarig, Y., Josse De Baerdemaker, Philippe Marchal, Herman Auernhammer, Luigi Bodria, Hugo Centrangolo(2003). Traceability of Food Products. *Agricultural Engineering International*, No. 12, pp. 2—17.

② 秦利:《基于制度安排的中国食品安全治理研究》,东北林业大学2010年博士学位论文,第1页。

民众的温饱问题,基本解决了食品数量安全问题。但随之而来的是食品质量安全问题的集中爆发。“如果食品供给不足,人们往往将实现数量安全、解决温饱视为最大目标,而不太重视食品质量安全;在食品数量安全业已满足时,人们自然就将关注焦点转移到其质量安全方面”①。尤其是近十年来,我国爆发了多起严重的食品安全问题(见表1-1)。

表1-1　2004—2015年国内爆发的重大食品安全事件一览表(部分)

事件名称	问题食品	爆发年份	问题物质	危害
僵尸肉事件	走私冻肉	2015	细菌、病毒、化学添加剂	或会危及生命
福喜腐肉事件	腐肉	2014	臭肉	腹泻
速生鸡事件	鸡肉	2012	抗生素	人类可能感染超级细菌
塑化剂风波	白酒	2012	塑化剂	危害男性生殖能力、促使女性性早熟
毒胶囊事件	药用胶囊	2012	工业明胶	重金属铬超标,损害脏器
地沟油事件	食用油	2011	黄曲霉素	消化不良、腹泻、胃癌、肠癌
小龙虾事件	小龙虾	2010	洗虾粉	横纹肌溶解症
瘦肉精事件	猪肉	2009	瘦肉精	头晕、手脚颤抖,甚至死亡
三鹿奶粉事件	婴幼儿奶粉	2008	三聚氰胺	肾结石,严重者死亡
龙凤、思念问题速冻食品事件	速冻水饺、云吞	2007	金黄色葡萄球菌	肺炎、伪膜性肠炎、心包炎等,甚至败血症
福寿螺事件	福寿螺	2006	广州管圆线虫	头疼、手疼、脑膜炎
苏丹红事件	咸鸭蛋、调料	2005	苏丹红	致癌
阜阳奶粉事件	婴幼儿奶粉	2004	劣质	幼儿畸形、大头娃娃

卫生部相关数据显示,2000年以后我国食品质量安全重大事件的发生率整体呈现上升趋势,对人民的生命财产安全造成了巨大损失(见表1-2)。另外,因为我国食品质量安全事件上报及统计系统尚存缺陷,地方与中央某些数据统计方式不尽一致,造成实际发生数据远大于统计公布

① 张云华:《食品安全保障机制研究》,中国水利水电出版社2007年版,第1页。

数据。当前,我国每年食物中毒报告涉及约四万人,但专家推测,实际发生数大约是其十倍,即我国每年食物中毒人数为四十万人左右。[①]

表 1-2　2000—2014 年食物中毒总体情况一览表(上报卫生部)

年份	中毒报告数(起)	中毒数(人)	死亡数(人)
2000	150	6237	135
2001	185	15715	146
2002	128	7127	138
2003	379	12876	323
2004	397	14597	282
2005	256	9021	235
2006	596	18063	196
2007	506	13280	258
2008	431	13095	154
2009	271	11007	181
2010	220	7383	184
2011	189	8324	137
2012	174	6685	146
2013	152	5559	109
2014	160	5657	110

数据来源:根据中华人民共和国卫生部网站(http://www.moh.gov.cn)相关数据整理而来。

食品安全问题频发,带来了一系列社会问题,严重影响了社会的稳定与健康发展。

一方面,食品安全问题损害了民众的身体健康,打击其食品消费信心。2008 年,商务部组织全国城市农贸中心联合会和中国连锁经营协会对全国流通领域食品安全状况进行了调查,结果表明:95.8% 的城市消费者和 94.5% 的农村消费者表示关注食品安全,消费者对食品安全的高度关注,也直接说明了我国民众对食品安全缺乏信心。同时,消费者对于食

① 孟菲:《食品安全的利益相关者行为分析及其规制研究》,江南大学 2009 年博士学位论文,第 1 页。

品安全的满意度也不高(见表1-3)。尤其是2008年,三聚氰胺奶粉事件爆发,极大地摧残了我国民众的消费信心,据称"有近六成的民众认为社会生活中最差的一环是食品安全问题,排在倒数第一"①。

表1-3 消费者对于当前食品安全状况的评价一览表

	问题太多	政府监管不力	对儿童食品质量不放心
城市消费者(%)	20.2	45.3	74.2
农村消费者(%)	18.3	36.6	74.9

数据来源:根据商务部官方网站《2008年流通领域食品安全调查报告》整理所得。

另一方面,食品安全问题破坏了市场秩序,对相关行业造成巨大冲击。以2008年9月爆发的"三鹿奶粉事件"为例:根据中国乳制品工业协会公布的数据,受"三鹿奶粉事件"影响,2008年乳制品产量负增长的省区市达15个,主产区的华北五省区市均为负增长,其中河北省由25.8%下降为-11.06%,这是改革开放三十多年来从未有过的。在出口方面,"三鹿奶粉事件"发生前的2008年1—9月份,我国奶粉出口量达5.75万吨,其中9月份出口1.5万吨,但"三鹿奶粉事件"发生后的10月份,出口仅为48吨,11月份出口2018吨,与上年同期相比增长-65.81%,12月份出口4242吨,同比增长-38.05%。②

正是"由于食品安全问题关系到消费者的健康、往往造成重大经济损失、容易引起国际食品贸易争端,食品安全问题在全球受到广泛关注"③。在此背景下,如何另辟蹊径,找到一条缓解食品安全严峻形势的可行路径,构建一种切实有效的治理模式,就成为理论界与实务界面临的迫切问题。

(二)问题意识

要彻底解决我国食品安全问题,仅靠现行的政府一家、单向一维监管以及"分段监管""事后治理"模式显然不行。现行食品安全治理模式多突出强调政府在其中的作用,无论是"分段监管论",还是"多头整合论"都无外乎是强调政府部门在体制内的规制运作,而相对忽视企业、公众、行业协会等社会参与,强调体制内的"多头混治",而忽略架构内的"多元

① 中国社会科学院:《社会蓝皮书》,社会科学文献出版社2008年版,第184页。

② 根据宋崑岡在中国乳制品工业协会第十五次年会开幕式上的讲话整理所得。中国乳制品工业协会网:http://www.cdia.org.cn/2009-09-03。

③ 陈君石:《食品安全的本质问题》,载《农村新技术》2008年第8期。

共治”；多侧重于安全问题出现后如何处理，是典型的由政府部门主导的“单向一维监管”模式，而相对忽略对于食品安全问题的预防，忽略多元主体之间基于网络架构的多维治理；多强调政府部门对问题食品的销毁及对出事企业的处罚，而忽略对企业社会责任的正确引导，忽略企业、行业协会等组织作为治理主体的存在，过分突出“规制”视角下政府与其他组织的对立，无力推动各主体之间的“协同治理”。

如果能够通过制度设计、机制创新与政策供给，促使食品企业、行业协会、社会大众等积极参与食品安全治理，在治理模式的主体设计方面实现“多元参与”，并在此基础上，建构多维治理网络，实现各主体之间充分而协调的协同治理，将会极大增强食品安全治理的效果，缓解我国日益严峻的食品安全形势。

基于这一考虑，本书将一改传统的“一元单向、分段监管”模式，积极推动包括政府、企业、社会在内的各相关主体积极参与食品安全治理，并通过治理网络的构建与优化，使我国食品安全形势在各参与主体的网络协同中实现好转。而要实现这一政策目标，必须着力于三个问题：一是治理模式的主体设计。食品安全问题涉及面广，利益相关者构成复杂，传统治理模式下政府一家独大，治理效果不佳。必须通过政策供给与支持，大力培育公民社会，推动企业、行业协会、民众等利益相关者积极参与治理，实现由体制内“多头混治”向架构内“多元共治”的转型。二是治理模式的架构设计。传统治理模式突出政府对于食品企业的管制，往往陷入“出现问题—运动执法—以罚代管—应付检查—再次发生问题”的怪圈。要想取得理想的治理效果，必须通过制度设计与更新，构建两大治理网络，即治理主体之间的多维网络与治理全过程的多维网络，充分认识网络之优势与挑战，趋利避害，实现由“单向一维监管”向“网络多维治理”的转变。三是治理模式的运行机制设计。在制度约束缺乏的情况下，大多数人是自利的。与之相适应，由人所掌控的政府部门亦不例外。无论是“分段监管论”，还是“一部门整合论”，在现行体制下，都难以避免“公共利益部门化、部门利益法律化”。牵涉食品安全的政府部门大多基于各自的部门利益考量，有利时蜂拥而至，不利时退避三舍，陷入“争权诿责”乱局。我们必须通过机制创新与完善，在多元参与的治理网络架构中，通过合作机制的促动、信息公开平台的搭建，以及信用信任体系的完善，实现治理主体的互动、互助、互进，以“协同治理”实现食品安全领域的善治。

有鉴于此，本书将另辟蹊径，跳出“多部门分段监管”抑或“一部门整合监管”的争论，超脱于纯粹的政府权力划分及部门设置，将理论关怀更多倾注于“多元治理”“网络治理”“协同治理”，并努力实现政策设计与价值目标的耦合，以期探索出一种切合我国当前实际，符合我国具体国情，切实可行的食品安全治理新模式。

二、选题意义

将食品安全问题置于公共治理视域下进行考察、研究，无论是在理论探索层面，还是在实践操作层面，均能彰显其重要意义。

（一）我国食品安全治理模式研究之理论意义

（1）本研究的开展将拓宽社会治理的研究领域。学界对于食品安全问题的关注由来已久，特别是近几年，相关研究更是成为热点。但是，公共管理领域的研究者们多将研究热情倾注于公共部门的权力划分，关注于食品安全相关的政府机构设置，而忽视多元主体参与的研究，以及多元参与架构下的治理运作。以致对于具体问题出现以后的管制研究较多，而相对忽略整体治理模式的宏观重构。本研究的开展，将以新模式的主体设计、架构设计、运行机制设计为研究兴奋点，以“多元、网络、协同”为切入点，有助于拓宽并推动社会治理的研究，促进相关学科的发展。

（2）本研究的开展将扩展多学科研究视野。本研究将借用“企业社会责任”视角来研究食品安全治理，借助新制度经济学的相关理论知识来探索促进企业社会责任履行的制度供给之道，进而探索企业、公众、社会组织参与食品安全治理并提高治理绩效的可行路径，涉及管理学、经济学、社会学、法学、农学、医学等学科，使研究本身具有很好的跨学科视野。

（3）本研究的开展将致力于探索一种新的食品安全治理模式。从“多元主体、网络设计、协同治理”入手，探索解决食品安全问题的新模式，变体制内“多头混治”为架构内“多元共治”、变政府实施的“单向一维监管”为多元参与的“网络多维治理”、变政府部门“分段监管”为多元主体“协同治理”，这本身就是一种新的思路，对于食品安全问题研究具有很好的理论意义。

（二）我国食品安全治理模式研究之应用价值

（1）本研究的开展将有助于食品安全问题的缓解。通过制度设计、机制创新、政策安排，可望超脱于现行“运动式执法”“一元单向监管”之模式，以网络架构及网络成员的协同推进食品安全所涉相关环节及领域形成良好而合理的市场运营环境，促进我国食品行业的健康持续发展，保障并提高我国民众的食品安全，增进我国民众的健康福利。

（2）本研究的开展将有助于企业社会责任的具体化，最终有助于企业管理水平的提升。作为食品安全重要而关键的利益相关者，食品企业在生产、运输、销售等环节均不可或缺，有鉴于此，本研究将着墨于企业对于食品安全治理的参与以及企业社会责任（CSR）对于提高食品安全治理绩效的作用。结合食品安全问题，可以探讨具体化、明确化、规范化企业社会责任的可行路径，并可以通过履行企业社会责任，促进企业管理的提升，生产合格产品，赢得消费者信赖，树立企业良好形象，推动企业可持续发展。

（3）本研究的开展将有助于治理研究的进一步深入。通过食品安全治理新模式的研究，可以转变传统的、政府一家独大的社会管理模式，充分发挥企业、公众、社会组织的作用，变“社会管理”为“综合治理”，实现政府、企业、公众、社会组织多元参与且协同的治理模式，有助于治理研究向纵深发展。

第二节　国内外研究现状述评

食品安全是一个重大的公共卫生问题。[①②] 保障食品安全，是社会治理一个关键而基本的组成部分。在当今社会，食品安全已不仅仅是一个国家的问题，而是所有国家面临的一个带有根本性的公共问题。[③] 因此，国内外学者对食品安全问题及食品安全的治理问题进行了广泛而深入的研究。这些研究为本书的写作奠定了基础、提供了借鉴，其研究的不足之处则为本书的进一步深入研究与探索留下了广阔的空间。

一、国外研究现状述评

近年来，国外学术界及实务界主要围绕食品安全的各利益相关方及其治理对策开展研究。

（一）关于食品安全各利益相关方的研究

具体而言，食品安全各利益相关方主要包括食品生产者、食品消费者以及食品监管者。

---

① See FAO/WHO. *Questions and Answers*, *Global Forum of Food Safety Regulators*, 28 January 2002.

② See WHO. *Area of Work*: *Food Safety*, *Progress Report 2000*, 18 June 2001.

③ See WHO. *Food Safety—a Worldwide Public Health Issue*, 2001.

1. 关于食品生产者的研究

食品生产者是食品的提供者,是食品安全最重要的保障者,其行为将直接影响到一国的食品安全形势。对于食品生产、加工、销售者的研究大致始于上世纪末,西方发达国家研究人员对食品企业安全生产行为的动机、效益,以及企业对安全成本的反应等方面进行了颇有成效的研究,从最初的定性研究发展到目前的定量研究。

Smelzer 和 Siferd 认为,食品企业提高产品质量的动机可分为两大类:一是内部动机,即为降低成本、提高利润;二是外部动机,即与交易成本有关的动机。并进一步提出,不同国家和地区的食品企业提高食品安全的动机是不同的。① 例如,加拿大和澳大利亚的食品企业提高食品安全的动机是有效扩大或保持出口市场;英国食品企业则是为了恢复消费者对曾出现问题的食品行业的信任;发展中国家的食品企业则是为增强其在国内外市场中的竞争力而注重食品安全的保障。也有学者通过实证研究发现,即便在同一国家,不同类型食品企业的动机也存在差异,如大型企业是基于企业效率及利润率而提高食品安全,小型企业则更多是基于竞争压力、顾客诉求、政府要求等外部压力而为之。欠发达国家大中型企业要求政府废除强制性食品安全认证体系,便于企业更好地通过品牌争得消费者信赖;中型企业则要求政府以出口国标准来保障本企业的利益,而小型企业则会联合公众与社会组织,要求政府出台一些质量标准。② Annandale 通过研究指出,企业对安全食品的供给动机受企业管理战略的影响,其中组织学习、公司文化、规制类型、强制力度、利益相关者的影响等是起决定作用的因素。③

一些学者则非常关注农户与农民专业合作社。Narrod 等通过对肯尼亚和印度出口果蔬产品的小农户进行研究,发现公共部门与私人部门合作有利于满足市场对于食品安全的需要,同时也能够保护供应链中小农户的地位。④ Markelova, Hellinetal, Kaganzietal 等发现小农户通过有组织的集体行动,与超市、速食店等高端市场建立稳定联系等方式可以有效保

---

① See Smelzer, Siferd(1999). Food Safety Regulation. *Food Policy*, No.24.

② See Ehiri, Morris, Mcewen(1996). Using Informational Labeling to Influence the Food. American Journal of Agricultural *Economics*, No.78.

③ See Annandale(2000). Mining Company Approaches to Environmental Provals Regulation: A Survey of Senior Environment Managers in Canadian. *Resources Policy*, No.26.

④ See Narrod,C.,Roy, D., Okello(2009). Public—private Partnerships and Collective Action in High Value Fruit and Vegetable Supply Chains. *Food Policy*, No.38.

障食品的安全性。[①]

2. 关于食品消费者的研究

国外学者从不同角度,运用多种调查研究方法,总结出了影响消费者对食品安全认知的因素。Brewer 等学者通过对 419 位消费者的调查,发现了影响消费者对食品安全认知的"四种主要因素",即健康因素(如营养平衡性等)、化学因素(如食品添加剂等)、政策因素(如食品检验等)、污染因素(如微生物污染),并进一步指出不同消费者对其关注度也不尽相同。[②]

McIntosh 等人通过研究证明,消费者的亲身经历会影响其对于食品安全的认知,其受到不安全食品侵害的经历会为其更加理性的消费选择积累经验、教训;另外,他们还发现媒体也会在很大程度上影响民众的消费选择,且电视的影响力更大。[③] Smith 等人通过考察消费者在夏威夷牛奶污染事件爆发后对牛奶需求的变化,发现牛奶的需求量会在极大程度上受到负面新闻的影响。[④] Kim 将影响消费者食品安全认知的因素分为内部因素和外部因素两类,并通过多元回归模型验证了日本消费者更为相信利用外部因素来规避和减少食品安全风险。[⑤]

消费者对于食品添加剂安全风险的感知也是国外学者研究的一个热门领域。Kariyawasam 通过调查消费者接受不同安全信息属性的鲜牛奶的程度后发现,年纪较轻、收入较高、受教育程度较高的女性消费者更倾向于购买添加剂含量低的牛奶。[⑥] 此外,Tobias Stern 等通过对澳大利亚食品添加剂的调查发现公众的行为态度与食品添加剂安全风险的感知具有密切的正相关关系;[⑦]Shim 等通过对欧洲消费者的调查发现公众的主

---

① See Maekelova(2009). The Reliability of Third-party Certification in the Food Chain: From Checklists to Risk-oriented auditing. *Food Control*, No. 20.

② See Brewer, M. S., Sprouls, G. K. & Craig, R. (1994). Consumer Attitude Towards Food Safety Issues. *Journal of Food Safety*, No. 14.

③ See McIntosh, W. A., Christensen, L. B. & Acu., G. R. (1994). Perceptions of Risks of Eating Undercooked Meat and Willingness to Change Cooking Practices. *Appetite*, No. 22.

④ See Smith, D. & Riethmuller, P. (1999). Consumer Concerns About Food Safety in Australia and Japan. *International Journal of Social Economics*, No. 26.

⑤ See Kim, R. (2008). Japanese Consumers, Use of Extrinsic and Intrinsic Cues to Mitigate Risky Food Choices, *International Journal of Consumer Studies*, No. 32.

⑥ See Kariyawasam(2007). Use of Castell's Classification on Food Quality Attributes to Assess Consumer Perceptions Towards Fresh Milk in Tetra-packed Containers. *The Journal of Agricultural Sciences*, vol. 3, No. 1.

⑦ See Tobias Stern, Rainer Haas, Oliver Meixner(2009). Consumer Acceptance of Wood-Based Food additives. *British Food Journal*, Vol. 111, No. 2.

观规范以及添加剂信息全面程度与风险感知的关联程度；[①]Brewer 和 Rojas 通过对美国消费者的研究发现，消费者对于政府监管措施的认知程度越高，越能够安心食用美国食品药品管理局评定的食物。[②]

3. 关于食品监管者的研究

国外学者关于食品安全监管的相关研究已经非常成熟了。Ritson & Li 认为由于风险信息的不对称性，食品安全的公共物品属性使得食品安全的社会成本增加，所以市场经济几乎不可能提供最适宜的食品安全。[③] Holleran 等在前人基础上，如阿卡洛夫的“柠檬市场”理论以及科斯等关于社会成本、交易费用的研究，分析了食品安全的交易费用以及由此产生的个人激励。[④]

国外学者对于政府监管具体行为方式的研究，则通常是将其与消费者和企业的食品安全行为放在一起考察。Henson 认为政府食品安全监管的方式主要有制定法律法规、发布行政指令、通过发证实施市场准入监管、赏罚相关市场行为。[⑤] 同时，因为具体国情不同，各国政府采取的监管措施也存在差异。如英国政府采取“尽职调查(duediligence)”措施，即要求食品链上端的生产加工企业接受食品链下端的食品销售者的调查，以供应链内的巨大压力，尤其是退出压力，迫使其满足相应的供货条件，供给安全可靠的食品。[⑥] 而澳大利亚政府则推崇“协作监管(co-regulation)”，即在食品安全监管体系中纳入政府、企业、消费者、社会组织等多元主体，以整体合力来对食品安全问题实施共同监管。[⑦]

还有一些学着则非常重视宣传教育在政府监管工作中的作用。Pornlert Arpanutud 等建议政府通过食品安全政策的规划，对高级管理者

---

① See Shim, S. M., Seo, S. H., Lee, Y., Moon, G. I., Kim, M. S., (2011). Consumers' Knowledge and Safety Perceptions of Food Additives: Evaluation on the Effectiveness of Transmitting Information on Preservatives. *Food Control*, No. 22.

② See Brewer, M. S., Rojas, M. (2008). Consumer Attitudes Toward Issues in Food Safety. *Journal of Food Safety*, No. 28.

③ See Ritson, C. & Li, W. M. (1998). The Economics of Food Safety. *Nutrition & Food Science*, No. 5.

④ See Holleran(2001). Interactions Between Government and Industry Food Safety Activities. *Food Control*, No. 12.

⑤ See Henson, S. Caswell, J. (1999). Food Safety Regulation: An Overview of Contemporary Issues, *Food Policy*, No. 24.

⑥ See Caswell, J. A. (1998). How Quality Management Meta Systems are Affecting the Food Industry?. *Review of Agricultural Economics*, No. 20.

⑦ See Henson, S. & Northen, J. (1998). Economic Determinants of Food Safety Controls in Supply of Retailer Own-branded Products in the U. K. *Agribusiness*, No. 14.

进行相关知识的教育，使其对食品安全监管系统将为其带来的潜在收益加以认知，此外，他们还证实了政府信息传递在食品安全管理中的重要作用。[①]

（二）关于食品安全问题解决方法及对策的研究

2002年1月在摩洛哥马拉喀什举行的首届全球食品安全管理者论坛上，FAO总干事德·哈恩博士（Hartwig de Haen）突出了食品安全体系的重要性，并吁求所有国家强化交流合作，构建并完善食品安全体系。[②] 2004年10月，联合国粮农组织和世界卫生组织在泰国曼谷联合举办了以“建立有效的食品安全系统”为主题的“第二届全球食品安全管理人员论坛”。大会达成的主要共识包括：一是国家必须关注消费者权益，激励消费者积极参与政府食品安全规制活动；二是要构建国家层面的食品安全信息组织，作出在整个食品链中保障安全的政治承诺；三是要强化中央与地方之间在食品安全领域的互动、交流、合作；四是鼓励政府在适当范围内与民众分享食品安全政策，坚定决心、加强保障，切实有效地执行国家食品安全政策；五是敦促各国尽快加入国际食品安全部门网络（INFOSAN），并通过这一网络获取食品安全信息以及技术方面的支持；六是要在食品安全监管体系中引入生物反恐。[③]

也有学者从建立食品安全控制体系这一维度进行研究。如Adrie，J.认为，必须满足“操作一致、国际交流、信任、透明性、与行政过程分离、以结论为中心”等条件，才能促进控制链各部门之间的合作，而只有合作的达成才能保障控制链的有效运行。[④]

（三）简要评析

通过以上文献综述，不难发现食品安全是一个综合概念，对其认识需要不断深化。相关研究在国外起步较早，理论较为成熟，取得的研究成果颇丰，获得的实践经验丰富。但仍不免存在“四多四少”几方面不足：

一是经济学视角关注多，而公共管理视角关注少。通过综述，我们发

---

① See Pornlert Arpanutud, Suwimon Keeratipibul, Araya Charoensupaya, Eunice Taylor (2009). Factors Influencing Food Safety Management System Adoption in Thai Food-manufacturing Firms: Model Development and Testing. *British Food Journal*, Vol. 111, No. 4.

② 参见叶志华：《首届全球食品安全管理者论坛：交流经验》，载《农业质量标准》2003年第2期。

③ See FAO/WHO. *Second FAO/WHO Global Forum of Food Safety Regulators*. Bangkok, Thailand, 12—14 October 2004.

④ See Adric, J. (2005). Food Safety and Transparency in Food Chains and Networks: Relationships and Challenges. *Food Control*, No. 16.

现国外学者大多是从经济学这一学科视角切入进行相关研究。诚然,食品安全确是一个经济问题,但更重要的是,我们必须明确,食品安全关涉公众基本福利,关涉社会稳定,更是一个政治问题与社会问题,亟须其他学科,尤其是公共管理学科的学术关怀。

二是对于政府的关注多,而对于其他参与主体的关注少。食品安全问题的利益相关者甚众,除了政府与食品企业以外,还包括消费者、行业协会、新闻媒体等。国外学者虽对企业和消费者有所研究,但多是以经济或利益视角切入,从利益博弈的维度加以审视。而要治理或缓解食品安全问题,除了利益博弈外,更要多方参与,实现食品行业自律与他律的有机结合。必须将企业、消费者、行业协会等视为治理主体加以考察,改变传统研究视域下政府一家独大的局面,推动实现多元参与。

三是对于欧美等发达国家的关注多,而对中国的关注少。现有国外研究大多选取欧美等发达国家为研究蓝本进行理论探析,并设计解决问题的技术模型。这些研究虽然对包括中国在内的发展中国家具有重要的借鉴意义,但其研究成果是否具有普世意义尚有待实践检验。必须清醒认识到,一国的经济发展水平、政治体制、社会背景、国民习性等对于食品安全治理的模式选择具有决定意义。对于国外研究,我们唯有坚持批判地借鉴,并结合中国具体国情,方能找到适合我国的可行模式。

四是定量研究多,而定性与定量相结合的研究少。在研究初期,国外学者亦将注意力置于概念界定与外延明晰等基本理论的研究之上,但随着西方社会科学研究范式的整体转向,定量研究迅速占据食品安全研究的主战场,大多数学者惯于选择样本企业或目标群体,运用定量技术,构建模型。毋庸置疑,基于数据分析的定量研究具有很强的科学性,但不容忽视的是,作为社会问题的食品安全,牵涉诸多价值分析与主观判断,仍无法超脱必要的定性分析,如市场内的信任体系建设、食品生产者的道德培育等。故而,在食品安全问题的研究中,必须坚持定性与定量相结合,二者皆不可偏废。

二、国内研究现状述评

关于食品安全的研究一直是我国学界的热点问题,各领域的专家学者基于各自不同的学术背景,从不同的专业视域对我国的食品安全问题进行了深入而全面的研究。

(一) 基于 CNKI 数据的定量分析

根据中国知网(CNKI)搜索结果显示,自 1979 年至 2015 年 5 月,以

"食品安全"为主题的论文共计 45142 篇。从学科类别来看,排名前十位的学科分别是宏观经济管理与可持续发展(15483 篇)、轻工业手工业(10964 篇)、工业经济(5775 篇)、农业经济(3631 篇)、预防医学与卫生学(3198 篇)、畜牧与动物医学(3107 篇)、行政法及地方法制(1654 篇)、贸易经济(1456 篇)、中国政治与国际政治(666 篇)、植物保护(514 篇)。不难看出,对于"食品安全"的研究大多还是集中在经济、生物及农业领域,而公共管理领域的学术关怀则显得相对不够(见图 1-1)。

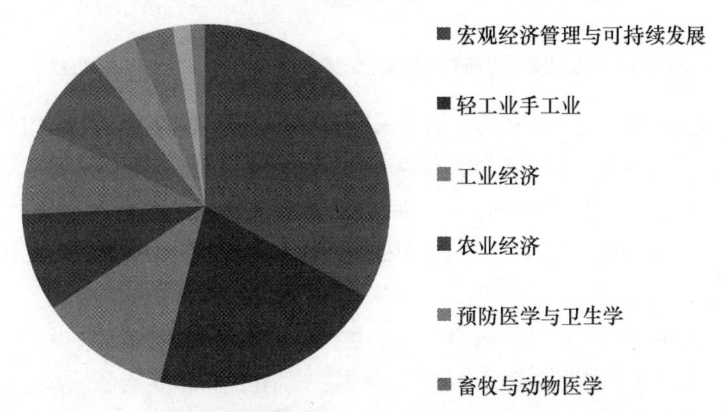

图 1-1　"食品安全"研究学科分布示意图(截至 2015 年 5 月)

这些论文中,有很大一部分是研究基金资助项目的阶段性成果,共计两千余篇。其中受国家自然科学基金项目资助的有 927 篇,受国家社会科学基金资助的有 471 篇,受国家科技支撑计划资助的有 289 篇,受国家高技术研究发展计划(863 计划)资助的有 171 篇,受国家科技攻关计划资助的有 111 篇,受国家重点基础研究发展计划(973 计划)资助的有 77 篇。这些数据反映出国家对于食品安全的高度重视。

从论文发表年份来看,自 1979 年《江苏食品与发酵》发表第一篇与食品安全相关的技术总结报告《酱油用米曲霉 961 酶制剂和酶法酱油研究实验室扩大试验技术总结》至今,每年发表的食品安全相关论文数逐年增加,1989 年达到两位数(11 篇),1999 年达到三位数(101 篇),2003 年达到四位数(1312 篇),2014 年全年共计发表食品安全相关论文 6704 篇。从这些数据不难发现,论文数由 1 篇增加到 11 篇,以及由两位数增加到三位数均花了十年时间,但是由三位数增加至四位数仅仅用了不到四年时间,这一方面说明我国食品安全形势不断恶化,另一方面也充分说明学术界对这一问题关注兴趣的日渐浓厚(见图 1-2)。

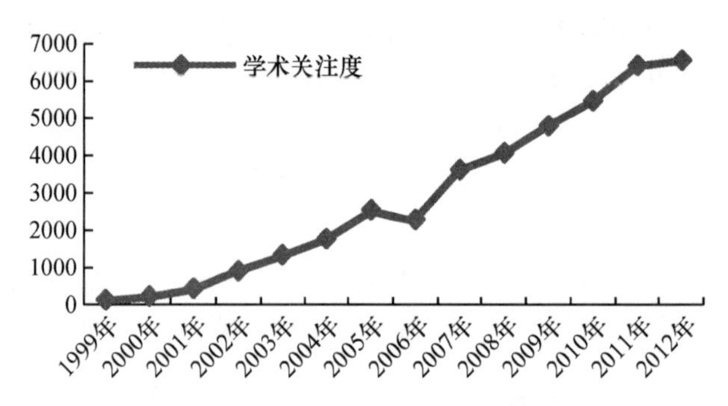

图 1-2 “食品安全”研究 CNKI 学术关注度趋势图(1999—2012)

正如前所述,近年来关于食品安全的研究日渐深入,发表的相关学术论文也呈几何数增加,但多为经济学与生物学领域的研究。鉴于笔者的研究背景,本书将侧重在公共管理视角下进行文献综述研究,为更好地描述公共管理视角下近年来的食品安全研究,笔者首先确定了选取评述文章的方法,以此界定所评述文章的来源。在文献的筛选标准选定方面,笔者最终决定以“研究资助基金”为标准在 CNKI 上进行文献选择。之所以选定这一标准,主要是基于两方面原因:一是能够获得基金资助,足见主要研究者具有较为扎实的研究功底与较为明晰的研究思路,这也为深入研究食品安全问题打下了坚实的基础,有助于产出高质量的研究成果与学术论文;二是有了基金资助,将有助于研究者进一步深入实际进行调查研究,为研究成果(论文)的实践性、科学性、严谨性、规范性提供可靠保障。当然,这绝不意味没有基金资助的学者或研究团队就无法深入研究并写出高质量论文,亦不保证所有基金资助的研究团队都能写出高质量的研究论文,只是为更好地进行文献综述,方才选择这一更具科学性的指标。

通过中国知网数据库(CNKI),我们检索了受国家自然科学基金项目资助的 927 篇,受国家社会科学基金资助的 471 篇,受国家科技支撑计划资助的 289 篇,受国家高技术研究发展计划(863 计划)资助的 171 篇,受国家科技攻关计划资助的 111 篇,受国家重点基础研究发展计划(973 计划)资助的 77 篇,总计约 2046 篇相关文章。通过快速阅读文章标题与摘要,我们删除了完全从其他学科,如生物学、工程学、伦理学等着眼进行研究而明显与公共管理领域无关的部分文章,以及一些单纯的工作总结等,最终确定了 217 篇文章。随后,笔者速读这些文章,界定了文献分析的几个维度(见表 1-4)。

表 1-4　文献分析维度一览表

纬度	编码标准	编码					
		1	2	3	4	5	6
D1	研究关注点	基本理论	影响因素	利益相关方	对策建议		
D13	利益相关方	政府组织	食品企业	消费者	行业协会	其他	
D14	对策研究	国际经验	中国对策				
D141	国际经验介绍	各国经验	比较研究				
D1411	各国经验	美国	日本	欧盟			
D2	研究视角	公共管理学	法学	经济学			
D21	公共管理研究视角	政府规制	社会协同				
D211	政府规制	企业准入	生产	流通	信息公示	风险预警	召回
D3	研究类型	现状描述	理论验证	理论建构	评价研究		
D4	是否与重大事件相关	三鹿奶粉	地沟油	速生鸡			

明确这些分析维度的界定，旨在通过定性分析，掌握目前学术界对于食品安全问题的关注所在，以便在前人研究的基础上进一步深入探讨，寻求我国食品安全治理困局的解决之道。

（二）基于四个维度的定性分析

通过文献筛选，以及四个分析维度的确定，笔者将具体分析近年来中国食品安全研究的版图，以明确现状、分析趋势，并展望未来的研究方向。

1. 关于食品安全问题基本理论的研究

对于食品安全的科学内涵，不同学者基于不同学术背景与价值诉求，进行了各自不同的界定，归纳而言，大致具有以下几种观点：第一，认为食品安全属于科学范畴。食品安全涉及生化、医学等专业领域，食品安全的保障有赖于科技创新进步及社会发展，每一次食品科技的创新发展都会带来人们对于食品安全问题的重视，以及政府监管政策的更新。第二，认为食品安全属于法学范畴。食品市场上会经常出现"市场失灵"，这就需要政府依据相关食品安全法律法规，运用国家强制力来进行强力干预。[1]第三，认为食品安全属于政治范畴。无论国家发展程度如何，食品安全都是与民众生存权密切相关的基本权利，都是政府和企业必须履行的基本责任和对社会的庄重承诺，体现突出的强制性和唯一性。第四，认为食品安全属于经济范畴。作为生活必需品，食品对于民众生活以及社会经济发展具有极为重要的作用，无论是国内市场，抑或国际市场，随着人民收入水平的增加，食品贸易都将出现增长。

一些学者结合新形势下出现的新问题，从不同视角对食品安全的内涵进行了深入探讨。姜启军、苏勇结合我国出现的恶性食品安全事件，从经济学和伦理学视角切入，认为食品安全是企业对利益相关者的道德承诺。[2] 戚建刚[3]、王瑞萍[4]、杨小敏[5]等从风险视角着眼，对食品安全的概念及内涵加以进一步丰富，均认为"食品安全"具有社会风险的建构属性。

2. 关于食品安全影响因素的研究

一些学者从表征层面进行分析，归纳了影响我国食品安全的主要因素。山丽杰等根据对江苏南部、中部、北部三个地区657名消费者的实际调研数据，以计划行为理论与结构方程模型为主要分析工具，得出了"添加剂滥用容易导致消费者恐慌，从而引起并加剧食品安全问题"[6]。蒋正华也持相同观点，他认为影响食品安全的因素主要包括三大污染源：微生物、化学物质、环境。他还根据欧洲的"疯牛病事件"以及我国的"三聚氰胺事件"，进一步指出食品安全问题的国际化趋势日益明显，"蝴蝶效应"随时可能发生。[7]

另一些学者则从全程控制的视角来切入。张潮等结合具体食品安全事件，认为生产过程以及加工过程中的不安全因素、包装容器的污染、生

---

① 参见刘为军、潘家荣、丁文锋：《关于食品安全认识、成因及对策问题的研究综述》，载《中国农村观察》2007年第4期。

② 参见姜启军、苏勇：《食品安全防治的经济学和伦理学分析》，载《华东经济管理》2010年第2期。

③ 参见戚建刚：《我国食品安全风险监管工具之新探——以信息监管工具为分析视角》，载《法商研究》2012年第5期。

④ 参见王瑞萍：《对食品安全风险防范的逻辑思考》，载《中国工商管理研究》2012年第3期。

⑤ 参见杨小敏：《我国食品安全风险评估模式之改革》，载《浙江学刊》2012年第2期。

⑥ 山丽杰、吴林海、钟颖琦、徐玲玲：《添加剂滥用引发的食品安全事件与公众恐慌行为研究》，载《华南农业大学学报（社会科学版）》2012年第4期。

⑦ 参见张德广、蒋明君：《食品安全与生态安全》，世界知识出版社2010年版，第145页。

产经营者的故意掺假等是造成我国食品安全形势严峻的几大要素。[①] 霍建国则认为我国食品安全问题可细分为常规性与非常规性两类，主要包括农药、兽药残留，滥用食品添加剂，非法加工、新技术运用带来的未知风险等，而我国食品安全问题愈演愈烈的深层次原因则是食品链之间的利益复杂性、经营成本的上涨压力、小作坊大量存在而带来的监管困难，以及管控体系不健全。[②]

还有一些学者由政府定位切入，从制度建设与供给等维度探究了食品安全问题产生的根源。林闽钢、许金梁认为，由于市场机制的缺陷和制度的不完善带来了食品安全问题，而地方保护主义和政府规制失灵又进一步加剧了食品安全问题。[③] 刘亚平以“监管国家”理论为指引，考察了我国“有限准入”理念下出现的设租之争，以及“发证式监管”与“运动式执法”带来的食品安全领域“管不胜管、防不胜防”现象。[④] 詹承豫等指出，政府失灵、市场失灵、合约失灵是造成食品安全突发事件的三大要素。[⑤] 张虹从食品产业链与食品监管的视角，指出影响食品安全问题出现的主要因素为：利润分配不均、管理不善、多元共治与内部协调不足、信息不对称、法律法规尚需完善。[⑥] 吴雄周则直接指出制度监管失范是导致我国食品安全事件的根本原因，具体表现为食品安全标准过松且不统一、监管力度不够、多头监管出现真空地带、行政问责制缺位。[⑦] 张淑艳等归纳出我国食品安全形势日益恶化的五大原因：消费者认识不清、生产者职业道德滑坡、地方保护主义作怪、管理部门协同性不高、生产体制不健全。[⑧]

---

① 参见张潮、徐东明、熊居宏、李庆英：《影响食品安全问题的原因及控制措施分析》，载《中国民康医学》2012 年第 16 期。

② 参见张德广、蒋明君：《食品安全与生态安全》，世界知识出版社 2010 年版，第 193 页。

③ 参见林闽钢、许金梁：《中国转型期食品安全问题的政府规制研究》，载《中国行政管理》2008 年第 10 期。

④ 参见刘亚平：《中国式“监管国家”的问题与反思：以食品安全为例》，载《政治学研究》2011 年第 2 期。

⑤ 参见詹承豫、刘星宇：《食品突发事件预警中的社会参与机制》，载《山东社会科学》2011 年第 5 期。

⑥ 参见张虹：《食品安全规制——从农田到国家安全的注解》，载《福建论坛(人文社会科学版)》2012 年第 2 期。

⑦ 参见吴雄周：《制度监管是保障我国食品安全的着力重点》，载《学术论坛》2011 年第 11 期。

⑧ 参见张淑艳、许彪、赵季秋：《食品安全必须走公共社会化管理的道路》，载《中国食物与营养》2010 年第 5 期。

3. 关于食品安全各利益相关方的研究

与国外学者对食品安全各利益相关方的研究一样,国内学界对这一问题的研究同样可分为三大方面:一是关于食品生产者的研究,如农户、牧民,以及食品生产加工企业等主体对食品安全的影响;二是关于食品消费者的研究,如消费者对于绿色食品、转基因食品的选择倾向,食品信息不对称对于消费者的影响等;三是关于食品监管者的研究,如中国食品监管体制及监管机构的变迁、政府监管绩效的评定与提高、政府监管模式的选择、政府在监管中的地位,还有一些学者对行业协会等第三部门也给予了学术关怀。

(1) 关于食品生产者的研究

国内学者对于食品生产者的研究多为实证研究,选取样本企业后,运用定量研究方法,以探求食品生产企业对于食品安全的影响。周洁红、胡剑锋选取浙江省 99 家蔬菜加工企业为研究对象,通过方差分析、Logit 回归分析等方法,对蔬菜加工企业的质量安全管理机制、效率、行为及其与上下游单位的关联作用进行研究,发现了几个结论:食品企业进行质量安全管理的直接动力来自于市场,管理行为带动了农民等上游主体提供安全蔬菜的水平,企业的目标市场直接影响到企业质量安全管理机制的选择,企业自身特性、企业与供应链上下游单位之间的关系影响到企业对现有质量安全管理措施所带来效用的感知,并进一步影响到企业对未来质量安全管理措施安排的考量及蔬菜整体质量安全水平。[①]

一些学者则将食品安全监管的技术体系与食品生产企业结合起来加以考察,关注技术体系在食品生产企业中运用的有效性等。元成斌、吴秀敏利用四川 60 家食用农产品企业的调研数据,分析了质量可追溯体系对企业成本和收益的影响,阐述了食用农产品企业申请实行可追溯体系的主要困难:建立初期花费成本太高、国家相关优惠政策不足、需要对管理人员和生产人员重新培训、市场对可追溯产品认可度不高,并提出了三大政策建议。[②]

除开展对于食品生产、加工企业的研究外,亦有部分学者将关注点放在食品流通渠道。任燕、安玉发通过对北京八大农产品批发市场内经销

① 参见周洁红、胡剑锋:《蔬菜加工企业质量安全管理行为及其影响因素分析——以浙江为例》,载《中国农村经济》2009 年第 3 期。

② 参见元成斌、吴秀敏:《食用农产品企业实行质量可追溯体系的成本收益研究——来自四川 60 家企业的调研》,载《中国食物与营养》2011 年第 7 期。

商的食品安全认知、态度、行为进行问卷调查和分析,发现批发市场内经销商对食品安全问题普遍较为关注,但对相关政策法规认知有限,且对自身的食品安全监管作用认知不足,以致其经营行为不规范,有鉴于此,研究者提出了加强农产品批发市场食品安全监管的策略:提高政府的监管效率、加强食品安全法规信息发布的权威性和及时性、规范批发市场内经销商的经营行为、强化我国农产品批发市场建设。[①]

(2) 关于食品消费者的研究

通过分析选定的文献不难发现,国内学者关于食品消费者的研究主要集中在以下几个维度:对于特定食品,如可追溯食品、绿色食品、转基因食品等的购买意愿,消费者的食品风险感知,消费者对于食品安全监管的参与,消费者的信任构建等。

就消费者对特定食品购买意愿的研究而言,大多数研究将研究对象聚焦于"可追溯食品",选取的研究论文共计八篇,占同类选取论文数的50%。赵荣等以南京市为例,通过对消费者的可追溯食品购买行为进行实地调查,考察了消费者对可追溯食品的认知水平和购买意愿,发现消费者虽普遍关注食品安全问题,但对可追溯食品的认知程度较低,其对公共政策和公共媒介的不信任阻碍了可追溯体系的推广和发展,其购买意愿主要受收入水平、食品安全规制程度、可追溯食品的安全性和重要性、食品安全信息可信度的影响。[②] 除了围绕可追溯食品开展研究外,学者们还将学术关怀给予了其他几类特殊食品。冯良宣等通过在重庆市的实证研究,调查了消费者对转基因食品的购买意愿,发现消费者年龄、性别、受教育程度、参与及认知度、对食品安全的关注度、对科学家的信赖度等会显著影响消费者对转基因食品的购买意愿。[③]

在风险社会视域下对食品消费者进行研究,目前也渐成热点。范春梅等以三聚氰胺问题奶粉事件为例,以风险感知为切入点,构建问题奶粉事件中公众的风险感知与应对关系模型,揭示出风险信息对消费者风险感知和控制感的影响,并从企业层面、政府层面、消费者自身层面提出了

---

① 参见任燕、安玉发:《我国农产品批发市场食品安全监管策略研究——基于北京市场的经销商调查研究》,载《物流经济》2009 年第 11 期。

② 参见赵荣、陈绍志、乔娟:《基于因子分析的消费者可追溯食品购买行为实证研究——以南京市为例》,载《消费经济》2011 年第 6 期。

③ 参见冯良宣、齐振宏、周慧、梁凡丽:《消费者对转基因食品购买意愿的实证研究——以重庆市为例》,载《华中农业大学学报(社会科学版)》2012 年第 2 期。

质量保障、监管加强、建立信息透明机制等三条建议。[①]

复杂形势下的食品安全治理呼唤公民社会的健康成长。对于消费者的研究,亦有一部分是关注消费者对于食品安全治理社会参与的。詹承豫等通过分析三鹿奶粉事件,发现社会参与不足是事态扩大的重要原因,并提出要完善体制机制建设,促进包括消费者在内的广泛的社会参与。[②]张璇等以南京市为研究地域,通过对市民参与食品安全监管的实证分析,探讨了参与不够的原因,并提出了政策建议。[③]

(3) 关于食品监管者的研究

针对食品监管者的研究一直以来都是食品安全问题研究的重要领域。在传统"大政府、小社会"的时代背景下,监管者的角色更多是由政府来扮演的,正因为此,政府也就自然而然地成为食品监管者研究的重要对象。具体而言,我们可以将"政府作为食品监管者"的研究细分为如下几个向度:政府监管体制及监管部门的变迁、监管模式的选择、政府在监管中的角色定位、监管绩效的判定与优化。

刘亚平将关注点聚焦于食品安全监管的"执行"部门,详细梳理了卫生部门从执法与技术不分到分离、农业部门走向综合执法、工商部门从小摊贩管理走向市场管理、质检部门从技术监督走向质量管理的变迁之路,并描绘了中国食品安全的监管全图。[④] 颜海娜基于"整体政府理论"的分析框架,在"大部制"背景下,从组织结构改革、伙伴关系建立两大维度对我国食品安全监管体制改革进行了审视,找出现存问题,提出未来改革方向。[⑤] 袁文艺等总结了我国食品安全管制的变迁规律:管制重心从经济性管制走向社会性管制,管制理念从食品卫生走向食品安全,管制法规从部门主导型法规体系走向基本法法规体系,管制机构从分散管制走向综合管制和集中管制。[⑥]

---

① 参见范春梅、贾建民、李华强:《食品安全事件中的公众风险感知及应对行为研究——以问题奶粉事件为例》,载《管理评论》2012 年第 1 期。

② 参见詹承豫、刘星宇:《食品安全突发事件预警中的社会参与机制》,载《山东社会科学》2011 年第 5 期。

③ 参见张璇、耿弘:《南京市食品安全监管中公民参与问题的实证分析》,载《价格月刊》2010 年第 5 期。

④ 参见刘亚平:《中国食品监管体制:改革与挑战》,载《华中师范大学学报(人文社会科学版)》2009 年第 4 期。

⑤ 参见颜海娜:《我国食品安全监管体制改革——基于整体政府理论的分析》,载《学术研究》2010 年第 5 期。

⑥ 参见袁文艺、程启智、旷锦云:《中国食品安全管制的变迁规律探析》,载《云南财经大学学报》2011 年第 4 期。

一些学者不仅梳理监管体制的变迁，还更进一步地探讨适合我国食品安全治理的模式选择。袁文艺以模式分析方法为研究工具，探讨了现行食品安全管制模式的缺陷，提出了模式转型与政策优化的建议：完善法规体系、整合管制部门、优化管制过程、推动多元参与。[①] 夏黑讯总结了我国业已形成的两纵两横四种不同监管协调模式：上级“指令”型纵向协调模式、个案应急型纵向协调模式、特定机构统一协调型横向模式、自行合作型横向协调模式，并在此基础上提出了监管协调机制的完善路径。[②]

无论是监管体制改革，还是监管模式重构，首要的问题都是政府的定位。葛自丹指出，食品安全中的行政主体——政府，必须坚持“服务重于监管”。[③] 任燕等基于北京市场的案例调研，剖析了传统监管模式下政府定位不准带来的一系列问题，提出了政府监管职能由“反应型”向“自主型”有效转变的全新模型。[④] 刘焕明等基于企业和消费者微观行为的视角，构建复杂博弈模型，提出政府应改变规制方式，将价格补贴、降低安全食品生产成本、消费者培训、信息公开等作为规制的主要方式。[⑤]

还有一些学者则专注于食品监管效率的评估与提高。王能等选取不同年份和主要省份食品监管的相关指标，用数据包络分析法分析了体制改革中食品监管横向及纵向的相对效率，提出提高效率的三条路径：实现监管一体化；合理配置资源，降低政府成本；不断扩大监管规模，提高规模效率。[⑥] 刘录民等分析了我国食品安全绩效的现状，借鉴西方先进经验，提出了食品安全监管评估指标体系构建的基本思路：以科学发展观为指导，坚持以人为本；定性指标与定量指标相结合；终点指标与过程指标相结合；客观指标与主观指标相结合；用科学方法和程序筛选评估指标。[⑦]

---

① 参见袁文艺：《食品安全管制的模式转型与政策取向》，载《财经问题研究》2011 年第 7 期。

② 参见夏黑讯：《我国食品安全监管协调机制的现状与完善》，载《科学经济社会》2010 年第 3 期。

③ 参见葛自丹：《食品安全中的行政主体——服务重于监管》，载《理论探讨》2010 年第 6 期。

④ 参见任燕、安玉发、多喜亮：《政府在食品安全监管中的职能转变与策略选择——基于北京市场的案例调研》，载《公共管理学报》2011 年第 1 期。

⑤ 参见刘焕明、浦徐进、蒋力：《食品安全的政府规制——基于企业和消费者微观行为的角度》，载《当代经济研究》2011 年第 11 期。

⑥ 参见王能、任运河：《食品安全监管效率评估研究》，载《财经问题研究》2011 年第 12 期。

⑦ 参见刘录民、侯军歧、董银果：《食品安全监管绩效评估方法探索》，载《广西大学学报（哲学社会科学版）》2009 年第 4 期。

（三）简要述评

总体而言，近年来我国食品安全研究成绩不少、问题犹存。在经历十多年的快速发展之后，我国食品安全研究也逐渐进入一个瓶颈时期，制约其理论的进一步深入与实践的耦合。

一是现有研究大多局限于现象和经验的描述。不可否认，确有一些定量研究，但大多仍停留在单纯的问卷调查、数据分析等技术层面，定性研究不太多，或言之，定性与定量研究结合不紧密，故而缺乏理论框架与解释话语体系，导致理论的解释力及结论的说服力大打折扣。

二是国内现有研究大多仍集中在经济学、生物学、工程学等领域，而最应给予学术关怀的公共管理学科却涉入不多，相应的研究成果较少。除此之外，各学科多活跃于各自的研究话语体系之内，相互之间缺少充分的实质合作与交流，以致无法建立跨学科、跨领域的学术共同体。

三是国内学者们大多热衷于借用西方理论，并以此来检视或解释我国现实，相对忽视中国本土化理论解释框架的建构，导致真正适合我国具体国情的本土化理论框架与模型较少。固然，西方在该领域研究开展时间早、成果多，我们亦可加以参考借鉴，但这些理论在我国的适用性与解释力则需要实践检验。

四是就具体研究而言，太过专注于政府监管，强调外部约束，忽视企业自律；强调对政府管制的依赖，忽视对治理主体多元参与的促进。现代社会呈现出显著的“小政府、大社会”特征，以“多元治理”取代“政府管制”已成为不可扭转的趋势。在食品安全领域，如果仅靠政府在问题出现以后的监管，而忽视包括企业、消费者、行业协会、新闻媒介等多元主体的参与，忽视网络架构的形塑、忽视治理主体的协同，显然既不符合社会发展的潮流，也将无助于食品安全形势的有效好转。

如上所述，现有研究取得了可喜成绩，初步建构了食品安全研究的中国话语基础，但也存在以上四方面之不足。这些成绩与不足既为本研究的顺利开展奠定了坚实的基础，也为本研究留下了研究空间和进一步拓展的可能。

第三节　食品安全治理的理论渊源

一、多元治理理论

进入 21 世纪，人类社会的发展逐步印证了霍金在 2000 年作出的“下个世纪将是复杂性的世纪”①的预言，人类社会迈入了复杂性时代，复杂性特征日渐明显。这一时代对公共管理带来了诸多挑战：信息时代扁平组织的挑战、水平决策的挑战、间接控制的挑战、疆界跨越的挑战。② 为应对这些挑战，包括多中心、多层级、多维度的多元治理理论快速涌现并日渐兴盛，逐渐获取公共治理领域的话语权。

（一）多元治理的理论谱系

所谓多元治理，就是在公共治理过程中打破政府对于公权力的垄断，积极鼓励企业、民众、社区、社会组织等实现多元参与，与政府形成平等协商、协同互动的治理格局。所以从本质上说，多元治理理论否认在公共治理体系中有一个至高无上、不容置疑的权威中心的存在，否认政府一家独大的绝对权威性，而是强调社会多元主体的参与，通过有效的平等协商以及合理协调机制，在进行充分的利益表达、利益综合、利益协调的基础上，调动一切积极因素，整合社会公共资源，最终实现公共利益最大化。

“多元治理”改变了单中心权威秩序的思维方式，意味着政府为有效地行使公共行政职能，由社会中多种行为主体基于一定的行为规则，通过相互博弈、平等协商、彼此调试等互动关系，形成多样化的运作模式。③ 在这种格局中，民众以及社会组织等在同政府充分互动的同时，还能直接监督政府的公共行为，优化政府决策，以提高政府行为的公共性与公正性。

与传统的“单中心”统治相比，多元治理具有鲜明的价值理性。其一，就治理主体而言，多元治理强调包括公民、企业、政府、社区、社会组织等主体之间通过权力依赖与互动协同，整合并增进资源优势。而这种互动、协商、谈判、交易，又必然会在各主体之间形成一种自主自治的网络架构。网络中的政府组织与其他主体一道，共同分担或分享生产、设计、维持三类治理职能。在保证政府最低程度介入的情况下，各利益相关方通过平等协商、利益博弈，借助彼此的资源来共同解决问题。在这种情形下，问题的解决不再单纯依赖政府的政令推行与强制措施，而是各主体通过网络的构建与伙伴关系的维持加以解决。因此，管理变为一种互动的过程，因为没有任何单一的行动者拥有知识和资源能力可以单方面地处

---

① Hawking, Stephen, cited by John Urry (2005). The Complexities of the Global. *Theory, Culture & Society*, Vol. 22, No. 5, p. 235.

② 参见秦水若：《信息时代行政权力发展的六大趋势》，载《中国行政管理》2005 年第 12 期。

③ 参见王春福：《多元治理模式与政府行为的公正性》，载《理论探讨》2012 年第 2 期。

理问题。[①]

其二,就运作机制而言,多元治理强调"反思理性"的优势。这种优势主要通过持续不断的对话、信息沟通与交流,以及人类有限理性的束缚解除加以实现。此外,通过一系列不同形式、不同时间维度的合作,多元主体之间的依赖与协同关系日益紧密,网络架构亦日渐完备。具体而言,这一优势的充分彰显有赖于公民参与的具体实现。公民参与,并不仅局限于简单的"选举投票",而应该是公民积极、主动、深入地介入公共事务,必须是积极投身于地方公共事务的管理以及公共服务的供给,必须是公民与政府之间互助合作良性网络的建构。

其三,就政府定位而言,多元治理并非要完全否定与摒弃政府的作用,而是要实现政府在多元治理网络中的"元治理"。不可否认,在面对复杂性日益明显的现代社会时,政府规制疲态渐显,由此引发的"政府失灵"更是司空见惯。但是,"政府规制的目的是要维护市场经济秩序和社会公正,提高资源配置的效率,增进社会福利水平"[②]。有鉴于此,政府在治理网络中的"元治理"地位仍然无法替代。首先,在多元治理网络中,各参与主体为了各自利益而激烈博弈,要使这一博弈过程顺利而有序的进行,必然需要一个稳定的、富有权威的协调者,目前,这一角色的最佳承担者无疑还是政府;其次,在多元治理网络中,需要政府通过规制实现社会再分配,不仅包括对财富等经济价值实现公平分配,还包括对于环境生态等社会价值的公平分配,以实现自由、平等、和谐;最后,在多元治理网络中,还需要政府通过政策建构与福利供给,充分发挥其聚集功能,后现代社会中,人类超越解构,走向建构,利益纷繁复杂,要想将不同主体凝聚于同一网络架构之下,必须发挥政府的规制作用。

(二) 多元治理理论与我国食品安全治理模式的创新

市场失灵和监管懈怠两方面的原因使得我国的食品安全问题一直得不到有效解决,频频爆出的食品安全事件使社会陷入了公共危机。[③] 受公共危机影响的是各种利害关系人,公共危机的应对需调动各种资源,需

---

① 参见娄成武、张建伟:《从地方政府到地方治理——地方治理之内涵与模式研究》,载《中国行政管理》2007 年第 7 期。

② 朱光磊:《现代政府理论》,高等教育出版社 2006 年版,第 370 页。

③ 参见陈彦丽:《市场失灵、监管懈怠与多元治理——论中国食品安全问题》,载《哈尔滨商业大学学报(社会科学版)》2012 年第 3 期。

多元治理。[1] 所以，要创新我国食品安全治理模式，切实提高治理绩效，必须推动包括政府、企业、社区、民众、社会组织等在内的主体，在平等协商、合作协同的基础上实现多元参与。因此，多元治理是创新我国食品安全治理模式的必然选择。

一方面，多元治理将有助于缓解政府部门博弈导致的“反公地悲剧”。根据黑勒教授（Michael A. Heller）提出的“反公地悲剧”理论模型，食品安全监管就是“公地”，产权（监管权）由多监管部门分享，每个部门都拥有在一定程度上制约对方单独有效利用这块“公地”的权力，以致政府监管的整体效率低下，造成“反公地悲剧”。在现行的分段监管体制下，每个监管部门都寄希望于“搭便车”，再加之中国特色的“GDP导向”与官员考核升迁制，使得食品安全监管一直难有实效。在多元治理模式下，政府主要专注于政策制定与行动引导，食品行业发展及约束可以由行业协会实施，具体的检验检测等工作则可交由专业的第三方科研机构实施，而民众、新闻媒体等则可对政府、科研机构、行业协会的具体工作发挥监督功能。

另一方面，多元治理将有助于抑制政府过度介入带来的权力强制。我国现行食品安全规制模式突出强调政府在其中的作用，虽历经多次改革，但大多仅专注于政府机构的调整与政府职能的重置，无法跳出官僚体制，主要还是在体制内调整，消费者、企业等大多处于被动接受规制的地位，以致对于政府规制的“元规制”一直无法有效实现。多元治理主张破除政府为中心的一元统治，强调各主体在网络架构内平等协商，通力协作，既根据政府制定的政策与标准行动，更要对政府的公共行为进行监督与完善。所以，在这一理论架构下，权力由垄断变为共享，权力中心由一元变为多元，运行机制由一维变为多维，将有利于我国食品安全问题的治理，也将有利于我国食品行业的健康发展，更将有利于“中国梦”的全面实现。

二、网络化治理理论

近年来，“网络化治理”受到国内外学者的普遍关注和持续研究，渐成理论界热门的研究问题。所谓“网络”，一般是指一种多主体相互合

---

[1] 参见邓旭峰、王大树：《公共危机治理需要多元主体协作体制》，载《经济要参》2011年第7期。

作、相互依存的架构体系，其作为一种研究组织演化的理论，已成为学理研究及实际操作的新范式。在这一理论架构中，治理发生在网络中，政府只是该网络关系中一个与其他主体密切联系、依赖共存、互动紧密的平等主体。所谓“网络化现象”是“国家与社会关系的现实反应，是政府角色及功能结构性变化的具体体现，其最终目的是追求治理的有效实现”①。

一般认为，“网络化治理”理论是美国的斯蒂芬·戈德史密斯（Stephen Goldsmith）和威廉·D. 埃格斯（William D. Eggers）在其著作《网络化治理：公共部门的新形态》中首先提出的。二位学者认为，以层级节制为典型特征的官僚体制将被崇尚合作、伙伴关系的网络治理新模式所取代。这一新模式追求各种伙伴关系的平衡，传统的官僚制下由政府雇员负责的工作，在网络中将以协议、同盟、伙伴等形式完成。在网络化治理模式中，公众实现了平等参与，且由于技术的突破而享有更多选择权。②

此外，国外还有很多学者从“利益主体间合作的多元性和多边性”这一维度对“网络化治理”（也有人表述为“网络治理”）的内涵进行了深入研究。如解决问题的目标导向工具、网络关系重构、资源结构利用、集体治理效率等，这些都成为学者研究网络化治理的视域。所以可以说，“网络化治理”是“基于对传统科层制模式与新公共管理模式的反思、批判、继承，而建构的行政范式在公共管理领域实践的理论表述”③。

当前，国内学术界也对“网络化治理”表现出相当高的学术热情，不少学者对这一课题给予了回应。陈振明教授最早对“网络化治理”的概念进行了界定，他认为“网络化治理”即“为实现与增进公共利益，政府部门与非政府部门等众多公共行动主体彼此合作，在相互依存的环境中分享公共权力，共同管理公共事务的过程。对政府部门而言，治理就是从统治到掌舵的变化；对非政府部门而言，治理就是从被动排斥到主动参与的变化”④。此外，朱立言、刘兰华⑤，孙健⑥等也从不同视角对网络化治理进行了研究。通过梳理这些研究可以发现，“网络化治理”理论包括五大要

---

① 孙健：《网络化治理：公共事务管理的新模式》，载《学术界》2011 年第 2 期。

② 参见〔美〕斯蒂芬·戈德史密斯、〔美〕威廉·D. 埃格斯：《网络化治理：公共部门的新形态》，孙迎春译，北京大学出版社 2008 年版，第 6—21 页。

③ 姚引良、刘波、汪应洛：《网络治理理论在地方政府公共管理实践中的运用及其对行政体制改革的启示》，载《人文杂志》2010 年第 1 期。

④ 孙健、田星亮：《网络化治理中公民参与的实现》，载《江西社会科学》2010 年第 5 期。

⑤ 参见朱立言、刘兰华：《网络化治理及其政府治理工具创新》，载《江西社会科学》2010 年第 5 期。

⑥ 参见孙健：《网络化治理：公共事务管理的新模式》，载《学术界》2011 年第 2 期。

素，即"治理主体的多元化、治理过程的协作化、治理权力的共享化、治理责任的分散化、运作机制的网络化"[①]。

笔者认为，这一全新的治理模式追求的就是社会主体通过网络关系的构建，合作机制的完善，充分实现对于权力的分享以及对于公共事务的多元参与及合作共治，最终达致其终极目标——公共利益最大化。简而言之，"网络化治理"就是超越了传统官僚制下单向的权力线，并且在这之外再建立起一种以合作伙伴及互动行为为基础的行动线。也就是说，这一网络架构的建设并不局限于政府部门间的合作，而是强调政府部门与社会组织之间充分而有效的公私合作，追求的是一种良好公私伙伴关系的建立。在这一网络架构中，"政府是公共价值的促动者；企业是公共价值的创造者；非政府组织是公共价值的提供者；公民个人是公共价值的实践者"[②]。

三、协同治理理论

从某种意义上说，社会变革与管理事实上就是一个范式更新与选择的过程。当旧范式的缺陷随时间推移、世事变迁而日渐明显时，必定会有一个全新的范式产生并对旧范式加以取代。如前所述，人类社会已经进入了复杂性时代，为适应这一时代变迁，范式也要加以更新。政府应该抛弃唯我独尊的权力霸主优越感，以平等包容姿态迎合多元共治之时代要求；应该更加善于寻求合作，在合作网络中发挥主导作用的同时，整合优势、聚集能量、连接资源，以推动协同治理的实现。

（一）协同治理之精要

由哈肯创立的"协同学"，即"协调合作之学"[③]，以现代科学的最新成果为基础，并以非平衡开放系统中的自组织及形成的有序结构为研究对象，在自然科学与社会科学中均具有广泛应用。"由各要素构成的大系统存在着保持相对稳定的一种宏观结构，其是各子系统相互竞争、相互作用而形成的模式，各要素之间的协同作用与竞争决定着系统从无序到有序的演化过程，这正是协同学的精髓所在，也是协同学中'协同'一词的真

---

① 田星亮：《网络化治理：从理论基础到实践价值》，载《兰州学刊》2012 年第 8 期。

② 孙健：《网络化治理：公共事务管理的新模式》，载《学术界》2011 年第 2 期。

③ 〔德〕H. 哈肯：《协同学：大自然成功的奥秘》，凌复华译，上海译文出版社 2005 年版，第 1 页。

正含义。”[①]系统是协同学的研究指向,随着外界控制参量的逐渐变化,而经历一个由无序→有序→混沌的演化系列。[②]

具体而言,协同学的理论架构主要包括三个方面:一是协同效应,即因协同作用而出现的结果或影响,成为建构有序系统结构的内在驱动力,促动系统质变的发生,从而产生协同效应。[③] 二是伺服原理,规定了系统质变临界点上的简化规则,掌控着系统演化的全局。[④] 三是自组织原理,以自生性与内在性促使内部系统按照一定规则完成组织建构。

协同治理是协同理论与治理理论完美结合的产物,最早产生于公共管理领域,是治理理论在复杂性时代的新发展。国内对于协同治理的认知最早出现在一些采访或会议纪要中,大多不成体系。复旦大学桑玉成教授“将政府与民众‘合作共事’视为‘官民协同治理’取向”,认为“其本质在于倡导视人民为国家之主人、管理之主体,担负公共责任”。[⑤] 孙鸿烈院士“强调管理绝非政府一家之事,应该鼓励社会组织以及公众积极参与”。李秀斌研究员将其归纳为“协同治理”理念。[⑥] 在这些观点中,学者们大多强调政府、民众、社会组织等对于公共事务的多元参与合作,更多的是突出“合作治理”。

近年来,学者们对“协同治理”的概念界定主要是从“协同”与“治理”两个维度着手。陆世宏概括协同治理理论的内涵包括:治理权威来源以及治理主体的多元性、治理主体间的平等协商合作性。[⑦] 何水指出:“协同治理即在公共管理活动中,基于现代科学的技术支撑,公共部门、私人部门、公众等多元主体平等协商,合作共治,追求管理效能最大化,以最大

---

① 杨建平:《政府投资项目协同治理机制及其支撑平台研究》,中国矿业大学2009年博士学位论文,第29页。

② 参见〔德〕H. 哈肯:《协同学:大自然成功的奥秘》,凌复华译,上海译文出版社2005年版,第113页。

③ 杨建平:《政府投资项目协同治理机制及其支撑平台研究》,中国矿业大学2009年博士学位论文,第29页。

④ 参见〔德〕H. 哈肯:《协同学:大自然成功的奥秘》,凌复华译,上海译文出版社2005年版,第120—142页。

⑤ 参见诸巍:《官民协同治理:夯实政治文明的基石》,载《解放日报》2004年7月6日第4版。

⑥ 参见徐建辉:《“协同治理“应对全球环境变化》,载《科学时报》2005年12月13日第4版。

⑦ 参见陆世宏:《协同治理与和谐社会的构建》,载《广西民族大学学报(哲学社会科学版)》,2006年第6期。

限度地维护并增进公共利益。”[①]上述对于协同治理概念的各种界定，大多还是围绕着“平等、合作、多元、网络”等治理理论所强调的价值，并未实现对治理理论的超越。

郑巧、肖文涛从发掘协同治理的价值理性入手，提出了具有一定超越性的界定：“协同治理是指在公共生活过程中，由多元子系统构成开放的整体系统，法律、货币、伦理、知识等作为控制参量，借助系统中诸要素或子系统间非线性的协商合作，调整系统有序、可持续运作所处的战略语境，产生子系统所没有的新能量，使整个系统在维持高级序参量的基础上共同治理社会公共事务，最终达到最大限度地维护和增进公共利益之目的。”[②]其内涵包括：社会秩序的稳定性、治理权威及主体的多元性、系统的动态与协作性。此外，孙磊也认为“协同治理”强调系统的协同性、秩序形成的自组织性、系统演化的动态性。[③]

杨华锋通过对治理协商特性与网络属性分析，提出协同治理的表现形式是“一种典型的集体行动”；其作用本质是“地方治理的具体形态”；其行为特征则包含三方面，即公共部门内部、私部门间及公私部门间的有效合作，基于协商与共识而生成制度，基于制度规范有序互动；其行为导向是基于地方诉求而关注更高层面的治理需求；其行为目标则是在坚持政府主导基础上，追求政府与社会的相对均衡。[④] 这一界定立意深远，分析透彻，从多个维度对协同治理概念进行剖析，并努力探寻其发生逻辑。

（二）协同治理理论与我国食品安全治理模式的创新

我国现行的食品安全治理模式从运行机制上说，是一种典型的基于“分段监管”的“争利诿责”机制，对于利益的争夺以及对于权力的竞争表现得过于突出，而忽视甚至漠视相互之间的合作，不仅公共部门与私人部门、公共部门与社会组织、公共部门与公众间的互动与合作鲜有表现，甚至政府内部各部门之间，以及上下级政府之间在食品安全治理问题上也是竞争多于合作。

正如前所述，现代社会是一个复杂性特征日益突显的风险社会。况且，食品安全问题涉及面广，从农田到餐桌，要经过生产、加工、运输、储

---

① 何水：《协同治理及其在中国的实现——基于社会资本理论的分析》，载《西南大学学报（社会科学版）》2008 年第 3 期。

② 郑巧、肖文涛：《协同治理：服务型政府的治道逻辑》，载《中国行政管理》2008 年第 7 期。

③ 参见孙磊：《协同治理：农村公共产品供给机制创新的可行路径》，载《江西师范大学学报（哲学社会科学版）》2008 年第 5 期。

④ 参见杨华锋：《论环境协同治理》，南京农业大学 2011 年博士学位论文，第 15 页。

存、销售、烹饪、消费等诸多环节，涉及农业、工商、卫生、检查检疫等多个政府部门，任何一个环节出现纰漏，都容易引发食品安全事故。而要处理这一难题，必须突出“协同治理”所强调的“治理权威来源及治理主体的多元多维性、社会秩序的稳定性、系统的动态协作性、自组织的调和性”。唯有大力培育并发展公民社会，健全多元参与机制，构建合作网络，以合作促进协同，以协同保证质量，方为创新我国食品安全治理模式，缓解食品安全压力的正道。

第四节　研究思路与创新

一、研究思路

本书提出，我国现行食品安全治理模式是一种政府占据绝对主导地位的“一元单向一维”治理模式，多侧重于问题出现后的善后处理，而相对忽略对于食品安全问题的预防；多强调政府部门对问题食品的销毁，而忽略问题食品的杜绝；多强调政府对于出事企业的处罚，而忽略对企业社会责任的正确引导以使其自律；多强调政府的绝对地位与决定作用，而忽略其他主体的多元参与；多强调政府机构调整与职能划分，而忽略多维网络的构建与相互协同。如果能够通过制度供给与机制创新，推动包括企业、政府、民众、第三部门等实现多元参与，并建构治理网络，实现主体协同，将会极大有助于我国食品安全形势的好转。

具体而言，本书严格遵循“理论概述→价值分析→实证研究→经验借鉴→政策建议”的规范研究路径，其研究思路是：什么是食品安全及支撑理论（理论概述与架构）？为什么要研究食品安全问题并创新治理模式（价值与意义）？我国食品安全监管的历史与现状（实证研究）。食品安全治理的国际视野与趋势（比较研究）。创新中国食品安全治理模式（政策建议）。

二、研究方法

本书将采取文献分析—实地调研—学术探讨的研究路径，具体方法为：

（一）文献研究法

通过大量收集、整理和分析国内外有关食品安全治理的文献资料，对我国现行食品安全治理模式形成全面的了解，并对国外相关制度安排有了准确认识，为本书奠定坚实的理论基础。通过文献梳理、总结与概括，也使我们把握了学界对于中国食品安全治理模式研究的成就与不足，为本书的后续研究指明了方向与重点。

（二）实证研究法

从本书的研究内容来看，其实践性非常强，必须以大量实际数据分析为基础，方能找到我国食品安全问题存在与恶化之根源，对症下药，解决问题。所以，本研究将以昆明市为研究个案选取地域，通过访谈法、观察法、问卷法、比较法等调查研究方法获取第一手资料，为理论分析与路径建构打下基础。

（三）综合研究法

本书将通过大量的定性分析，从主体、客体、手段、目标等方面论述研究食品安全问题并创新治理模式的合理性与必要性；并对相关调查数据进行处理与分析，对导致食品安全问题的诸多要素进行分析，对其进行制度供给，促进问题的解决。总体而言，本书将实现定性分析与定量分析相结合，对所收集的文献资料和所做的实地调研材料进行综合分析，以求得对食品安全治理之全面、系统研究，探索出不同于传统治理模式的、以“多元、网络、协同”推进食品安全治理全新模式的构建。

三、创新之处、研究难点、尚存不足

通过精心构思与细致论述，本书从理论与实证两个维度，对我国食品安全治理问题进行了深入研究，对现状分析及未来新模式设计均作了有益尝试。从研究思路、研究切入点、研究内容及研究方法上，均体现出一定创新。当然，受限于笔者能力，在研究过程中会遇到很多困难，这也使得本书难免存在不足，需要在今后的研究中不断加以完善。

（一）创新之处

（1）提供了一个新的综合分析视角，试图整合主体设计、架构设计、运行机制设计三个维度，综合“多元共治、网络治理、协同治理”三大理论，以形成一个全新的综合性的分析视角，并在这一综合视角下分析并探讨我国食品安全治理问题。传统研究大多集中在“政府规制”这一视域下进行，多是从加强政府对于食品安全的监管这一角度着手，偶有涉及企业的，也多是从 HACCP 等技术体系在企业中的运用这一视角切入。如前所述，食品安全治理是一个牵涉众多利益相关者的复杂问题，传统的“一元单向一维”治理模式将难以为继。所以,本研究以“多元共治、网络治理、协同治理”这一综合视角来考察食品安全问题,可以说是实现了分析视角的创新。

(2) 构建了一种新的治理模式,尝试通过制度供给,促进包括政府、企业、公众、社会组织等在内的多元参与,通过网络构建实现主体协同,以减少问题食品的产生与流通,最终缓解我国食品安全问题。本书在进行相关数据分析、发掘问题根源的基础上,找到了“多元治理、网络治理、协同治理”这一综合理论支持,期待通过制度供给与机制创新,从主体设计、架构设计、运行机制设计等方面加强制度建设,以制度贯穿食品生产、加工、流通、消费的全过程,最终实现由“一元单向一维”模式向“多元网络协同”治理模式的顺利转型。

(二) 研究难点

在实际调查与研究过程中,会遇到以下难点:一是因为诸多食品安全问题出现在黑工厂、黑作坊等非法企业中,如何进行调研以取得实证资料,增强本项研究的现实性、实证性、针对性,是本研究开展时的一个难点;二是目前国内很少有将“多元治理、网络治理、协同治理”与食品安全结合起来进行的研究,文献资料及实证经验较为缺乏;三是如何根据食品行业的显著特点,以及当前我国社会的具体实际,提出一种全面整合各要素的治理模式与机制。特别是如何借鉴西方经验,结合我国国情,提出一套符合中国国情和行业发展实际的食品安全危机事件应对策略,是本书需解决的另一难点。

(三) 尚存不足

本书虽然对我国食品安全问题的现状进行了研究,并对阻碍模式创新的深层次原因进行了探究,但受限于笔者的知识欠缺以及专业背景,无法对调研所得的大量数据进行更为专业、深入的数学模型分析,而只是进行了较为简单、浅显的一般性计算与比较分析,使得本书在定量分析这一部分稍显不足。另外,由于食品安全广涉经济学、生物学以及工程学的专业知识,这也使得笔者在研究过程中经常遇到专业知识障碍,并多次陷入研究瓶颈,最终的研究成果也因缺少经济学分析,以及生物学和工程学专业知识的支持,而使得综合性的学科话语共同体的构建无法实现。以上诸多不足,都需要笔者以及同仁在今后的研究中不断加以改进与完善。

第二章　中国食品安全治理的历史叙事

我国食品安全治理模式的创新,既是在前述科学理论指导下进行的有益尝试,更是基于我国食品安全治理的历史变迁所采取的客观合理的现实选择。因此,了解我国食品安全的治理变迁及现实状况,尤其是相关法律法规的完善历程、政府机构及职权的调整过程,以及相关配套制度的建设历史,对构建我国食品安全"多元协同"这一全新的治理模式具有重要意义。有鉴于此,本章将从法律法规制定、政府机构调整、配套制度完善等三个维度对我国食品安全治理展开历史叙事。

第一节　中国食品安全治理的历史变迁

自新中国成立以来,党和政府就高度重视食品安全问题,通过法律法规制定与执行提供法律支撑,通过政府机构撤并与增设以及政府职能的调整规划权力运行路径,力图找到一种更为合理、更为科学、更为有效的治理模式。这些有益探索与实践,丰富了我国食品安全治理的法律法规体系,完善了我国食品安全治理的机构设置,为创新并完善我国食品安全治理模式积累了宝贵经验。

一、中国食品安全治理的法规建设

法律法规明确了食品安全治理的原则、标准以及运行机制等根本性问题,并涉及一些具体的技术性问题,是完善我国食品安全治理模式的指导。我国历来非常强调食品安全治理的法规建设,根据其颁布的时间序列以及标志性法规的出台,其变迁历史大致可以划分为五个阶段:一是食品安全管理的孕育期;二是食品安全管理的萌芽期;三是食品安全管理的起步期;四是食品安全管理的发展期;五是食品安全治理的快速发展期。

(一) 食品安全管理孕育期:1949—1978 年

新中国成立之初,百废待兴,这一阶段的食品安全问题也可以称为"粮食问题",主要是保障粮食的足量供给,即追求农业生产效率的提高以及粮食等农产品增收,是一个食品"数量安全"问题。"从1949年到1978年,经过三十年的不懈努力,我国人均粮食占有量达318千克,人均直接消费量为195.5克,人均肉类消费量为8.2千克。"[1]但就营养水平而言,"人均日供给热量、蛋白质和脂肪分别为1813千卡、45.2克和27.8克,只相当于合理标准的72.5%、60.3%、39%"[2]。

这一时期的食品安全管理主要依据1965年国务院批转商业部、卫生部、中央工商行政管理局、第一轻工业部、全国供销合作总社制定的《食品卫生管理试行条例》。从历史的角度来看,该法规有六个方面值得注意:一是提出了食品安全管理的目的,即"加强食品卫生管理,提高食品卫生质量,防止食品中有害因素引起食品中毒、肠道传染病等疾病,增进人民身体健康,促进生产"[3]。可以发现,该法规强调的是"卫生管理",尚未上升到"食品安全管理"的高度,这也是随后很长一段时期我国食品安全管理领域存在的问题。二是对生产加工环境、生产原材料、熟食品销售、禽畜屠宰及运输、罐头等成批生产的包装食品的生产及包装与标注等具体问题,与食品生产、销售单位进行了约定。三是明确了食品生产、销售单位及其主管部门的管理责任,明确了由卫生行政部门负责食品卫生的监督及技术指导工作,并逐步研究制定相关卫生标准与卫生指标。四是对食品生产经营者使用的原材料、建筑用地、工作人员、卫生设备等具体环节提出了卫生要求。五是规定了食品生产、经营单位应禁止出售的食品和原料。六是对奖惩作了原则性但不甚详细的规定。

除此之外,这一时期我国还制定了许多食品卫生标准及管理办法,特别是20世纪70年代以来,在大量的科学试验和调查研究的基础上又制定出粮食等18类、86种食品卫生标准和18项卫生管理办法。[4] 这一时期的食品管理法规具有非常明显的特点:一是首创性。这些法规虽仍存瑕疵,但都是第一次对于食品生产经营诸环节的卫生要求以及一些禁止性规定,对于规范我国食品生产、经营,保障食品卫生发挥了重要作用,为后续的法规建设与完善奠定了基础。二是试验性。作为我国最早的食品

---

① 卢良恕:《中国农业新发展与食品安全新动态》,载《第三届中国食品与农业科学技术讨论会会议资料》,中国农业科学院农产品加工研究所2004年印刷。

② 中国营养协会:《中国居民膳食营养素参考摄入量表》(2000年)。

③ 全国人民代表大会常务委员会法制工作委员会:《中华人民共和国法律汇编》,人民出版社1968年版,第38页。

④ 参见李光德:《经济转型期中国食品药品安全的社会性管制研究》,经济科学出版社2008年版,第33页。

安全管理法规,其很多规定均不太成熟,甚至不太科学,带有一定的试验性质,以此为后续的法规完善积累经验。三是管制性。这也是随后很长一段时期内均具有的共性,即突出强调政府部门在食品卫生管理中的绝对权威与主体地位。四是模糊性。即对于食品安全监管、检查与抽查、奖罚措施等方面的规定颇为模糊,缺乏具体操作性要求,另外,尚未对食品添加剂及婴幼儿食品作出明确规定。

(二) 食品安全管理的萌芽期:1979—1982 年

这一时期以 1979 年国务院颁布的新的《食品卫生管理条例》作为标志,这一正式条例的颁布与实施预示着我国正式开始对食品安全实施控制。

1979 年以来,我国经济持续、快速发展,社会的整体消费层次及水平逐年提高。以恩格尔系数为例,我国城乡家庭的恩格尔系数在这一时期呈现总体下降趋势,其中农村家庭由 1979 年的 64% 下降至 1982 年的 60.7%,说明我国居民的消费结构得到了合理改善,人民生活水平持续提高。

这一时期的食品安全管理法规既可以称为"萌芽期",亦可称为"过渡期"。所谓"萌芽",是因为经过前期《食品卫生管理试行条例》等的施行,为正式的食品卫生管理法规的出台进行了积淀;所谓"过渡",是因为这一时期的标志性法规《食品卫生管理条例》经过四年的博弈实践,于 1982 年被修订升格为法律位格更高的《食品卫生法(试行)》。

(三) 食品安全管理的起步期:1983—1994 年

这一时期的标志性法规为 1982 年颁布、1983 年试行的《食品卫生法(试行)》,这是我国在食品卫生方面颁布的第一部管制性法律。该试行法"对食品、食品添加剂、食品容器、食品包装材料、食品用具等方面的卫生要求以及对食品卫生的监督管理办法分别作了具体的规定。适应我国商品经济发展的需要,食品卫生试行法具有明显的管制性特征"①。

具体而言,该法有八个方面值得关注:一是明确规定了立法目的即"保证食品卫生,防止食品污染和有害因素对人体的伤害,保障人民身体健康,增强人民体质",虽仍表述为"食品卫生",但开始从安全角度着眼,已初具"食品安全"管理思维。二是从原料、加工、包装、储存到消费每一个环节都对卫生作出具体要求。三是增加了对食品添加剂的卫生要求。四是对食品容器、包装材料和食品用工具、设备的卫生作了专项规定。五

---

① 李光德:《经济转型期中国食品药品安全的社会性管制研究》,经济科学出版社 2008 年版,第 35 页。

是对食品卫生标准和管理办法作出了规定,并对地方食品卫生管理法规的制定与执行作出了规定。六是对不同类型食品的管理部门作出了规定。七是对食品卫生的监督作出专门规定。八是对违法应承担的法律责任作出了较为明确的规定。

与前两个时期相比,这一时期的法规具有以下特点:一是严格性。禁止生产的食品从七大类增加到十二大类,强制性卫生要求增加到九项之多,还专门针对婴幼儿食品制定了卫生标准,这些规定都比以往更为严格。二是专业性。从专业角度,对食品添加剂、食品容器、包装材料等作出专项规定,另外,加快食品卫生标准的制定,这一时期制定了食品卫生标准(GB)57 个,试行(GBn)29 个,还制定了几十个各类食品、食品添加剂及包装材料的卫生管理办法。三是细致性。对不同类别食品的监督、管理,以及各个具体环节的监管制定了不同的专项规定。四是单一性。主要还是强调各级卫生行政部门的强制性行政监督,并未分离出专门的食品卫生监督机构,监督手段单一、监督权力集中、监督效果不佳。

(四) 食品安全管理(治理)的发展期:1995—2008 年

由于食品卫生生产权交易的一次性及负内部性的始终存在,在我国向市场经济转型过程中,这种内部市场失灵必然得以释放;而我国低消费群体存在的规模效应,则为低价的假冒伪劣食品的“发展”提供了广阔的市场空间;再加上制假售假所特有的先富、暴富效应以及转型期存在的“政府失灵”和“法制失灵”,使得生产、经营假冒伪劣食品成为经济人完成资本原始积累的“捷径”。[①] 在这一背景下,我国食品安全管理必须进行改革,相关法规必须完善以适应发展需要,提高食品卫生市场资源的优化配置,最大限度地提高整个社会的福利水平。

这一时期以 1995 年颁布的《食品卫生法》为主要标志,这一法律是在总结试行法实施 12 年经验教训的基础上,结合我国经济、社会发展实际而制定的。具体而言,该法从八个方面对试行法进行了完善与创新:一是为适应我国市场经济转轨,在继续强化政府对食品卫生行政管制与司法监督的同时,引入了社会团体与公民个人对于食品卫生的社会监督,在监督主体方面首次尝试多元化参与,从这个意义上说,该法已在尝试对食品卫生的管理由管制向治理的转变。二是修改了食品卫生要求的边际。既明确了生产过程中添加物的安全性要求,又对既是食品又是药品的 69 种

---

① 参见李光德:《经济转型期中国食品药品安全的社会性管制研究》,经济科学出版社 2008 年版,第 42 页。

物品进行了明确界定。三是对食品添加剂的要求作了符合市场经济规律的修改,取消对于食品添加剂的"指定生产",强化使用食品添加剂对于相关标准及法规的遵从。四是取消食品容器、包装材料和食品用工具、设备的"指定生产",加强对其卫生监督管理,与食品添加剂一样,这些改变都是为适应市场经济条件下,减少行政干预,增加法律指导与经济调控的需要而进行的。五是严格规定了食品卫生标准及其管理办法,强化与完善国家标准,规范地方标准的制定。六是增加了对于保健食品的审批与管理、食品容器及包装材料的出厂检验、食品市场举办者审查、食品生产加工企业内部卫生管理工作等规定,修订了各级工商行政管理部门以及卫生管理部门的责任。七是再次明确了食品卫生的执法机关,增强了卫生行政部门事故善后的行政控制权,强化了食品卫生监督员的职责,并修订了食品中毒报告和调查处理的规定。八是细化并强化了违法行为的规定及惩处。

在我国经济体制、社会生态急剧转型的背景下,这一时期的食品安全法规具有其显著特征:一是综合性。这一时期的食品安全管理工作通过法规逐步确立了包括管理方法、手段、程序、要求、规则等在内的综合性的法规体系,完善了包括食品生产经营卫生许可制度、新资源食品审批制度、食品生产经营许可制度、进口食品审批制度以及食品卫生监督制度在内的综合性管理制度。二是责任性。在重新划分各相关政府部门职权的基础上,明确各行政执法机关、卫生监管部门,以及卫生监督员的职责,做到"赋权的同时,加强责任意识"。三是多元性。这一时期的最大特点是在确定政府监管为主的原则下,积极鼓励社会团体及个人参与食品卫生的社会监督,尽管开放程度有限,多元参与程度有限,以致监管实效有限,但仍可喜地呈现出"多元治理"之端倪。

(五)食品安全治理的快速发展期:2009年至今

历经数年的试行与探索,《食品安全法》终于于2009年2月28日表决通过,并于当年6月1日起施行。随后,2009年7月8日国务院第73次常务会议又通过了《食品安全法实施条例》。这两部重要法律法规的出台与施行标志着我国食品安全治理正式进入快速发展期与规范期。

《食品安全法》是我国在面临日益严峻的食品安全形势的背景下出台的一项最新最基本的法律,是一部预防、控制和消除食品污染以及食品中有害因素对人体伤害,预防和减少食源性疾病的发生,保证食品安全,保障人民群众身体健康和生命安全的重要法律。该法用10章共104条内容对食品安全相关问题进行了规制:建立了食品安全风险监测制度、食品安全风险评估制度、食品检查制度、经营许可制度、添加剂生产许可制度、食品召回制度、惩罚性损害赔偿制度,规定了食品安全标准、广告代言人的连带责任、食品安全事故处置事项等。① 可以说,该法的颁布施行在一定程度上解决了我国食品安全领域面临的一些亟待解决的问题,具有深远的意义。

由先前的《食品卫生法》到如今的《食品安全法》,虽然只是两个字的差别,但是其法律规范以及价值追求却存在巨大差异,无论是立法理念,还是价值诉求,抑或制度安排,都是巨大的进步。具体而言,《食品安全法》的制定体现了诸多新意:食品安全监管领域,在进一步明确各监管部门职责的基础上,设立了国家食品安全委员会,作为国务院食品安全高层议事机构,充分发挥其协调作用;实施许可制度,明确食品生产经营责任;统一食品安全国家标准;严格保健食品的监管;严格规范添加剂的生产与使用;构建食品安全风险评估机制;完善食品安全事故报告、处置及问责机制;加大食品安全违法处罚力度,增加违法成本。②

作为新时期指导我国食品安全治理的纲领性文件与指导性法规,《食品安全法》无论是在立法理念、概念内涵上,还是在具体监管手段及技术性规定方面,都具有开创性。首先,该法深化了对食品安全问题的认识,首次将“食品安全”提高到基本法律的地位,以正式成文法的形式对食品安全问题作出相应规定,这标志着我国“对食品安全概念的理解由数量安全到质量安全,再到综合安全的不断深化的过程”③。这里提出的“食品安全”是一个广义的概念,“既包括生产安全,也包括经营安全;既包括过程安全,也包括结果安全;既包括现实安全,也包括未来安全”④。其次,该法突出了全面性要求,从以往单纯注重食品数量安全或食品质量安全,过渡到既注重食品质量安全又注重食品营养安全。再次,该法强调了食品监管的全程性,坚持了“从农田到餐桌”的全程监管,且重在源头的理念,强调整个食物链各环节的规范性要求以及对应的监管要求。最后,该法非常注意发挥消费者的制衡作用,不仅提高了赔偿金的倍数,还降低了消费者维权的难度,使得消费者可以充分地发挥其对于食品安全的监管作用。

---

① 参见赵福江、罗承炳、孙明:《食品安全法律保护热点问题研究》,中国检察出版社 2012 年版,第 17 页。

② 参见郝丽峰:《〈食品安全法〉解读及其对食品行业的影响分析》,载《标准科学》2009 年第 11 期。

③ 孙效敏:《论〈食品安全法〉立法理念之不足及其对策》,载《法学论坛》2010 年第 1 期。

④ 同上。

尽管进行了重大修改与调整,使得《食品安全法》具有诸多亮点,但是仍存在一些瑕疵。一是虽然重视消费者制衡作用的发挥,但是有些具体规定却并不利于消费者作用的发挥,如“十倍赔偿金”的规定就无助于消费者维权,因为现今的食品价格普遍不高,而依据“谁主张谁举证”的原则,消费者维权要面临高额的检验、诉讼费用,微薄的赔偿金连基本的维权成本都无法支付,更遑论“赔偿”;此外,《食品安全法》删除征求意见稿中“奖励消费者举报”也是一大弊端,这将无益于调动消费者的监督热情。二是仍未解决分段监管带来的“各自为政”现象。工商、卫生、农业等几大部门根据该法规定各管一块,但是各部门之间的信息共享与无缝衔接却远未实现。虽然设立了一个高级别的“食品安全委员会”,但对于这个委员会的具体职责、运行机制、协调机制等技术性问题却语焉不详,缺乏实际操作性。

二、中国食品安全治理的机构调整与职能变迁

政府的职能和机构随着外部环境的变化而变化。[①] 一个国家、一个社会随着外部国际环境或内部社会组成的变化,以及自身发展的需要,其制度、机制、政策也必然随之变化以便更好适应。如前所述,我国食品安全领域的相关立法工作随着时代变迁在不断加以推进,与之相适应,我国食品安全治理的政府职能及机构设置也在不断发生变化。

(一) 基于监管体制的考察

随着经济社会的发展,我国食品安全治理机构不断进行调整、重组,其职能也进行了相应改革,形成了不同的监管体制。具体而言,由改革开放之前的“部门管理为主”体制转变为“部门管理与国家监督结合”体制,继而转变为“卫生部主导监管与分段监管并存”体制,最终确立为“分段监管为主、品种监管为辅”的体制。

1. 部门管理为主时期:1949—1978 年

计划经济条件下,我国实行高度的计划管理,剥夺了国内食品生产者赚取利润的经济条件,而对外封闭又导致外来性食品很少,使得当时基本没有假冒伪劣食品,故而,政府不需要设置很多的监管机构,食品卫生监督职能不强;此外,由于我国居民的饮食习惯同质性高,食品需求和供给

---

① 参见李光德:《经济转型期中国食品药品安全的社会性管制研究》,经济科学出版社 2008 年版,第 47 页。

结构相对稳定且单一,造成我国很长一段时期内,食品需求仅表现为数量上的改变,而非结构上的改变,更多地呈现出对于食品的“刚性需求”,而在封闭社会中打破食品需求结构的动力极其缺乏。在此背景下,这一时期我国的食品安全主要采取的是部门分散管理为主,卫生监督为主,监管职能分散在各个食品卫生领域和各管理部门,并未分离出专门的食品卫生监管机构,从而形成食品卫生职能重叠、各自为政、条块分割、多头管理、沟通不畅的格局。

这一时期的食品监管更多还是侧重于食品卫生,而非安全监管,其管理职能和机构变迁较为频繁,也颇为混乱,呈现多头治理的乱局。如管理地方食品、盐业、制糖等的机构就曾历经中央人民政府轻工业部、食品工业部、财政部、地方工业部、第一轻工业部等,当然,有时在同一时期存在几个监管部门的情况也屡见不鲜。又如管理食品生产经营及其安全的部门历经中央人民政府贸易部(1949. 10—1952. 8),中央人民政府商业部(1952. 8—1954. 9),商业部(1954. 9—1970. 7),由商业部、全国供销合作总社、粮食部、中央工商行政管理局合并的新商业部(1970. 7—1978)。[①]

具体而言,我国食品安全孕育期的职能调整与机构变迁具有以下几方面特征:一是职能设置重叠导致多头管理,既是对公共管理资源的严重浪费,又无助于监管效率的提高。在面对利益时,各相关部门一拥而上,争利逐益;而出现问题时则退避三舍,推诿责任。二是机构设置混乱导致条块分割、政出多门,各管理部门“管好自家地,不顾别家事”,相互之间缺乏有效的交流沟通机制,竞争大于合作,政府机构间内耗不断,难以体现管理的专业性及规模化效应。三是部门监管为主,国家层面并未设置专门的监督制度、机构、职能,国家宏观监管稍显不足,以致经常出现标准不统一、监管不规范的情况。

2. 部门管理与国家监督结合时期:1979—1994 年

改革开放使得外国的一些饮食习惯大量涌入我国,不断改变国民的食品需求结构,使其开放性与国际化特征日渐明显;此外,这一时期国内经济迅猛发展,人民收入不断提高,消费需求大量释放,食品需求结构也随之不断升级。但是,市场经济条件下的信息不对称所带来的市场失灵、逆向选择、道德风险等负内部性,严重损害了食品消费者权益,原有的各部门分散管理很难应付这种情况,必须分离出单独的政府机构来对食品

---

① 参见李光德:《经济转型期中国食品药品安全的社会性管制研究》,经济科学出版社 2008 年版,第 49—50 页。

卫生进行专业监管,必须由以部门分散管理为主向部门管理与国家监督相结合转变。

我国政府开始对食品安全进行依法监管的标志是1979年颁布的《食品卫生管理条例》,而1983年颁布试行的《食品卫生法(试行)》,"实现了食品卫生管理工作由行政命令监管向法制管理模式转变的历史性跨越"[①]。这一部法律明确了卫生行政管理部门在食品卫生监督中的主体地位,提出将专业性的食品卫生监管机构从各级卫生防疫机构中剥离出来。除了卫生部门外,法律对其他相关部门的职能也作了规定。总体而言,这一时期各部门对食品生产企业生产经营的监管方式在不断调整,由直接的行政干预逐渐转变为间接的市场调节,而国家层面对食品安全的监管则不断加强,具体表现为"卫生部对食品卫生监管职能的加强,工商行政管理局对食品市场秩序的监管和对假冒伪劣食品的打击,进出口商品检验局对进出口食品的严查"[②]。

处于我国经济和社会剧烈转型期的食品卫生管理,同样具有与时代特征密切相关的显著特点:一是国家层面的宏观监管不断强化。国家出台了《食品卫生法(试行)》及与之相关的一系列法律法规,促进了专业性食品卫生监管部门的独立化进程,强化了国家对于食品生产、加工、经营、销售等诸多领域的监管。二是首次明确了以卫生部作为食品卫生综合管理的主体部门,由卫生部单独或领导各级卫生行政部门统一行使国家监督职权,由食品药品监督管理局、外经贸部、国家工商行政管理局等部委协助卫生部。三是多头管理依然存在。尽管法律明确了卫生部的主体地位,但由于一些历史遗留问题以及体制因素的影响,食品卫生监管领域的双轨制依然存在,职能重叠、政出多门所导致的多头管理以及无序管理仍然屡见不鲜。

3. 卫生部主导监管与分段监管并存时期:1995—2002年

1995年10月30日第八届全国人民代表大会常务委员会第十六次会议将《食品卫生法》通过修改确定为正式法律,其通过的重要意义为"该法明确规定由国务院卫生行政部门主管全国食品卫生监督管理工作"[③],这

---

① 秦利:《基于制度安排的中国食品安全治理研究》,东北林业大学2010年博士学位论文,第67页。

② 李光德:《经济转型期中国食品药品安全的社会性管制研究》,经济科学出版社2008年版,第54页。

③ 王彩霞:《地方政府扰动下的中国食品安全规制问题研究》,东北财经大学2011年博士学位论文,第62页。

是我国首次在正式法律中确立卫生部在食品卫生监管方面的主导地位。

1998 年,在对外经济贸易部国家进出口商品检验局、农业部进出口动植物检验局、卫生部进出境卫生检疫局的基础上成立了国家出入境检验检疫局。2001 年国家质量技术监督局与国家出入境检验检疫局合并,成立了国家质量监督检验检疫总局。2000 年卫生部出台了关于卫生监督体制改革的一揽子方案,在各级卫生行政管理部门内下设卫生监督所,负责食品卫生监督执法等工作的具体执行。2001 年,国家工商行政管理局升格为国家工商行政管理总局,职能得到进一步强化。

这一时期的食品卫生监督机构设置与职能分配的特点是:一方面,在机构设置方面,仍强调以卫生部为主体,质检、工商等部门协助,部门管理接受国家监督。但是,由于部门利益的普遍存在,各部门之间相互扯皮的现象屡见不鲜,又因为缺乏对于监管者的"元监管",致使行政执法失范行为也不在少数。另一方面,经过十多年的发展,食品产业链已逐渐延伸至农业种殖养殖、农产品加工、食品生产、食品流通、食品消费等众多环节。这一时期为适应食品产业链延长、食品安全问题日益复杂等情况,作出了一些调整,分段监管模式已初现雏形,如农业部负责监管初级农产品的质量安全,工商部门负责监管流通领域内的食品质量等。

4. 分段监管为主、品种监管为辅时期:2003 年至今

2003 年,我国发生了震惊海内外的安徽阜阳"大头娃娃事件",引发对于食品安全的高度关注与反思。2003 年第十届全国人民代表大会常务委员会第一次会议后,国家食品药品监督管理局成立,在同年的国务院机构改革中,国务院决定将卫生部负责的食品安全综合监督、组织协调及重大事故查处职能转移给国家食品药品监督管理局,并直接向国务院负责。这一时期的食品安全监管体制详见图 2-1①。

但是,在这一监管体制下,各部门之间各自为政、缺乏有效交流沟通的顽疾依然无法解决,各部门之间的协调性极差,经常出现"有规制收益各家纷争,没有规制收益各家视而不见"②的现象。为有效解决这一问题,2004 年 9 月 1 日,国务院颁布了《国务院关于进一步加强食品安全工作的决定》,要求"按照一个监管环节由一个部门监管的原则,采取分段

---

① 参见颜海娜:《中国食品安全监管体制改革——基于整体政府的视角》,载《求索》2010 年第 5 期。

② 王彩霞:《地方政府扰动下的中国食品安全规制问题研究》,东北财经大学 2011 年博士学位论文,第 64 页。

监管为主、品种监管为辅的方式，进一步理顺食品安全监管职能”，至此，我国在食品安全领域正式确立了“分段监管为主、品种监管为辅”的监管模式，“食品规制体制正式从卫生部门主导的体制变为多部门分段规制体制”[①]。这种模式将食品产业链上的各相关部门均纳入监管主体范畴，依据其部门特性赋予其监管职能，具体见表2-1[②]。

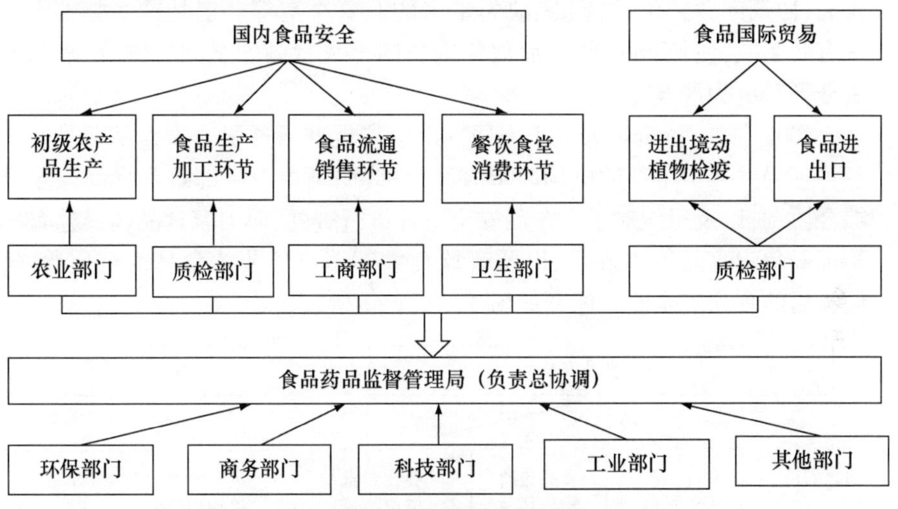

图2-1　中国食品安全监管体制示意图(2004年)

表2-1　各部门监管职能划分一览表

环节	主要问题	主要监管部门	辅助监管部门
种养	种植:化肥和农药; 饲养:兽药、添加剂	农业部	环保部门、食品药品监督管理部门
加工	食品添加剂、外源性污染	国家质检总局	卫生部、食品药品监督管理部门
流通	假冒伪劣、虚假宣传	商务部、国家工商总局	卫生部、食品药品监督管理部门
消费	卫生许可、不当食物准备程序、交叉污染等	卫生部	国家工商总局、食品药品监督管理部门

① 王彩霞:《地方政府扰动下的中国食品安全规制问题研究》，东北财经大学2011年博士学位论文，第64页。

② 参见秦利:《基于制度安排的中国食品安全治理研究》，东北林业大学2010年博士学位论文，第69页。

尽管作出了诸多调整,但实际监管效果仍不尽如人意,主要表现在两个方面:一是作为总协调机构的食品药品监督管理局的行政级别较低,无法协调比它级别高的各部委。该局是一个国务院直属单位,仅为副部级单位,在实际工作中,根本无法协调卫生部等正部级单位。二是这一监管体制又带来了许多新问题,如地方政府与食品安全垂直监管机构之间的权属、协调问题,"无缝衔接"缺失带来的监管真空等。正是这些弊端无法有效解决,使得2004年以后数年内我国重大食品安全问题频发,食品安全形势更为严峻。

2008年3月,全国人大十一届一次会议批准通过了国家食品药品监督管理局并入卫生部的机构改革方案,最终明确由卫生部负责食品安全综合协调,以及组织对重大食品安全事件进行查处,而国家食品药品监督管理局负责食品卫生许可,以及餐饮食堂等消费环节的食品安全监管。调整后的食品安全监管体制如图2-2[①]所示:

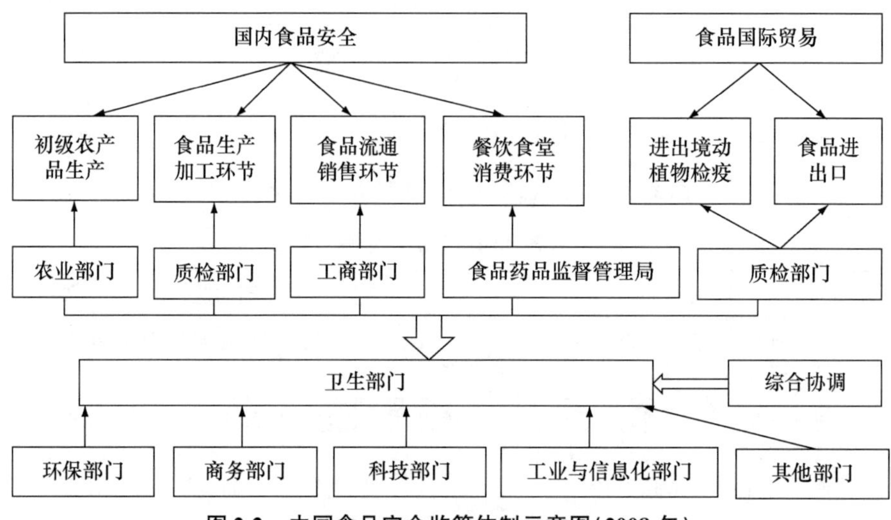

图2-2　中国食品安全监管体制示意图(2008年)

2008年爆发的"三聚氰胺"事件充分暴露了现行规制体制的弊端,目前负责综合协调的卫生部门与工商质检总局、工商总局等行政级别一样,同属正部级单位,其协调能力仍然很有限。为切实解决这一问题,更好地贯彻《食品安全法》,切实加强对食品安全工作的领导,2010年2月设立

① 颜海娜:《中国食品安全监管体制改革——基于整体政府的视角》,载《求索》2010年版,第5期。

了国务院食品安全工作高层次议事协调机构——国务院食品安全委员会。这一举措标志着我国"食品安全由分段规制向综合协调规制又迈进了一步"①。调整后的新的食品安全监管体制如图2-3所示：

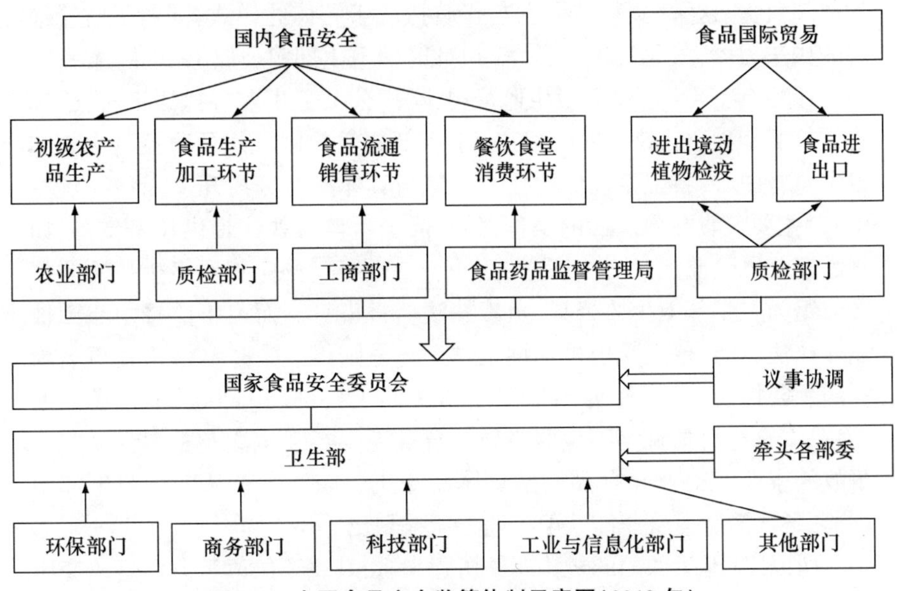

图2-3　中国食品安全监管体制示意图(2010年)

（二）基于执行机关的考察

经过前面的梳理,我们不难发现,我国食品安全方面的法规、政策随时代变化而不断完善更新,但食品安全形势却日益严峻。所以,有学者提出,"中国目前缺乏的不是法律,而是有效的执行"②。正因为此,本书将食品安全监管的四大执行机关:卫生、工商、质检、农业,作为食品安全治理机构与职能历史变迁的另一个考察维度。

1. 卫生部门:由"全能选手"转变为"执法与技术分离"

虽然我国食品安全的最早主管部门是卫生部门,③但因为国民的医疗需求一直处于重要地位,使得卫生系统的工作重心一直都是医疗卫生服务的供给,而主要由卫生监督体系来承担对于食品卫生的监管。

1953年,政务院第167次政务会议决定进一步明确卫生监督的实施

① 王彩霞:《地方政府扰动下的中国食品安全规制问题研究》,东北财经大学2011年博士学位论文,第65页。

② 刘亚平:《走向监管国家——以食品安全为例》,中央编译出版社2011年版,第32页。

③ 同上。

主体，推进省、地、县三级卫生防疫站的成立，将内设的卫生科作为食品卫生工作的具体负责机构，实施食品卫生技术指导以及公共卫生技术服务工作。随后，卫生部卫生防疫司于 1982 年设立，卫生监督工作继续由防疫部门负责，这种“集科技研发与行政执法于一体的模式，削弱了监管部门的执法力度，淡化其执法属性”[①]，此时的卫生部门类似于“全能选手”。

1989 年，卫生部设立卫生监督司，承担公共卫生监督执法工作，明确将监督职能独立出来。2002 年初，卫生部成立中国疾病预防控制中心和卫生监督中心，将卫生领域的技术保障与具体执行分离开来，前者（疾控中心）主要负责技术层面的工作，为食品卫生监督执法提供技术支持，如食品安全风险监测、评估、信息收集等。2006 年，国家将原卫生执法监督司改组为卫生部卫生监督局，负责执法监督事宜。而卫生监督中心则被剥夺执法职能，单纯受理技术性工作。地方则将卫生防疫站正式更名为疾病预防控制中心，作为当地卫生执法的主要部门。2008 年新成立的“食品安全综合协调与卫生监督局”，负责卫生行政执法及重大食品安全事故的查处。2009 年食品安全具体监督执法职能逐渐从各级卫生部门剥离，餐饮消费监管职能从卫生监督所被划出。

所以，从卫生部门的机构调整历程来看，其主要的改革方向是改变所有职能混集于一两个部门的现象，努力“实现技术与执法的分离”。虽然在实际操作过程中，仍存在诸多现实问题，如地方卫生监督机构与疾控机构对于卫生监测权的争夺等，但这一改革方向是非常明确而坚定的。

2. 农业部门：由“分散执法”转变为“综合执法”

在传统的“以分段监管为主”的体制下，农业部门主要负责种殖养殖等初级农产品质量安全监管工作。作为行业主管部门，农业部还承担着监管初级农产品质量安全的重任；同时还肩负着管理农业生产过程以及监管质量安全的职责。这种同时兼顾行业管理以及行政执法，集二者于一身的尴尬境地，使得农业部门的监管之路显得格外复杂。农业部门对食品安全监管的职能变迁主要体现在三个方面：一是政企分开，如种子管理体制改革；二是区分检验检测与监督处罚，如建立独立的、专业的、具有公信力的检验检测机构；三是整合执法队伍，推行综合执法体制改革。[②]

---

① 崔新、何翔、张文红等：《我国卫生监督体系的历史沿革》，载《中国卫生监督杂志》2007 年第 2 期。

② 参见刘亚平：《走向监管国家——以食品安全为例》，中央编译出版社 2011 年版，第 36—38 页。

"综合执法"的推行是农业部门食品监管改革的重点环节。在传统体制内,农业主管部门下属各科室依据各自专业特性、遵照各自行政职能,单独地以执法者身份行使某一方面职能,极易导致分散执法,造成人、财、物的大量浪费。为解决这一问题,农业部自 1999 年以来就分别在福建、浙江、江苏等地开展农业综合行政执法试点工作。2004 年,农业部下发《关于继续推进农业综合执法试点工作的意见》,在原 100 个综合执法试点的基础上新增 100 个试点县。截至 2008 年底,全国近 1762 个县市开展了农业综合执法工作,共成立 10 个省级农业综合执法机构、204 个地市级农业综合执法机构和 1916 个县市级农业综合执法机构。湘、鄂、闽、浙、苏等省基本形成了执法总队→执法支队→执法大队,从省到县,运转协调高效的农业综合执法体系。①

由于农产品质量安全监管工作分散于各行业之间,而分行业负责制又是农业部农产品质量安全监管的实行原则,所以就导致农产品质量安全工作牵涉农业部内部几乎所有业务司。② 在此背景下,要推动农业部门监管的成功转型,首先必须实现内部整合。2005 年 6 月,负责组织协调、监督指导我国农产品质量安全管理工作的"农产品质量安全管理工作领导小组"在农业部成立。2006 年《关于加强农产品质量安全监管能力建设的意见》发布,农业部明确规定各级农业部门要确立一个综合、协调、指导农产品质量安全监管工作的归口机构。随后,国家颁布实施《农产品质量安全法》,明文规定了全国农产品安全管理重大事项的协商、决策及部署由农业部市场与经济信息司负责。

3. 工商部门:由"自己办市场"转变为"一起管市场"

食品主要通过市场流通,因此作为执法及监管主体的工商行政管理部门必然卷入到食品安全监管中来。③ 工商行政管理部门在我国设立时间较早,1978 年私营企业局重建并更名为工商行政管理局,当年 9 月以后国务院决定将基础市场管理所统一改为工商行政管理所。随着市场经济的迅猛发展,为保障政府部门切实当好"裁判员",工商行政管理部门的工作重心也转变为监管市场与指导市场行为。1998 年,工商行政管理系统试行省以下垂直管理。2001 年,工商总局在《关于工商行政管理机

---

① 参见中央活动办网:《农业部创新体制机制扎实推进农业综合执法》,载《中华人民共和国农业部网站》,http://2010jiuban.agri.gov.cn/ztzl/kxfzg/gzdt/t20090116_1206639.htm。

② 参见刘亚平:《走向监管国家——以食品安全为例》,中央编译出版社 2011 年版,第 39—40 页。

③ 同上书,第 40 页。

关限期与所办市场彻底脱钩有关问题的意见》中指出,工商行政管理机关与所办市场彻底脱钩,是维护市场监管执法公正性和权威性的前提。到目前为止,经过三十多年的改革与发展,工商行政管理部门不仅在覆盖范围方面基本实现了"哪里有市场行为,哪里就有工商监管",而且在职能方面也出现了重大转变,由市场开发建设、招商引资等转变为注册登记、市场监管、规范市场经营行为、维护消费者权益等。

工商行政管理部门将"食品安全"作为工作的重点大致始于2004年。随后,国家工商总局于2006年下发《工商系统流通环节食品安全监督管理责任及责任追究办法(试行)》,进一步研究、明确、细分了食品安全监管工作在工商系统内部的责任分工,将"审核食品生产经营者的市场准入资格以及有效保护消费者合法权益"作为其食品安全的监管执法责任。2008年8月,国家工商总局为应对日益严峻的食品安全形势,增设了专门负责流通环节食品安全监管的食品流通监督管理司,这一改革表明工商部门对于食品安全监管已从被动的"不告不理"的消费者权益保护转变为主动的市场监管。①

经过多次机构改革与职能调整,工商部门对食品安全的监管已由早期的建设市场以规范小摊贩经营,转变为目前加强对市场主体及其市场行为的监管,由单纯收费式管理转变为多形式依法监管,由过去的处罚式监管转变为更加重视行政指导的监管。

4. 质检部门:由"技术监督"转变为"质量管理"

从本质上说,食品是一种产品,所以,质检部门因其负责监管产品质量,也就成为了食品监管的主要部门之一。② 国家技术监督局作为主要的质检部门,成立于1993年。1998年更名为国家质量技术监督局,并依据《产品质量法》规定开始承担食品质量安全监管工作。1999年通过机构改革,实现了质检领域立法权与执法权的分离,前者划归卫生部、农业部等,而质检职能得以整合,强化了执法权力,此时监管关注的焦点还是技术方面。

正如郎和希斯曼(Lang & Heasman)指出的,"发展中国家的食品监管存在一种普遍情况,即出口食品与内销食品拥有两套完全不同的标准体

---

① 参见刘亚平:《走向监管国家——以食品安全为例》,中央编译出版社2011年版,第42页。

② 同上书,第43页。

系，而且大多数情况下，出口食品的要求会更严一些"[1]。为有效整合出口食品与内销食品的监管，2001 年国家质量监督检验检疫总局成立，虽然在部门名称上实现了统一，但在总局内部，仍以不同标准及体制监管外销食品与内销食品。

就国家质检总局监管国内食品的情况而论，全部业务司局都或多或少地与食品安全的监管相关。为加强内部协调，更好地应对严峻的食品安全形势，2005 年 5 月，国家质检总局成立了食品安全监管领导小组；同年 11 月，全面负责监管食品生产加工环节的质量以及日常安全卫生的"食品生产监管司"成立，开始从"食品质量"这一层面着眼开展监督管理，力争从源头抓好食品安全的组织工作。

第二节　中国食品安全治理的发展现状

食品安全问题关系着千家万户的生命健康与生活幸福，既是事关社会和谐的民生问题，更是关涉执政合法性的政治问题。我们的党和政府历来高度重视食品安全保障工作，不断从完善食品安全法律法规、强化社会诚信及道德建设、健全食品安全风险预警体系等层面加强我国食品安全保障工作。尽管取得了不小成绩，但也存在诸多问题。本节将从我国食品行业发展现状、食品安全法制建设现状、我国食品安全治理现行模式及典型示范等三个向度着眼，深入剖析我国食品安全治理之发展现状。

一、中国食品行业发展现状

据统计，我国每天消耗两百万吨粮食、蔬菜、肉类等食品，全国共有食品生产企业四十多万家、食品经营主体三百多万家、餐饮单位二百一十万家、农牧渔民两亿多户。[2] 数量庞大的食品生产加工及消费群体，再加之食品行业的复杂特性等因素都对我国食品安全保障提出严峻考验。

---

① Lang, Tim and Michael Heasman(2004). *Food Wars: The Global Battle for Mouths, Minds and Markets*. London: Earthscan Publications Ltd., p. 144.

② 参见上海市食品药品安全研究中心课题组:《中国食品行业发展与监管报告》，载唐民皓:《食品药品安全与监管政策研究报告(2012)》，社会科学文献出版社 2012 年版，第 14 页。

（一）农产品产业状况

"十一五"期间，我国粮食持续增收，连续四年的总产量在五亿吨以上，粮食综合生产能力稳步迈上万亿斤新台阶。农业技术装备条件明显改善，农业科技进步贡献率及农作物综合机械化水平均超过 50%。农业专业合作社近 40 万家，农业产业化经营组织达到 25 万个，农产品进出口贸易额突破千亿美元大关，农林牧渔服务业总产值超过 2300 亿元，比 2005 年增长一倍以上。[①] 农业和农村经济发展取得了巨大成就。

"十一五"期间，国家非常重视农业的规范化发展以及农产品的标准化生产，新制定农产品国家标准和行业标准 1800 多项，农产品国家标准和行业标准总数达 4800 多项，农产品标准体系逐步建立与完善。探索创建国家级农业标准化示范县（场）503 个，规划建设蔬菜、水果、茶叶标准园 819 个，畜禽养殖标准示范场 1555 个，水产健康养殖场 500 个。此外，安全优质品牌农产品建设也备受重视，得到大力推进。截至 2010 年底，全国已经有近八万个通过认证的无公害农产品、绿色食品、有机食品和农产品地理标志，其中无公害农产品 56532 个、绿色食品 16748 个、有机食品 5598 个、农产品地理标志 535 个；认证产地占食用农产品生产面积的 30% 以上，认证产品占食用农产品商品量的 30% 以上。[②]

近年来，随着国家对于"三农问题"的高度重视，我国农业实现了快速发展，农产品的产业状况得到了明显改善，无论是在粮食播种面积、产量等基本指标，还是在标准化技术指标建设方面都取得了可喜成绩。但是由于历史遗留以及现实制约等种种原因，我国的农产品生产中仍存在三大问题：

一是由于农业产业基础薄弱，尚未转变农产品安全体系构建思路。受"小农经济"及"自给自足"传统思想的影响，我国农业生产经营规模普遍较小且分散，集约化程度不高，导致小农经济与现代食品工业对接失衡，农产品追溯机制及监管措施很难落到实处。以猪肉生产为例，美国共有 7 万家养猪场，500 头以上的养殖场提供市场 90% 的猪肉，而我国却是由 7600 万家养猪场或散户提供。[③] 同时，为首要解决居民的吃饭问题，我

---

① 参见中华人民共和国农业部：《全国农业和农村经济发展第十二个五年规划》，载农业部网站，http://www.moa.gov.cn/ztzl/shierwu/201109/t20110905_2197318.htm。

② 参见上海市食品药品安全研究中心课题组：《中国食品行业发展与监管报告》，载唐民皓：《食品药品安全与监管政策研究报告（2012）》，社会科学文献出版社 2012 年版，第 15 页。

③ 参见《我们是在如履薄冰——专访国务院食品安全办主任张勇》，载《南方周末》2011 年 12 月 29 日第 A2 版。

国农业长期以来都以“增产”为首要目标,更为关注食品数量安全,而相对忽视食品质量安全。“三聚氰胺”事件曝光以后,内蒙古奶业协会理事“人人有牛奶喝比牛奶标准更重要”[①]的雷人观点就是真实写照。

二是一些生产者或因利欲熏心,或因知识欠缺,违规使用添加剂或激素、农药等违禁物品,致使食品安全风险隐患居高不下。目前,我国农药生产制剂多达 26000 多种,生产厂家 3800 多家,年农药折纯用量约 29 万吨,单位面积用量达 14.4 千克/公顷;化肥用量高达 443 千克/公顷,是 20 世纪 50 年代用量的 100 倍,是发达国家化肥安全施用上限的 1.93 倍。

三是“GDP 导向”下的中国,生态环境急剧恶化,水污染、土壤污染和化学品污染等源头污染成为食品安全问题频发的重要原因。我国每年 606 亿吨工业废水和生活污水中 80% 未经处理即排入河流,致使 64% 的城市河段受到中度或重度污染。[②] 此外,重金属和具有强致癌、致突变性的持久性有机污染物的工业副产品通过径流、降雨、食物链等污染农产品生产环境。据调查,我国耕地污染异常严重,约有 1.5 亿亩耕地受到污染,几乎占全国耕地总面积的 1/10。[③] 在兽药、激素和生长促进剂使用不当以及养殖环境污染的情况下,所生产的畜禽产品和水产品被人食用后,不仅对人体健康造成直接危害,而且导致人畜共患疾病的增加。[④]

(二)食品工业发展状况

“十一五”期间,食品工业作为国民经济的重要组成部分,其总量快速增长,经济效益有效提升,产业结构得到改善,技术进步取得突出进展,[⑤]详见表 2-2:

---

① 裴晓兰:《内蒙古奶业协会理事:人人有牛奶喝比牛奶标准更重要》,载凤凰网,http://finance.ifeng.com/news/20110627/4195429.shtml。

② 参见张培蕾、李建勋、吴松长:《水——生命不能承受之重》,载山东省水利厅网站,www.sdwr.gov.cn/sdsl/pub/cms/1/2092/2095/528/536/10888.html。

③ 参见上海市食品药品安全研究中心课题组:《中国食品行业发展与监管报告》,载唐民皓:《食品药品安全与监管政策研究报告(2012)》,社会科学文献出版社 2012 年版,第 16 页。

④ 参见蒋高明:《以生态循环农业破解农村环保难题》,载《环境保护》2010 年第 19 期。

⑤ 参见上海市食品药品安全研究中心课题组:《中国食品行业发展与监管报告》,载唐民皓:《食品药品安全与监管政策研究报告(2012)》,社会科学文献出版社 2012 年版,第 17 页。

表 2-2 “十一五”期间食品工业发展成就一览表

类别	指标	2010 年	比 2005 年增长(%)	年均增长(%)
总体情况	完成现价工业总产值(万亿元)	6.31	208.1	25.2
	上缴税金(亿元)	5315.75	145.9	19.7
	实现利润(亿元)	3885.09	215.1	25.8
	食品工业规模以上企业数(家)	41867	74.2	11.7
	食品工业从业人员(万人)	654	40.9	7.1
粮食加工业	规模以上粮食加工企业(家)	6475	368.4	36.2
	完成现价工业总产值(亿元)	6335.09	368.4	36.2
	规模以上加工企业生产大米(万吨)	8244.4	366.8	36.2
	规模以上加工企业生产小麦(万吨)	10118.5	153.4	20.4
食用油加工业	完成现价工业总产值(亿元)	6076.80	185.1	23.3
	食用油产量(万吨)	3916.09	142.9	19.4
	全国人均年消费食用油(千克)	18	51.3	8.2
液体乳及乳制品制造业	完成现价工业总产值(亿元)	1965.72	120.6	17.1
	乳制品产量(万吨)	2159.39	64.8	10.1
酿酒工业	葡萄酒制造业完成工业总产值(亿元)	309.5	206.2	25.1
	葡萄酒产量(亿升)	10.89	150.6	20.6
	黄酒制造业完成工业总产值(亿元)	116.8	116.2	21.6
	啤酒制造业生产啤酒(亿升)	448.3	40.	
屠宰及肉类加工业	规模以上屠宰及肉类加工企业(家)	4060	232.3	27.1
	完成现价工业总产值(亿元)	7456.92	232.3	27.1

数据来源:熊必琳:《2010 年食品工业经济运行综述及 2011 年展望》,载《中国食品安全报》2011 年 5 月 19 日第 A4 版。

进入 2014 年以来,我国食品行业又呈现出新的发展态势:一是增长速度出现下滑。由国家统计局发布的数据可以看出,全国规模以上食品工业增加值同比增长 13.4 个百分点,高出全国工业增速达 2.9%;但与第一季度相比,增长速度回落 2.2%,与上一年度同期相比,则回落 0.8%(见图 2-4)。二是产销衔接的水平进一步提高。截至 6 月底,食品工业实现销售总产值 40631.58 亿元,同比增长 21.7 个百分点,与第一季度相比,增长速度回落 4.1%,与上年同期相比则回落 8.6%。三是优势行业进一步发展,充分发挥引领作用。规模以上食品工业企业总数在上半年达到 32942 家,完成食品工业总产值 41467.0 亿元,同比增长 22.2 个百分点,比全国工业增长速度高出 9.0%。与第一季度相比,增速还是下滑

7.3%,而与上年同期相比,则下滑8.2%。四是行业利润实现进一步提升。由于市场疲软,经济增速放缓,我国规模以上工业利润在前五个月同比下降2.4个百分点。但受到相关利好消息的刺激,食品工业经济效益水平仍实现了两位数增长。五是食品价格不断上涨。居民消费价格在上半年实现同比上涨3.3%,其中,食品价格与烟酒用品价格分别同比上涨6.9与3.5个百分点(见图2-5)。六是区域经济差距进一步缩小。截至6月底,东部、中部、西部、东北地区食品工业总产值同比增长20.2、25.2、21.6、24.4个百分点,增速差距不大。各区域食品工业经济发展良好,从总体上来,呈现出"东强、中快、西部潜力巨大、东北提速发展"的良好态势。

尽管发展势头良好,但仍不能忽视我国食品行业发展中存在的问题:一方面,食品安全事件频发,严重制约行业健康有序发展。信息不公开以及信息不对称,导致民众食品安全知识匮乏,一旦发生食品安全事件,其不良影响极易扩散至整个行业,使整个行业发展受阻。如"三聚氰胺"事件对国产奶粉企业的打击、四川广元"柑橘生蛆"事件导致全国柑橘滞销等。所以,食品安全不仅是关乎具体生产经营企业的质量管理问题,更是关系到整个行业能否继续生存发展的命脉问题。① 另一方面,食品生产企业责任意识淡漠,诚信观念与职业道德缺失,企业社会责任履行缺位,为追逐利益而不择手段,唯利是图,置食品安全与人民生命健康于不顾,肆无忌惮地生产加工有毒有害食品,导致食品安全事件频发,严重危害行业发展。

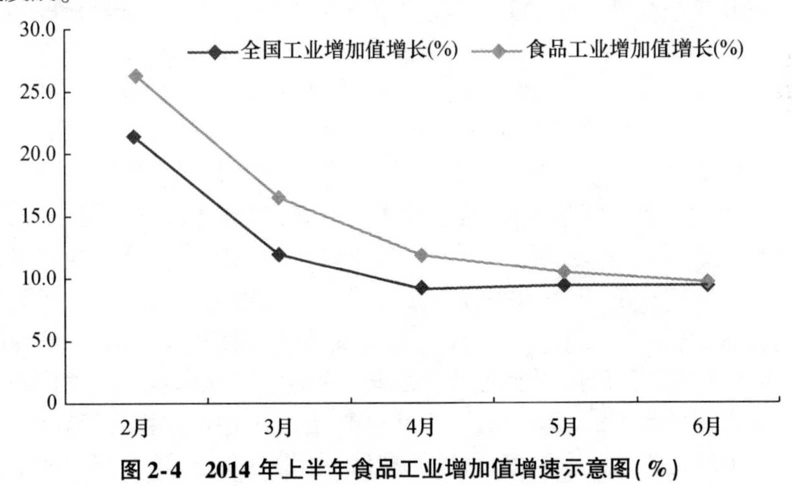

图2-4　2014年上半年食品工业增加值增速示意图(%)

① 参见上海市食品药品安全研究中心课题组:《中国食品行业发展与监管报告》,载唐民皓:《食品药品安全与监管政策研究报告(2012)》,社会科学文献出版社2012年版,第18页。

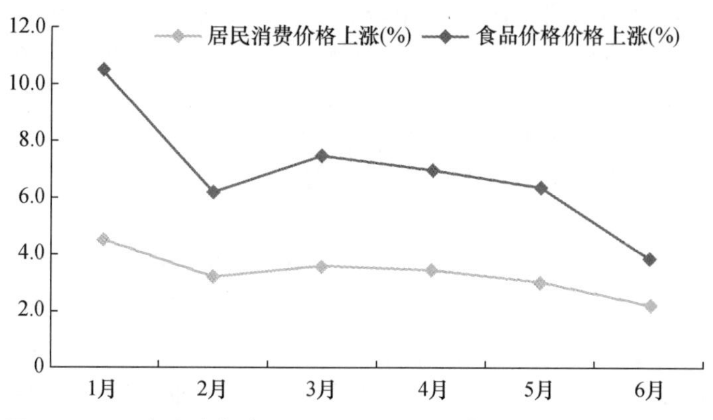

图 2-5 2014 年上半年食品价格以及居民消费价格增长示意图(%)

（三）餐饮行业发展状况

作为食品监管链中的最后一个环节——消费环节中的主要部分,餐饮行业自然也成为本书考察食品行业发展现状所必须包括的一个重要部分。2010 年 1 月起,国家统计局调整统计口径,将住宿餐饮业零售额改为餐饮收入,照此计算,2010 年全国餐饮收入达 17648 亿元,占社会消费品零售总额的 11.24%,对社会消费品零售总额增长的贡献率为 8.55%。按原统计口径,2010 年全国住宿餐饮业零售额为 21000 亿元,比 2006 年的 10345 亿元翻了一番。①

近几年不断爆出的"福寿螺""有毒火锅底料"等事件一再提醒人们,餐饮业在迅速发展的光辉背后隐藏着不为人知的问题。一是大型餐饮企业的原料源头安全难以保障,加大供货审核的成本,且大型企业更易与相关监管或检测方形成利益同盟,成功规避食品安全检测、检查、处罚等,近期爆出的百胜餐饮集团违规使用"速生鸡"事件就是一典型案例。二是中小型餐饮企业、部门集体供餐企业大量存在,在方便市民的同时,也为监管部门顺利、有效地实施食品安全监管带来巨大困难。这些餐饮服务单位包括学校食堂,因受其单位特性及相关政策制约,食品的售价一般不高,为保证其利润,在采购食品原材料与餐具时,往往仅以进货价格为导向,而忽视其质量要求,从而导致食品安全问题。三是大量无证餐饮经营在城乡普遍存在,且屡禁不止,由于其生产规模小,生产环境普遍较差,生产工艺的规范性、卫生性、安全性、标准化一般难以保证,这些都增加了食

① 参见上海市食品药品安全研究中心课题组:《中国食品行业发展与监管报告》,载唐民皓:《食品药品安全与监管政策研究报告(2012)》,社会科学文献出版社 2012 年版,第 20 页。

品安全事件爆发的风险。

二、中国食品安全法制建设现状

各种食品安全法律法规的制定与完善不仅为“从农田到餐桌”的全程监管提供了执法依据，而且通过提高处罚层次与加大处罚力度来增加食品生产、经营者的违法成本，以对其形成制度威慑。

我国食品安全领域的法律规制，先后经历《食品卫生管理试行条例》（1964年）、《食品卫生管理条例》（1979年）、《食品卫生法（试行）》（1982年）、《食品卫生法》（1995年）、《食品安全法》（2009年）的几度变迁，到目前为止，我国颁布的食品安全方面的法律、法规等总计850余部，其中基本法律法规近110部，专项法律法规近700部，相关法律法规50部左右，基本形成以《食品安全法》为基本法律，以《产品质量法》《农产品质量安全法》《食品安全生产加工企业质量安全监督管理办法》《标准化法》《食品标签标注规定》等为主体，以各地地方的政府规章、司法解释为补充，其他法律如《消费者权益保护法》《刑法》与其相配合的食品安全法律法规体系。[①]这一体系包括五大部分，分别是食品安全法律体系、产品质量法律体系、检验检疫法律体系、环境保护法律体系、消费者权益保护法律体系。[②] 除此之外，食品安全标准对于规范食品生产与加工、保障食品安全等具有关键的指标性意义，故而，对其体系建设也理应纳入食品安全法制建设的考察范围。

（一）食品安全法律体系

该体系主要包括《食品安全法》《食品安全法实施细则》《农产品质量安全法》《农产品质量安全法实施细则》《国务院关于加强食品等产品安全监督管理的特别规定》等行政法规，以及各地方出台的配套地方性法规和地方政府规章，如《北京市食品安全条例》《云南省食品安全条例》等。此外，还包括大量食品安全方面的部门规章与政府规章。前者是由国务院卫生、质检、工商、农业等部门根据法律和行政法规制定的，如《食品卫生许可证管理办法》《食品卫生行政处罚办法》《流通领域食品卫生管理办法》《食品添加剂卫生管理办法》《转基因食品卫生管理办法》《无公害农产品管理办法》《进出境转基因产品检验检疫管理办法》等，此外还有

---

① 参见张涛：《食品安全法律规制》，厦门大学出版社2006年版，第17—19页。

② 参见邱礼平：《食品安全概论》，化学工业出版社2008年版，第254页。

关于食品生产加工、存储运输过程,以及食品添加剂制作及使用等一系列规范性文件。各地方政府也制定了大量的地方政府规章。

作为指导我国食品安全治理工作的基本法律,《食品安全法》能够很好地预防、监控、减少食品污染以及食品中所含有害物质危害人体生命健康,保障食品安全,防止并减少食源性疾病,保障人民生命财产安全,提升民众的福利水平。其确立的食品检查制度、食品安全风险监测制度、食品安全风险评估制度、经营许可制度、信息公开制度、添加剂生产许可制度、食品召回制度、惩罚性损害赔偿制度对于食品安全问题的规制具有一定的意义,为目前我国食品安全治理铺平了道路,也为将来食品安全完善立法指明了方向。所以,这部法律的颁布,在一定程度上解决了我国食品安全领域面临的一些亟待解决的问题,具有深远的意义,标志着我国食品安全法律体系进入了一个全新的阶段。①

（二）产品质量法律体系

该体系主要包括《产品质量法》《标准化法》《计量法》《认证许可条例》《进出口商品检验法实施条例》《出口货物原产地规则》《饲料和饲料添加剂管理条例》《工业产品生产许可证管理条例实施办法》等。

《产品质量法》主要涉及一些国家标准以及行业标准,其宗旨为保障食品质量安全,确保其对人体健康及人身安全无害。它囊括了所有以销售为目的的,包括食品在内的,经过生产加工的产品。在这部法律中,有大量篇幅是围绕产品生产者、销售者的义务以及消费者的权益,并明确了消费者维权的渠道,能够最大限度地维护消费者权益。此外,该法还明确了我国产品质量的监督管理机制,确定全国产品质量监督工作的主管部门为国务院产品质量监督机构。

（三）检验检疫法律体系

该体系主要包括《进出口商品检验法》《进出境植物检疫法》《动物防疫法》《国境卫生检疫法》《进出境动植物检疫法实施条例》《兽药管理条例》《进出境肉类产品检验检疫管理办法》等。

（四）环境保护法律体系

该体系主要包括《农业法》《渔业法》《海洋环境保护法》《农药管理条例》《农业转基因生物安全管理条例》《濒危野生动植物进出口管理条

---

① 参见赵福江、罗承炳、孙明:《食品安全法律保护热点问题研究》,中国检察出版社2012年版,第18页。

例》《种畜禽管理条例》等。①

根据我国是农业大国、农业问题复杂的具体国情而专门制定的《农业法》规定国家需要建立健全农产品质量标准体系以及质量检测监督体系，完善农产品强制性标准，禁止不合标准农产品的生产经营，以保护生态环境及保障消费安全，最终通过一系列措施实现农产品质量的切实提高。还规定了国家要鼓励优质农产品的开发推广，支持建立健全优质农产品认证制度，建立包括绿色食品标志、农产品地理标志等在内的认证标志；建立完善重大疫情及病虫害处置机制，健全动植物防疫检疫体系，推进植物保护工程的实施，将农产品污染降至最低，切实保护农业生态区。

（五）消费者权益保护法律体系

该体系主要包括《消费者权益保护法》和分布在《民法》、《合同法》等法律中的相关规定以及各项法规和规章。②

（六）食品安全标准体系

在《食品安全法》中专设了"食品安全标准"一章，明确食品安全标准是唯一强制执行的标准。根据《食品安全法》及其实施条例的要求，卫生部将现行的食品卫生、质量等安全标准及行业强制执行标准进行整合，制定统一的食品安全国家标准。③ 具体而言，我国食品安全标准体系建设开展顺利，表现在三个方面：

一是组建了食品安全标准的组织机构，对食品安全标准的体系建设给予组织保障。2010 年 1 月 20 日，卫生部成立了"第一届食品安全国家标准审评委员会"，由来自"食品添加剂、微生物、食品产品、营养与特殊膳食食品、生产经营规范、污染物、农药残留、兽药残留、检验方法与规程、食品相关产品"等 10 个专业委员会的 350 名委员，以及食品药品监管、农业、工商等 20 个单位委员组成，主要围绕食品安全国家标准开展工作，承担着审评、提出实施建议、进行专业咨询等职责，以及处理食品安全国家标准的其他工作。④

二是制定或修订了一系列与食品安全标准相关的管理规范。先后出

---

① 参见赵福江、罗承炳、孙明：《食品安全法律保护热点问题研究》，中国检察出版社 2012 年版，第 19 页。

② 同上。

③ 参见上海市食品药品安全研究中心课题组：《中国食品行业发展与监管报告》，载唐民皓：《食品药品安全与监管政策研究报告（2012）》，社会科学文献出版社 2012 年版，第 33 页。

④ 参见中华人民共和国卫生部：《卫生部成立第一届食品安全国家标准审评委员会》，载中央政府门户网站，http://www.gov.cn/gzdt/2010-01/20/content_1515757.htm。

台了《食品安全国家标准管理办法》《食品安全国家标准制修订项目管理规定》《食品安全地方标准管理办法》等规范性文件,为标准清理和整合工作提供行为准则和规范依据。

三是加快了食品安全标准管理体系的整合与完善进度。清理整合一些重点食品种类的安全标准,着力解决食品安全标准间相互矛盾的问题,并对一些过时的标准予以调整,甚至废除。卫生部新公布国家标准 276 项,参照国际标准制定质量要求、检验方法 112 项。农业部新制定了农业国家标准和行业标准 604 项。

目前,我国已有食品安全方面的国家标准 1829 项、地方标准 1200 多项、行业标准 3100 多项,初步建立了以食品安全国家标准为核心,地方标准、行业标准、企业标准为补充的食品安全标准体系。这些标准的规范与完善,有助于我国食品生产加工、储存运输、销售消费等各个环节的规范化操作,从而提升食品链各环节的标准化水平,提高食品的质量。

如图 2-6 所示,以上六大体系是构成我国食品安全治理法制体系的有机组成部分,为我国食品安全治理工作的有序开展奠定了法律基础,提供了法律保障,共同构筑了食品安全的一道保障线。

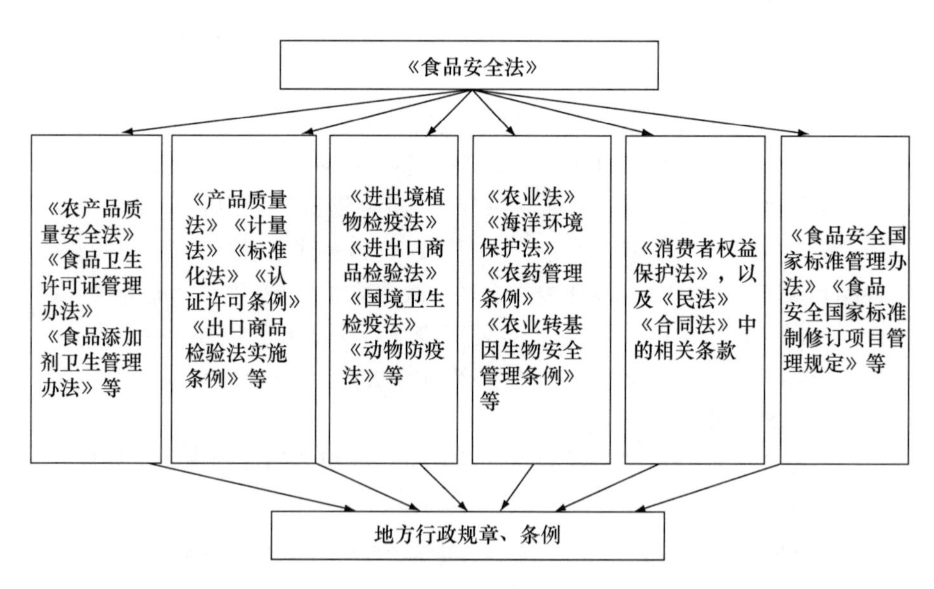

图 2-6　中国食品安全法规体系结构图

三、中国食品安全现行治理模式考察

随着经济社会的快速发展以及社会生态的急剧转型,诸多新问题的出现对我国社会治理的理念与方式不断提出新的要求。作为关系国计民生的重要经济问题、社会问题、政治问题——食品安全问题,对其管理理念与方式也随之发生重大变化。具体而言,管理的理念由"政府规制"向"社会治理"转变,管理方式与体制则是2003年以来经过四次调整后形成的多部门监管体制,即"以分段监管为主,品种监管为辅"。

若论现行模式,就笔者目前掌握的文献资料来看,目前尚无部门或专家学者明确地对我国食品安全治理模式作一个界定,大多是以"原则""体制""机制"加以表述,而且大多是针对食品安全的具体管理方式或手段而论,提出了"以食品链为基础的全程监管""以部门职能划分为基础的分段监管"等。通过对相关理论的梳理及现状的考察,本书对我国食品安全治理现行模式的界定尝试提出了"一元单向分段"监管模式,即就管理主体而言,是以政府为绝对主体的一元设计;就管理的组织架构而言,是政府规制下的由上至下,由政府向企业、政府向消费者、政府向社会的单向一维架构设计;就管理模式的运行机制而言,是在分段监管基础上的争权诿责机制,或者说是在利益博弈格局下的分段监管机制。正是基于此,本书认为现行模式还主要是"监管"模式,还是以政府为绝对主体的"规制",远未达到实现"治理"之要求。

(一) 主体设计:一元体制下的"多头混治"

基于我国复杂的利益格局,以及传统的"大政府,小社会"的社会结构,政府部门在食品安全管理中一直处于绝对主体地位,进入本世纪以来,面对日益严峻的食品安全形势,虽历经四次调整,但大多还是围绕政府机构设置与职能配置的调整,是在政府内部进行的体制内调整,形成了"以分段监管为主,品种监管为辅"的监管机制。具体而言,卫生部通过牵头建立综合协调机制,承担食品安全综合协调的职责;农业部监管初级农产品生产环节;国家质检总局监管食品生产加工环节及进出口食品;国家工商总局监管流通环节;国家食品药品监督管理局监管消费环节。

食品安全领域的市场监管究竟包括哪些主体,或者说由谁负责食品安全的市场监管,这是进行食品安全治理模式改革需要解决的首要问题。食品安全关乎民众生命健康,涉及国计民生,对其治理理应由政府、消费者群体、企业、社会组织等群体共同参与。但是由以上对于食品链各环节的考察可以发现,现行模式虽历经多次改革,仍沿袭了由政府部门作为监管主体的思维,社会性主体的力量并未得到足够重视与充分发挥。此外,由于受到传统政府本位观念、高度中央集权历史传统,以及僵化的计划经济体制惯性的影响,使得政府一直在包括食品安全监管在内的社会经济事务中处于一元主导的地位。而食品安全监管链上各部门之间利益关系错综复杂,且受到我国考评机制以及晋升机制的制约,政府部门采取的监管措施经常是运动式、灭火式监管,而非标本兼治的可持续治理,以上种种因素都成为制约政府之外的各主体参与食品安全治理的障碍。

1. 参与主体设计方面的"一元性"

由上观之,在参与主体设计方面,现行模式首先表现为"一元性",即以政府为绝对主体,几乎由政府大包大揽所有监管环节、涉及所有监管事项、覆盖所有监管领域,其他主体均被排除在外。

第一,企业被排除在食品安全治理主体体系之外。安全的食品首先来自于企业规范而合乎标准的生产,而非来自政府的强势规制。所以,食品生产加工企业是食品安全治理的一个重要参与主体,承担着向社会及消费者提供安全可靠营养食品的基本义务。追求利润最大化是企业的天性,同时也是其存在的最大理由。目前,企业被排除在食品安全治理主体体系之外,既有现行体制对其造成的制度障碍,更有企业自身"社会责任感"不强的重要因素。一方面,对于大中型食品生产加工企业而言,由于一些企业早已与政府监管部门形成了利益联盟,在外部制约机制缺失的背景下,企业内部由于资本逐利性所造成的利润至上导向,使得大多数企业在生产食品时更多地考虑成本与利润,而相对忽视食品质量,忽视企业社会责任的履行。更有甚者,会在外部监管放松时铤而走险,故意生产假冒伪劣食品,如"三鹿事件"后我国几大乳品生产企业仍相继爆出"三聚氰胺"问题。另一方面,对于在我国分布甚广的小作坊、小摊贩来说,完成所有市场准入程序所需要的经济成本、时间成本等,以及正规生产场地与规范化操作的实施相较于其收入或产出而言太过高昂,致使大量无证小作坊的存在。在我国"运动式执法"与"发证式监管"[①]的背景下,一些小作坊与监管部门玩起了"猫捉老鼠"的游戏,往往因自身资质不够而不愿或无法生产出合乎卫生、安全标准的食品。

第二,行业协会、新闻媒体、第三方检测机构等社会组织被排除在食

① 刘亚平:《中国食品监管体制:改革与挑战》,载《华中师范大学学报(人文社会科学版)》2009年第4期。

品安全治理主体体系之外。从组织属性上说,这是最不应该被排斥在治理主体体系之外的,因为相对于消费者因专业知识缺乏导致的信息不对称,以及企业因为追逐利润最大化的资本天性而导致的社会责任履行不够等,社会组织并不存在以上参与障碍。以行业协会为例,在发达国家,行业的充分参与是食品安全最终实现的前提保障。那么,行业协会究竟如何有效参与食品安全管理呢?具体而言,行业协会既要注重加强与政府的沟通,发挥好桥梁中介作用,将行业信息传达给政府,以助其制定更为合理的政策,并将政府政策传达给行业内企业,以助其更好地把握政策方向;还要提高管理水平,强化行业自律,加强内部建设;更要加强与消费者的交流,将其诉求反映在行业管理制度的完善上。[①] 但是在我国,食品安全法律法规的出台、标准的制定、检验检测体系及认证体系的建立与完善,都是由政府相关监管部门决策和执行的,而并非完全依据行业发展实际。在这种情况下,行业协会权力相较于公权力的"相对弱势化",极易造成行业协会的"管理虚化"[②],使其无法真正发挥应有的作用。除此之外,行业协会自身发展过程中遇到的一些瓶颈性障碍,如会员性导致结构松散、自治性理论分歧、非政府性制度异化等,也极大地限制了其对于食品安全治理的有序参与。

第三,消费者被排除在食品安全治理主体体系之外。消费者作为"食品安全最敏锐地察觉者以及最切身的体验者,是整个食品安全规制政策的最终目标指向"[③],此外,消费者还可以及时将自身所掌握的食品安全风险信息及预警信息传达给政府,并对政府的食品安全规制政策及其绩效进行合理监督,故而理应成为食品安全治理的参与主体。

为研究消费者参与食品安全治理的实际状况,笔者带领研究团队于2012年12月5日至12月25日期间在云南昆明小西门、南屏步行街、南亚风情第一城、云南大学滇池学院、广福小区等人流聚集区以问卷调查的方式进行实地调研。本次调研共发放1000份问卷,回收988份,有效问卷972份,调查结果经过量表及计量分析后,数据结果总体反映出几个情况:一是消费者普遍参与热情很高,有超过73.4%的人愿意参与食品安全治理,完全没有参与意愿的消费者仅占1.3%。二是参与的主动性普

① 参见周应恒等:《现代食品安全与管理》,经济管理出版社2008年版,第225页。

② 林闽钢、许金梁:《转型期食品安全问题的政府规制研究》,载《中国行政管理》2008年第10期。

③ 张红凤、陈小军:《我国食品安全问题的政府规制困境与治理模式重构》,载《理论学刊》2011年第7期。

遍较高,有高达 64.7% 的受访者表示"会主动留意食品安全信息",有 79.6% 的受访者表示"遇到食品安全问题会主动寻求帮助"。而对于寻求帮助的渠道,27.5% 的受访者表示会与生产经营者协商,22.4% 的受访者表示会向政府相关职能部门投诉, 19.4% 的受访者表示会请求消费者协会介入调解,14.2% 的受访者表示会向媒体求助,0.3% 的受访者表示会向仲裁机构提请仲裁,大约 0.1% 的受访者表示会向法院起诉,而只有 16.1% 的受访者表示不会采取任何维权行动。三是消费者不参与的原因大致相同,大多是因为制度或机制等客观原因,有高达 87.4% 的受访者表示是由于"参与机制不健全、沟通渠道不畅通、参与效果不明显",以致"说了也白说"。具体数据方面,有 35.1% 的受访者表示"不愿意花费精力和时间投诉",有 30.6% 的受访者表示"不清楚投诉部门、接诉部门及投诉渠道或问题解决方式",27.7% 的受访者认为"投诉没有实际作用,根本解决不了问题",还有 6.6% 的受访者表示"自认倒霉,下次注意"。

通过上述调研数据不难看出,就目前的现实而言,我国消费者群体参与食品安全治理的情况不尽如人意。一方面是因为消费者个人参与意识不强、专业知识欠缺等自身原因,而不愿意参与食品安全治理,既不想履行对政府及其相关政策、食品生产企业的生产流程、食品行业协会的运作等方面的监督责任,也不愿承担促进公共政策完善与科学化的义务。另一方面又存在消费者群体"想参与却无法参与"的窘境,这也是当下消费者被排斥的主要原因。目前,虽然《食品安全法》中明确规定,鼓励消费者监督、维权,但是对于具体的沟通平台、参与渠道及维权方式却语焉不详,使得消费者参与无门。另外,一些政府部门深受官僚主义的影响,对民众诉求缺乏回应性,消费者的投诉建议往往石沉大海,杳无音讯,这也慢慢磨损着消费者本就不高的参与热情。

2. 参与主体设计"一元"体制下的"多头混治"

此外,在参与主体设计方面,现行模式还表现为"一元"体制下的"多头混治",即政府内部各部门之间有序参与和协调互动不足。部际协调之所以产生的根本原因就是分工。[①] 现代社会,由于复杂性与风险性不断增强,工作目标的综合性也在不断增强,但由于社会分工日益细化,以致综合性工作绝不可能由单个部门完成,在此背景下,部际交流合作、互动

① 参见夏黑讯:《我国食品安全监管协调机制的现状与完善》,载《科学·经济·社会》2010 年第 3 期。

协调,为实现整体目标而奋斗将不可避免。[①] 食品安全全程治理的实现,在主体设计方面,除了要实现政府体制外部的企业、社会组织、消费者群体的广泛参与外,还必须在政府内部实现各监管部门的有序参与和协调配合。部际协调是影响监管绩效的关键因素之一。[②]

我国食品安全现行监管模式在监管部门方面包括农业、质检、工商、卫生等职能部门,各方既独立又合作,为加强食品安全监管,经常采取联合执法手段。但是,并不能因此就认为各职能部门的协作关系十分融洽。由于监管部门众多,且各自都拥有其部门利益,以致职能交叉、边界不明,责任权利不一致,部门利益纠缠,协调互动不足,导致行政成本居高不下,监管漏洞和监管盲区甚至监管俘获都不可避免。[③]

我国食品安全监管领域"一元"体制下的"多头混治"主要表现为两个方面:

一是各部门监管过度。即各部门都希望自身利益实现最大化,故通过部门立法促使"公共利益部门化、部门利益法制化",不断追求部门权力和机构的无限扩张,努力维护自身权益,这无疑将加剧食品监管链上的监管过度以及对于监管权的争夺,各部门之间竞争张力远大于合作协调动力。此外,为争夺部门利益,各部门都想介入有利可图的某一环节或领域,必然造成重复监管、重复投资、重复执法,严重浪费公共资源,监管合力始终无法有效形成。以《食品安全法》的规定为例,其中明确规定由工商行政管理部门负责监管食品安全的流通环节,但在现实中不难发现,作为流通领域的行业主管部门,商务部门同样负有促进市场行为规范化,以及食品安全管理制度在流通企业中有效建立的责任。而农业部门、卫生部门、质检部门也通过食用农产品专项整治、卫生日常监管、市场监管认证等介入属于流通领域的市场监管。这种"多头混治"的局面一方面容易造成职能交叉与重叠,致使出现重复监管与监管过度;另一方面,也会加重企业及市场经营主体的负担,使其疲于应付各部门的轮番检查,反而无暇关注自身生产规范及产品质量。

二是由于合作协调缺失导致监管不够,出现监管真空。在现行分段监管体制下,各监管部门"各人自扫门前雪,哪管他人瓦上霜",对于超出本部门职权范围或无利可图或责任风险较大的领域皆退避三舍,而对于

---

① See J. G. March and H. A. (2008). Sin on Organizations. New York: Wiley, p. 12.

② 参见詹承豫:《食品安全博弈中的博弈与协调》,中国社会科学出版社 2009 年版,第 6 页。

③ 参见陈季修、刘智勇:《我国食品安全的监管体制研究》,载《中国行政管理》2010 年第 8 期。

多个部门同时监管的领域则普遍存在“搭便车”现象，当需要实施跨行业、跨部门、跨专业、跨领域的联合执法时，往往出现有利可图时几个部门争相介入监管，无利可图时各部门消极怠工、互相推诿。此外，部门之间有效沟通交流机制以及信息公开平台尚未构建，以致各部门之间信息无法共享，出现相对意义上的信息不对称。以食品检验检测为例，目前拥有食品安全检验检测权限的机构包括农业部门的畜牧兽医站、卫生部门的疾病预防控制中心、质检部门的产品质量检验所等，这些部门分别从事属于各自专业领域的工作，均建立了各自的信息管理系统，但基本上都仅限于各自权限范围内，而部门内的纵向交流以及部门间的横向沟通明显缺乏，[①]尚未形成信息资源共享的完整评价体系。[②] 而这种争权诿责及信息不对称造成的监管不够，极易为不法企业生产不安全食品从而引起食品安全问题提供便利，既不利于食品安全问题的及时发现与解决，也不利于政府监管绩效的提高，更不利于我国食品安全形势的切实好转。“三鹿奶粉”事件中，地方政府与监管部门互相推诿，监管失灵以致事件一再恶化直至不可收拾，就是很好的反例。

对于我国食品安全监管现行模式主体设计方面的“一元”体制下的“多头混治”，民众同样有切实感受。根据笔者带领的研究组在昆明几大人流聚集区所作的实证调研发现，在 972 份有效问卷中，大多数人认为目前政府机构对于食品安全问题日益严峻应负主要责任，大部分人认为造成政府难以应付目前的食品安全治理困局的主要原因包括“执法措施不力”“部门协调不够”“多头混治”“执法保障不足”等。具体调查数据详见表 2-3：

表 2-3　政府陷入食品安全监管困局的原因一览表(多选)

原因	频数	百分比
执法措施不力	445	45.8
部门协调不够	403	41.5
多头混治	390	40.1
执法保障不足	365	37.6
治理力量不足	345	35.5
其他	110	11.3

① 参见陈兴乐：《从阜阳奶粉事件分析我国食品安全监管体制》，载《中国公共卫生》2004 年第 10 期。

② 参见田韧：《当前食品安全监管存在的问题与对策》，载《中国药品监管》2004 年第 4 期。

（二）架构设计：政府规制架构下的“单向一维”

就体系架构设计而言，现行监管模式体现出典型的“单向一维性”。所谓“单向性”主要表现为两方面：一方面，大多只存在单纯地由政府机构对于食品行业的监管以及对问题企业的查处，而缺乏由消费者群体、社会组织以及相关企业对于政府政策以及监管绩效的反向监督，往往只有政府对于问题企业的查处，而对于监管失察的机构及相关人员的问责则相对缺失；另一方面，大多政府部门遵循传统的“由田间到餐桌”的生产模式，注重从生产、加工、流通、消费这一流程进行监管，出现问题后也大多是就其负责的某一环节查找原因，缺乏食品安全追溯机制，很少出现“反向追查”。所谓“一维性”，主要包括三层含义：一是政府内部各职能部门之间固守各自的职责环节，互相之间的协调合作交流机制运行不畅，正如上所述，机构之间的合作网络并未建立，权力运行呈现“一维性”；二是政府与前述的其他治理主体之间也未形成合作网络，监管权力依然体现很强的“一维性”；三是指信息公开机制不健全，信息传播途径呈现“一维性”，大多是由政府权威发布，而信息的社会反馈及交流机制尚未健全，信息网络还有待完善。

1. 食品安全规制机构设置不合理导致“单向一维”

如前文所述，我国食品安全规制机构设置及运作遵循“分段监管为主”的原则进行，机构及职能重叠现象较为严重，容易导致“监管不足”或“监管过度”，所以，无论是纵向规制机构还是横向规制机构设置都极易导致回应性不够，出现“单向一维”规制。

目前，我国工商、质检、药监等系统实行垂直管理，这一体制可以维护中央权威，提高决策效率等，但由于派出机构存在上级监督不严以及地方政府监督缺失等情况，容易“导致其背离上级委托机构的目标”①。此外，由于垂直管理部门内部的人员配置及流动相对固定，以致其内部人员工作动力缺乏，组织僵化且活力不够，极易出现“监管失灵”。如2000年6月实施机构改革的药监系统，因为省级以下变为垂直管理，药品管理独立，既没有地方政府的监督措施，也减少了上级部门的监管压力，权力运作的“单向一维”导致其内部管理权限不断膨胀，权力寻租与腐败日盛，最终酿成了“山西假疫苗事件”和“郑筱萸事件”。

同时，在“分段管理”模式基础上实行的食品安全横向规制机构设

---

① 王彩霞：《地方政府扰动下的中国食品安全规制问题研究》，东北财经大学2011年博士学位论文，第67页。

置，又极易导致“集体行动困境”与“反公地悲剧”。[①] 一方面，多部门监管容易导致“集体行动困境”。在分段监管模式下，卫生、农业、工商等监管部门的共同目标即为“实行食品安全的有效监管”，而在目前职能不清、权限不清、责任不清的背景下，权力运行以及机构设置呈现较强的“单向一维”性，如果没有强制性压力的话，各部门大多倾向于“搭便车”，而不会互相协作与配合，主动服务于集体目标，从而陷入“集体行动困境”。另一方面，“单向一维”基础上设置的多部门分段监管模式还容易使得各部门只顾自己负责的某一环节，而缺乏与其他部门的沟通协调，以致“全程治理”在现实中很难实现，特别是遇到困难或风险时，大多选择互相推诿，以致在某些关键环节的监管缺失，出现“反公地悲剧”。

2. 问责机制不健全导致“单向一维”

行政问责制“不仅能够有效地终止违法的行为，避免更大的损失，而且也能起到防微杜渐和惩戒作用”[②]，“是保障食品安全的一道非常重要的防线”[③]。问责机制缺乏，导致问题出现后责任追究的缺失，使得保障食品安全的外部约束相应缺失，在这种背景下，监管权力就呈现明显的由上至下，由体制内向体制外运行的单向一维性，各监管部门及相关负责人由于问责不严厉或不彻底，导致责任心及威慑力丧失。如“三鹿事件”，在这场导致 6 人死亡，超 29 万婴幼儿出现泌尿系统异常的重大事件中，主要负责人仅仅是受到党纪政纪处分，竟没有一人被追究刑事责任。更令人意外的是，因此事件给予记大过行政处分的原质检总局食品生产监管司副司长鲍俊凯在两年之后居然升任安徽省出入境检验检疫局局长一职，身负监管失察责任居然还能被“带病提拔”，这不仅会严重削弱问责制度的权威性及有效性，还会使得食品安全又缺少了一重制度保障，更可怕的是，政府的公信力将再一次受到损害。

此外，问责机制不健全所导致的规制架构“单向一维”还会加剧食品安全问题爆发的风险系数。以双汇“瘦肉精”为例，央视“315”晚会通过暗访短片曝光了“双汇”所谓的 18 道检验程序，[④]这恰是对于我国现行“一元单向分段监管”模式的最好讽刺。每一道环节都可以被买通，而由于架构设计的单向性，体制外的消费者、社会组织因监管缺失而无法避免

① 参见王彩霞：《地方政府扰动下的中国食品安全规制问题研究》，东北财经大学 2011 年博士学位论文，第 67—68 页。

② 滕月：《食品安全规制研究》，吉林大学 2009 年博士学位论文，第 101 页。

③ 吴雄周：《制度监管是保障我国食品安全的着力重点》，载《学术论坛》2011 年第 11 期。

④ 同上。

监管失灵；又由于架构设计的一维性，体制内的其他部门因交流沟通不够亦无法避免监管失灵。问责机制不健全，即使出现问题，无外乎“专项治理”“运动执法”，对肇事企业严惩以泄民愤，而监管机构的相关责任人大不了引咎辞职，待“风头过后，东山再起”。所以，问责机制不健全将导致规制架构的“单向一维”，而规制架构“单向一维”的直接后果就是责任反向制约机制的严重缺失，从而导致食品安全领域的“元监管”，即对监管者的监管无法实现，其最终结果当然是食品安全“规制失灵”，民众生命财产安全受损。

3. 追溯机制不完善导致“单向一维”

追溯机制是“目前为止最可靠、最有效的食品安全监管体系，是食品安全的强力屏障”。[①] 建立并完善这一机制，对于治理食品安全问题具有十分重要的意义：一是可以明确食品链各个环节的责任；二是可以在问题食品出现后，通过事后反应系统将社会成本最小化；三是可以实现事前质量核查。[②] 目前，我国已经启动农产品追溯机制的专项研究，某些地方也已开始了建立追溯机制的有益尝试，如海南针对水产品建立了 EAN-UCC 系统，上海市针对食用农产品建立了“上海食用农副产品质量安全信息平台”，北京则建立了“奥运食品安全追溯系统”，天津则在鲜猪肉供应领域实现了从种猪养殖到超市销售的全程追溯系统。[③]

尽管开始尝试并初见成效，但我国食品领域的追溯机制与发达国家相比还很不完善，远不能满足我国食品安全治理的需要，主要表现在三个方面：一是技术基础薄弱，我国现在的食品安全信息管理相对落后，建立并完善追溯体系的相关配套技术发展还不成熟，严重滞后了我国追溯机制的建设；二是我国食品生产加工企业信息化水平参差不齐，组织化程度不高，生产记录很不规范，制约了我国追溯机制的完善；三是相关职能部门责任意识不强，督促检查企业建立生产信息不力，甚至和生产者合谋编造假的生产信息，严重阻碍了我国追溯机制的建立与完善。如 2012 年 12 月爆出的山东“速生鸡”养殖地的检验检疫部门工作人员自己随意填写“养殖记录”，以致事发后无从查找“问题鸡”的养殖场，就是一个很好的例证。

---

① 参见张谷民、陈功玉：《食品安全与可追溯系统》，载《中国物流与采购》2005 年第 14 期。

② F. Schwagele (2005). Traceability from a European Perspective. *Meat Science*, No. 71, pp. 64—173.

③ 参见肖静：《基于供应链的食品安全保障研究》，吉林大学 2009 年博士学位论文，第 126 页。

追溯机制不完善严重制约了问题食品的反向溯源，也就无法从源头消除问题产生的原因，不利于监管部门对于问题源头的治理，限制了规制权的反向运行。此外，在追溯机制缺失的情况下，企业往往只负责生产或销售食品，而不管问题食品的召回，只存在食品在企业与消费者群体之间的单向流通，而不存在食品信息在消费者与企业之间的双向多维流动。这些缺陷都导致了我国食品安全治理架构的“单向一维”。

4. 信息公开机制不健全导致“单向一维”

食品安全信息的有效公开与充分交流，是“确保食品安全相关利益者通过信息的获取，消除食品安全危险的关键要素”[①]，也是实现生产者、消费者、社会组织对食品安全治理充分参与的前提条件。构建信息公开平台，完善信息公开机制，加强生产者、消费者、监管者之间的食品安全信息的充分交流与有效沟通，对提高食品安全治理效率具有极大的促进作用。

目前，我国食品安全领域的信息公开机制不太健全，导致了信息不对称现象的广泛存在，如生产者与消费者之间由于信息公开平台以及信息获取渠道缺失而出现的信息不对称，生产者与政府之间由于信息交流以及信息搜集渠道不畅通而出现的信息不对称，政府与消费者之间由于信息公开机制不健全而出现的信息不对称，政府内部各部门之间由于信息沟通交流以及信息共享机制不完善而出现的信息不对称。

由于信息公开机制不健全导致的信息不对称普遍存在，使得消费者无法凭借自身感官获知食品安全的准确信息，也就无法及时发现食品安全隐患，无法有效行使食品安全治理的参与权，错失食品安全治理的最佳时机的同时更加剧了食品安全监管的单向性。而至于信息公开机制不健全导致的一维性则主要体现在政府内部监管机构之间信息共享的不充分，信息多维网络的缺失，针对这一问题前文已经详述，此处不再赘述。

（三）运行机制：利益博弈格局下的“分段监管”

历经数次改革而形成的“一元单向分段”监管模式，尽管在一定意义上反映了“整体政府”的价值取向，也着实在机构整合、职能协调、伙伴关系营造等方面采取了有效措施，但就运行机制而言，仍表现为利益博弈格局下的“分段监管”，或分段监管基础上的“争权诿责”。

1. 以具体环节内部整合为导向的改革忽视整合协同

我国现有运行机制的历次改革均关注于各监管环节的内部整合，而

---

① 廖卫东、肖可生、时洪洋：《论我国食品公共安全规制的制度建设》，载《当代财经》2009年第11期。

忽略了各环节之间的协同。进入21世纪以后,西方发达国家不断检视自己的食品安全监管模式的运行机制,不断整合食品安全监管权配置,促使其向一体化方向发展。如丹麦政府以"一件事情绝不重复"作为食品监管的原则,将分散在三个监管部门由其共管的体系用四年时间转变为一个统一的新体系,由食品和农业渔业部负责监管;英国在2000年成功整合食品安全监管的多个部门,在此基础上成立了独立的食品标准局,由其专门对英国食品安全统一监管。[①] 我国现行治理模式之运行机制,历次改革重点均关注于某一具体监管环节的整合,关注于监管权力在各环节的高度集中,以及关注于各监管环节的主体单一化,却相对忽视各环节之间机构及职能的整合与协同,导致目前食品安全监管部门众多,"碎片化"及前文所述的"多头混治"现象严重。食品安全监管机构设置集中性缺失,造成各部门之间的监管权出现分段切割,而食品安全监管部门之间协调的缺失又会导致关系"碎片化",这些都将导致协调食品安全监管部门关系及促进部门合作的成本极大增加。

2. 超部门协调机制不完善导致利益综合不够

以一种制度而存在的食品安全行政协调机制,可以充分发挥其在政策耦合的推进、协调行政的促成、行政效率的提升等方面的作用。[②] 通过对西方国家的考察发现,在多部门监管下,为消除部门间冲突,整合、协同部门资源,大都设立了高权威性的、超部门的、独立的食品安全监管协调机构。如日本实行的是与我国颇为相似的"以分段为主"、多部门合作的监管机制,但由于其成立了"食品安全委员会"作为部际协调机构,且运转协调,很好地解决了分段监管容易出现的职能重复、职权重叠、管理缺失等问题。我国新颁布的《食品安全法》体现出国家在食品安全领域强化部门协调、整合部门利益的决心,如超部门协调机构——食品安全委员会的设立。此外,2013年两会上通过"大部制改革方案",成立正部级单位"国家食品药品监督管理总局",统一管理我国食品药品安全,这是监管权整合的一大进步。但令人遗憾的是,无论是《食品安全法》,还是《食品安全法实施条例》,抑或"大部制改革"的介绍,均未对"食品安全委员会"这一协调机构的工作职能、责任权限、协调方式作出明确规定,也未明

---

① 参见颜海娜:《我国食品安全监管体制改革——基于整体政府理论的分析》,载《学术研究》2010年第5期。

② 参见唐祖爱:《我国行政协调机构的法律分析和法制化构建》,载《武汉大学学报(哲学社会科学版)》2007年第7期。

确说明以往分散在各部委之间的权限如何归并到新部门，如何实现食品安全的“无缝对接”；而生猪定点屠宰监管由商务部划入农业部，并非国家食品药品监督管理总局，又为实际上的多部门管理埋下伏笔。所以，整合的有效性、可行性、实效性还有待观察。在部门整合尚未完成之前，国家食品药品监督管理总局是否拥有足够权威以调和各监管“超级”部门之间的分歧与张力，如何协调各监管部门的关系，如何解决部门之间基于“监管职责”产生的“争权诿责”现象，如何实现部门之间的利益综合，这些具体问题都有待观察。

3. 职能导向的资源配置方式加剧利益竞争

目前，我国各监管部门间的资源配置仍坚持以职能为基础，而非以公共目标——保障食品安全为导向，这无疑加剧了部门之间的利益竞争。合理的资源配置机制“应当是一种为实现组织价值与功能为目标取向，突出结果导向及地区特性，推进各核心团体高效获取公共服务，基于整体利益来分配资源的机制”[①]。而现行资源分配机制主要基于部门职能，突出专业分工及职权归属，关注官僚体制内部的等级划分及层级节制，相对忽视甚至阻碍各部门之间横向的协同与合作；现行“一元单向分段”监管模式在运行机制上突出“分段监管”的环节化设计，人为固化各监管环节的部门职能，最终造成各监管部门“自扫门前雪”的监管困局。“在等级森严和职能壁垒林立的科层体制中……政府间的合作行为很可能会因占用部门资源，让渡各自利益而导致责骂，而非奖赏。”[②]

4. 跨部门目标责任考核缺失阻碍部门协同

食品安全目标责任制在现实中表现为绩效管理机制，其主要优点是目标清晰、责任明确、易于考核，具有很强的可操作性。[③] 这一目标责任制的实施是以消除各部门间的“断档真空”，从而准确进行分工与清晰界定职权为前提的。但现行分段监管模式下，既具有“团队协作”的突出特征，又必然导致各环节间职能重叠交叉与断档真空，此外，团队协作的整体性又加大了各部门监管业绩衡量的难度，提高其度量成本。[④] 正是由

---

① 曾维和：《西方“整体政府”改革：理论、实践及启示》，载《公共管理学报》2008 年第 4 期。

② 定明捷、曾凡军：《网络破碎、治理失灵与食品安全供给》，载《公共管理学报》2009 年第 4 期。

③ 参见颜海娜：《我国食品安全监管体制改革——基于整体政府理论的分析》，载《学术研究》2010 年第 5 期。

④ 参见汪普庆、周德翼：《我国食品安全监管体制改革：一种产权经济学视角的分析》，载《生态经济》2008 年第 4 期。

于现行责任考核机制的价值取向仍是部门目标,食品安全跨部门目标责任制的缺失往往使得食品安全跨部门协同监管的绩效被忽视,在实际监管过程中,由于部门利益纠葛,这些本该通力协作的监管部门却画地为牢、各自为政,无法进行有效的信息交流与共享。质监、工商、卫生等部门不能在各自负责领域内进行跨域交流合作,导致对其他部门监管环节出现的问题全然不知。[①] 故而,跨部门目标不明确及考核不到位所造成的"部门化""碎片化"加剧了食品安全监管链的"分裂性",极大阻碍了监管部门之间基于共同目标的协同。

第三节　本章小结

本章首先对我国食品安全治理进行了历史叙事,从食品安全法规建设以及机构调整与职能变迁两个维度进行。在考察食品安全法规建设时,主要根据标志性法规的出台,将变迁历史大致划分为五个阶段,即食品安全管理的孕育期、食品安全管理的萌芽期、食品安全管理的起步期、食品安全管理的发展期、食品安全治理的快速发展期。在考察我国食品安全监管机构调整时,本书又区分了两个向度:一是基于监管体制的考察,具体而言,由改革开放之前的"部门管理为主"体制转变为"部门管理与国家监督结合"体制,继而转变为"卫生部主导监管与分段监管并存"体制,最终确立为"分段监管为主、品种监管为辅"的体制。二是基于执行机关的考察,主要考察了四大主要监管部门,即由"全能选手"转变为"执法与技术分离"的卫生部门、由"分散执法"转变为"综合执法"的农业部门、由"自己办市场"转变为"一起管市场"的工商部门、由"技术监督"转变为"质量管理"的质检部门。

随后,本章从我国食品行业发展现状、食品安全法制建设现状、食品安全治理现行模式三个向度着眼,深入剖析我国食品安全治理之发展现状。第一个向度是"食品行业",从农产品产业状况、食品工业发展状况、餐饮行业发展状况三个方面加以分析。第二个向度为"食品安全法制建设",从食品安全法律、产品质量法律、检验检疫法律、环境保护法律、消费者权益保护法律、食品安全标准六大部分对我国业已建立的食品安全法律体系进行了全景式扫描。第三个向度是"现行模式",本书尝试性地概

---

① 参见肖兴志、宋晶:《政府监管理论与政策》,东北财经大学出版社 2006 年版,第 276—298 页。

括了现行模式即为“一元单向分段”监管模式：就管理主体而言，是以政府为绝对主体的一元设计；就管理的组织架构而言，是政府规制下的由上至下，由政府向企业、政府向消费者、政府向社会的单向一维架构设计；就管理模式的运行机制而言，是在分段监管基础上的争权诿责机制，或者说是在利益博弈格局下的分段监管机制。正是基于此，本书认为现行模式还主要是“监管”模式，还是以政府为绝对主体的“规制”，远未达到实现“治理”之要求。在总体概括现行模式之后，本章分别从三个层次对这一模式进行了剖析，即主体设计方面表现为一元体制下的“多头混治”；架构设计方面表现为政府规制架构下的“单向一维”；运行机制方面表现为利益博弈格局下的“分段监管”。

第三章 中国食品安全现行治理模式失灵的原因探究

我们党和政府历来重视食品安全问题的防治,但近年来重大食品安全问题还是屡见不鲜。究其原因,既非单纯法律条文的缺失,亦非政府部门设置的不够;既非企业追求利润的天性使然,亦非单纯因消费者与社会组织对食品安全治理参与不充分造成。归根到底,食品安全问题一直无解的根本原因就在于现行治理模式存在巨大缺陷,前文已从主体设计、架构设计,以及运行机制设计三个维度加以剖析,此处就不再赘述。那么,究竟是什么原因造成现行模式失灵,又是何种因素阻碍对现行模式进行必要而有效的创新呢？本书认为,必须从政府、企业、消费者、社会组织四个层面作一个全景式考察,方能探究出造成我国食品安全现行治理模式失灵的深层次原因。

第一节 政府多头混治和地方保护主义的影响

作为公共权力的执掌者、公共资源的分配者,以及公共秩序的维持者,政府在食品安全治理模式构建、完善以及创新过程中占据着举足轻重的地位,其一举一动都将对政策走向以及模式发展产生重要影响。正因为此,要考察阻碍食品安全治理模式创新的要素,首先就要将“政府”这一公共组织作为考察对象。在现行“一元单向分段”监管模式中,政府扮演着重要角色,无论是各职能部门之间在食品安全领域的多头混治,还是普遍存在的地方保护主义,都将造成现行模式的失灵。追本溯源,无论是多头混治还是地方保护主义,都是多重因素共同影响的结果:既有规制激励不相容的影响,又有问责机制缺失导致政府机构责任意识不强的影响;既有机构重叠导致执行时政出多门的影响,又有检验检测及规制标准落后的影响;既有体制原因造成的组织方面的影响,又有激励机制导致的个人因素的影响。

一、现有规制激励不相容导致政府多头混治

“激励不相容”(incentive-incompatibility)是一个与“激励相容”相对应的经济学概念,由1996年诺贝尔经济学奖获得者——“激励理论的奠基者”威廉·维克里和英国经济学家詹姆斯·米尔利斯共同提出,是指“每个人在做出行为选择时都会追求自身利益最大化,当利益不一致的二者出现委托代理关系时,代理结果将很难如人所愿”。[①] 至于“激励不相容”现象的改善办法,2007年诺贝尔经济学奖获得者——美国明尼苏达大学经济学名誉教授里奥尼德·哈维茨在机制设计理论中提出了“激励相容”理论,“即在市场经济体制下,每个人都体现其理性经济人特性,以自利原则指导实践,充分暴露其自利本性;唯有通过‘激励相容’这一制度设计及重新安排,方能实现个人自利行为与集体价值最大化目标的相容。”[②]

在我国现行食品安全治理模式中就存在较为普遍且严重的“规制激励不相容”现象,也正是这一“激励不相容”现象的存在,才导致政府机关尤其是地方规制机构对于食品安全的多头混治与地方保护主义并存,最终造成我国食品安全治理现行模式的失灵。具体而论,我国现有的规制激励不相容主要体现在政府监管机构与监管人员两个层面。

(一)监管机构的激励不相容

监管机构作为规制行为的实践者与具体政策的执行者,是食品市场有序执行的维护者,故而也就成为了公共安全与公共利益的坚定捍卫者。但是在我国的行政生态中,“公共利益部门化”的现象屡见不鲜,每一个监管机构都拥有其特殊的部门利益,所以,“当公共职能转化为监管部门的具体行政行为时,必将受到其所面临的激励和约束机制的限制”[③]。这种约束非常明显地体现为地方食品规制机构与当地政府利益的“激励不相容”。

在当前我国“GDP导向”下,各地政府的首要目标仍然是最大限度地发展经济与追求GDP增长,而大型食品企业往往是当地重要的税收来源

---

① 参见杨春学:《1996年度诺贝尔经济学奖得主詹姆斯·米尔利斯与威廉·维克里及其学术贡献》,载《经济学动态》1997年第1期。

② 刘春华:《激励相容与激励不相容》,http://blog.163.com/lrmlchh@126/blog/static/144554054201021910212137 2/。

③ 吴森:《激励不相容与农产品质量安全公共治理困境》,载《华中科技大学学报(社会科学版)》2011年第4期。

或经济支柱。同时,由于信息不对称的存在以及官员晋升机制的限制,消费者对于食品安全以及官员升迁几无掌控之力。在此背景下,地方政府必然出现"亲资本"倾向,为发展经济而保护当地食品企业,为其创造更为宽松的发展环境。而如果要求政府加大对企业的监管力度,则必然会出现"激励不相容"。

而对于地方食品规制机构而言,严格执法尺度、加大抽检频度、加重处罚力度也同样存在激励不相容。如果规制机构想出政绩,要么在保障食品安全方面作出正面成绩,要么在打击查处重大食品安全案件方面有所作为,而在目前检测技术及体制刚性张力客观存在的现实面前,要在保障食品安全方面作出立竿见影的成绩实属不易,故而,查处大的食品企业就成为很好的选择。但另一方面,在我国现行行政体制架构内,地方食品安全监管机构大多是"属地管理",当地政府对其绩效考评起着举足轻重的作用,因此,二者极易形成"利益共同体"。在地方保护主义盛行的地区,大型企业作为当地政府的"财神爷",相关部门以"发展地方经济和执法经济为己任",受地方利益驱动,放任管理,消极执法,甚至袒护违法行为,与制假者同流合污,致使"地下经济"滋生蔓延。[①] 而如果规制机构加大对食品企业的监管及查处力度,势必影响地方政府税收,这显然不符合"利益共同体"的期待,造成"利益不相容"。

此外,食品质量具有的信用品属性,既是造成市场机制失灵、政府介入的原因,也同样可能造成对政府的激励不足。[②] 现实中,食品质量安全性尚不能低成本识别,这就导致认真监管的地区将减少生产者收益和政府税收,且增加行政成本,而监管缺失或执行不力的地区却毫无损失。于是,地方规制机构对于食品安全的监管就将不可避免地变成"风箱中的老鼠——两头受气",既得不到民众支持,还可能受到生产者的抱怨与抵制;既受不到领导重视,更可能因减少税收而被责骂。所以,坚持"GDP导向"的地方规制机构断然不会一直干此类"吃力不讨好"的事情,而希望其他地区监管到位,自己可以"搭便车"。[③] 最后,因"激励不相容"导致各地监管机构竞相争权诿责,必将形成食品安全领域的"柠檬市场",出现

① 参见林闽钢、许金梁:《中国转型期食品安全问题的政府规制研究》,载《中国行政管理》2008年第10期。

② See Antle, J. M. (1999). Benefits and Costs of Food Safety Regulation. *Food Policy*, No. 24, pp. 623—625.

③ 参见吴淼:《激励不相容与农产品质量安全公共治理困境》,载《华中科技大学学报(社会科学版)》2011年第4期。

执行不力的现象。

（二）监管人员的激励不相容

监管人员的激励不相容主要体现为发证式监管与运动式围堵为监管机构带来"无限责任"之痛。就具体监管策略而言，有学者提出我国目前在食品安全领域主要实行的是"发证式监管"与"运动式围堵"①。这种监管思路必然带来一种责任困境，"即政府将获证和未获证的厂商生产或经营食品的安全风险全部承担起来，从而将政府推向无限责任的危险深渊"②。在无限的责任压力下，相关检测及监管标准往往按照最严格的要求来设定，以使标准制定者免责，但过高的执行标准却往往将具体执行人员——监管人员推向更深的深渊。

在现行规制模式下，由于诸多原因的存在，如信息不对称、安全标准滞后、技术落后等，使得监管人员对于食品安全的日常监管面临很多困难，既使执行人员面临巨大的精神压力，还无法取得很好的监管效果。所以，大多数监管人员选择事后修补，强调事故爆发后的处理与善后，结果形成一种奇怪的现象，问题发生前，市场风平浪静，所有企业包括问题企业都能正常运行；问题出现后，市场草木皆兵，所有企业包括合格企业都难逃连带清洗。此外，由于上述原因，地方监管机构与当地政府形成"利益共同体"，使得监管人员往往对本地企业管得很松，却将主要精力放在监管外地食品上，助长了"地方保护主义"。

除了"利益共同体"的考量外，还有一个重要原因造成监管人员的利益不相容，即个人收益。从本意上说，监管人员理应为维护公共利益、保障公共食品安全而秉公执法，但监管人员并非圣贤，不可能都摈弃"经济人"特性，不可能完全超越个人利益而只关注公共利益，因为在目前的现实中，这样做的成本远大于收益，即执法成本大于不执法成本，而执法收益却远低于不执法收益，这是典型的"行为不经济"。就执法收益而言，主要包括两部分：经济收益方面，监管人员严厉执法的成果最多就是将违规企业罚款的一部分奖励给执法人员；精神方面，无非是一些嘉奖。但其执法成本却极为高昂，因为目前食品安全监管部门，如质检机构，内部工作人员的晋升考核大多与食品安全弱相关，严厉执法不见得会晋升，但却会带来一系列麻烦，如因不识时务惹恼"利益共同体"而遭受责骂，甚至

① 刘亚平：《走向监管国家——以食品安全为例》，中央编译出版社 2011 年版，第 110—127 页。

② 同上书，第 120 页。

阻止晋升;如因损害企业利益而遭受打击报复等[1],不一而足。所以,奖励遥不可及,危害却近在眼前时,食品安全监管人员激励不相容自然就顺理成章。

二、标准及检测技术滞后导致政府多头混治

截至2007年,我国已发布食品安全相关国家标准近千项,食品行业标准近三千项,其中强制性国家标准六百余项[2],食品安全标准体系建设已初见成效。但由于我国经济发展以及满足民众基本温饱的现实需要,一直以来我国都是以低卫生标准来换取经济的快速发展与食品数量安全的实现。我国目前的国家标准只有40%左右等同或等效采用了国际标准,食品行业国家标准的采标率更低,只有14.63%[3],而日本的采标率为90%以上,足见我国虽初步建成了较为全面的标准体系,但食品卫生标准的水平却很低,检测技术滞后,无论是食品安全标准体系方面,还是检验检测体系,抑或食品安全认证认可体系均存在诸多问题。而标准及检测技术落后之现状,再加之复杂的部门利益纠葛,直接导致了食品安全各监管部门之间的多头混治。

(一)食品安全标准体系的不规范发展

经过四十多年的建设,我国的食品安全领域已初步建立起一个"以国家标准为主体,行业标准、地方标准、企业标准相互补充,门类齐全,相互配套,与我国食品行业发展、人民健康水平提高基本相适应的标准体系"[4]。但仍不能忽视一些问题:首先,标准制定不协调,规范性较差。由于我国现行的"分段监管"模式,食品链每一个环节的监管机构几乎都有自己的标准体系,在目前各部门之间沟通协调缺乏的背景下,难免会出现针对同一内容存在多个不同标准的现象,极大地降低了标准的规范性,且让受监管者无所适从。如卫生部关于干燥类菜食品安全含硫量标准为不超过0.035毫克/千克,而农业部颁布的《无公害脱水蔬菜标准》规定二氧

---

① 王彩霞:《地方政府扰动下的中国食品安全规制问题研究》,东北财经大学博士学位论文,2011年,第93页。

② 山西日报:《我国已发布涉食品安全国家标准965项》,载《搜狐新闻》,http://news.sohu.com/20071107/n253114939.shtml,2007年11月7日。

③ 李伟:《我国食品安全的政府监管研究》,北京:首都经济贸易大学出版社2005年版,第149页。

④ 周应恒等:《现代食品安全与管理》,北京:经济管理出版社2008年版,第230页。

化硫残留量的卫生标准为不超过10毫克/千克，二者相差2957倍。[①] 其次，标准建设尚不完善，覆盖面不广。目前，我国针对产地环境、兽农药使用、种子种苗等方面的标准较少，涉及新技术、新领域的标准就更少，以农药残留量标准为例，截至2011年底，我国仅为2293项，而美国为1万多项，日本为5万多项，欧盟更是多达14.5万项。[②] 最后，专业技术分析人员缺乏，安全标准水平低下且滞后。目前我国标准制定与修订或审定人员专业技术水平参差不齐，严重影响了我国食品安全标准水平，很多标准还是在20世纪90年代制定的，远落后于国际先进标准，国际上认可的标准修订或复审周期一般为三年，而我国食用农产品国家标准中，标龄超5—10年的有33.4%，标龄超过10年的占37.7%。[③]

（二）检验检测体系的持续落后

在食品安全各监管部门的共同努力下，我国的食品安全检验检测体系已初步建成，但仍存在一些亟待解决的问题：首先，机构设置重叠且缺乏交流，以致检测效率低下。目前，我国的食品安全检验检测机构分布在卫生部、农业部、国家质检总局等多个部门，各部门之间由于协作网络的缺失，交流沟通不够，导致重复建设与重复检验盛行，既浪费了大量资源，又降低了检测效率与权威性。其次，检测体系不完善，地区发展不均衡。我国目前大多还是以“运动式”“抽检式”“突击式”检查为主，缺乏检查的常规性、制度化安排，且往往只针对某几个环节进行抽检，与发达国家实施的“从农田到餐桌”的全程检测相差甚远。此外，质检机构大多在东部发达地区或城市，而中西部与农村的建设则相当滞后。最后，检测条件差，手段落后，影响检测效果。由于财政投入严重不足，我国现有检测机构大多依托科研院所，在原实验室基础上加以改建而成，很多环境条件达不到规范要求，且很多部门的检测仪器相当陈旧，检测灵敏度偏低，技术指标难以达到要求，严重影响了检验检测的精确性。

（三）食品安全认证认可体系的发展困局

这些年，我国的食品安全认证认可工作不断取得进步，无论在认证机构数量，还是各类认证企业数量方面都有大幅增长（详见表3-1）。认证认可体系和工作架构基本确立，结构趋于合理，但我们也不能忽视其存在

---

① 参见杨辉：《我国食品安全法律体系的现状与完善》，载《农场经济管理》2006年第1期。

② 参见《我国农药残留限量标准仅2000多项，欧盟为14.5万》，载新浪网，http://finance.sina.com.cn/chanjing/cyxw/20121003/093913288572.shtml。

③ 参见滕月：《食品安全规制研究》，吉林大学2009年博士学位论文，第88页。

的一些阻碍食品安全治理模式创新的因素：首先，认证种类繁多，统一性和规范性太差。目前，由不同部门组织的、经不同机构审定的认证五花八门，如"GAP 认证""有机认证""绿色食品""无公害食品"等足有几十种，由于部门利益的存在与博弈，各种认证之间存在坚实的认同壁垒，认证缺乏规范性和统一性。其次，认证的后期管理混乱，影响认证的权威性与公信力。在我国目前的"发证式"监管环境下，管理部门大多热衷于前期考察与标志审批，却忽视了认证以后的监管，以致出现认证后的产品质量比认证之前差很多的现象，既造成市场混乱，也损害了认证的公信力。最后，认证的辅助配套机构不完善，严重阻碍认证认可体系的健康发展。以国外经验来看，认证咨询机构与培训机构是认证机构健康发展与高效运转的基础，同时还是认证机构权威性的保障。目前，我国虽然存在认证机构，但培训及咨询等认证辅助机构发展滞后，缺乏对于认证人员培训、认证企业生产等方面的技术支撑，这些因素都不利于我国认证机构进一步发展。

表 3-1　食品农产品认证有效证书一览表(2012 年第三季度)

项目	数量	项目	数量	项目	数量
认证机构	48	GAP 认证	488	食品安全管理体系	7319
有机认证	7325	食品质量	166	HACCP 认证	4236
绿色市场	120	饲料产品	18	乳品 HACCP	256
绿色食品	16591	无公害农产品	72226	乳品 GMP	86

数据来源：认监委注册管理部：《食品农产品认证有效证书数量统计表 2012 年底 3 季度》，载国家认证认可监督管理委员会网，http://food. cnca. cn/cnca/spncp/sy/tzgg/11/689334. shtml。

相关标准的不规范，检验检测技术的滞后，以及认证认可体系的发展困局，都使得政府机构在实施监管时无据可依，无章可循，丧失标准的尺度，不能很好地履行监管义务。此外，标准不统一以及认证认可不规范严重阻碍了机构之间协作网络的构建，使其不能在统一标准下协同监管、合作治理。

三、社会公共利益与地方利益冲突诱发地方保护主义

地方保护是一种特殊形式的行政垄断，属于行政垄断中的地方政府

机构运用公共权力对市场竞争的限制或排斥。[①] 由地方保护所形成的行政垄断与市场垄断和自然垄断不同，作为转轨经济中的一种特殊现象，往往是依靠公共权力来获取产业的独占地位或达到区域市场封锁的目的。[②] 它以政府行为短期化、经济管理手段行政化、产业及地区的特定化为显著特征，可谓现代市场经济发展过程中的一大毒瘤。

综观我国近些年来的食品安全问题不难发现，地方保护主义在食品领域无处不在。以三鹿奶粉事件为例，据报道，早在 2008 年 8 月初，三鹿集团经过多层次、多批次的检验，就已查出奶粉中含有三聚氰胺物质，石家庄市委、市政府立即召开紧急会议，要求立即收回全部可疑产品，对产品进行全面检测。但直到 2008 年 9 月 12 日早晨 7 点，石家庄警方才传唤了 78 名嫌疑人员。[③] 从检出有毒物质到采取措施之间一个多月的空当期着实令人深思，若非媒体全面曝光，事情该如何发展实在难以预测。为什么当地政府面对着不安全食品的侵害，面对着民众生命财产受损的危险，居然还能不紧不慢地安如泰山？很显然，在维护社会公共利益的道德职责与保护地方经济利益的现实取向之间，当地政府选择了后者，企图以“纵假护假”这一地方保护主义手段来处理食品安全危机。更令人不安的是，地方保护主义在食品安全领域的出现并非个案，在安徽阜阳“毒奶粉事件”、双汇瘦肉精事件中，食品安全地方保护主义随处可见。

所谓食品安全地方保护主义是指地方政府及其所属部门，为了使地方食品经济利益不受其他地方企业竞争的影响，不顾国家法律法规的规定，运用行政权力干涉并操纵食品市场，破坏公平竞争机制，或是为地方食品企业制假贩假活动提供保护伞的行为和现象的总称。通过对众多食品安全案例的分析，我们发现食品安全地方保护主义具体表现为两个方面：一是垄断本地区的食品市场。“通过提高外地产品准入条件，主要是增加各种行政性的收费，或者设置技术壁垒，或者完全限制外地产品进入本地市场，即用行政命令阻挠对外地产品的采购，对使用和消费外地产品增设额外税费，对外地采购加收税费盘剥，对过境商品滥收税费，甚至设卡禁运。同时，以行政措施阻挠本地企业所需、市场紧缺的原材料流出本

---

① 参见余东华、李真等：《地方保护论——测度、辨识及对资源配置效率的影响分析》，中国社会科学出版社 2010 年版，第 13 页。

② 参见于良春：《转轨时期中国反行政垄断与促进竞争政策研究》，山东大学反垄断与竞争政策研究中心工作论文，No. 2007001。

③ 参见俞金香：《食品安全监督制度建设研究——食品安全地方保护主义之破解》，载《湖北警官学院学报》2013 年第 3 期。

地区以及地方的各种服务不进行招标或实行暗箱操作，把生产经营权交给本地企业，其他地区的生产商要想取得经营权和生产供应权，只能与地方企业合作或者贿赂地方政府官员。”①二是纵假护假。地方政府打着保护本地企业及地方经济的幌子，“打假或是态度消极，或是虚张声势。甚至在行政执法过程中，利用行政方式指令、支持、纵容有关部门和人员采用不正当手段保护本地利益。特别是左右当地经济的财税大户出现违法犯罪情形时，地方政府领导出面说情和干预，对于执法机关的正常执法活动，则设置障碍，百般阻挠，影响正常的执法工作，甚至有些执法人员与制假售假者沆瀣一气，使‘打假’变为‘假打’”②。

为什么会出现食品安全地方保护主义？其根本原因还在于地方政府食品安全规制目标的偏离，或者说是价值取向发生了偏离，即在社会公共利益与地方利益发生冲突时，地方政府的价值判断与选择出现了偏差——为一己之地方利益而抛弃甚至牺牲社会公共利益。在食品市场的规制方面，政府理应扮演规则制定及监督实施者角色，应该促进优质食品在市场上的有序而充分的流动，促进资源的优化配置，促进消费者权益的最大化。但是，由于受到地方保护主义的影响，资源配置与优化由市场自发调节变为政府行政干预，自由流动渠道被人为阻塞，安全优质的食品无法正常流入，使得消费者只能选择当地企业生产的食品，无形中剥夺了消费者的选择权，极大地伤害了本地消费者的利益。此外，外地优秀产品的流入减少，使得本地企业的竞争压力随之减少，同样不利于其及时进行技术创新，不利于其生产力的有效提高，从长远来看，亦不利于本地食品企业的持续健康发展。

综合而论，就短期利益而言，地方保护主义确实可以保障当地食品企业不受外部冲击，保障地方财政不受损失；但长远来看，由于市场竞争的缺失，当地企业创新的动力不足，必将在损害社会公共利益的同时，危害当地的长远利益。

四、责任追究机制不健全加剧地方保护主义

责任追究机制可以在最大限度上促进行政效率的提高，被认为是现代民主制度的重要标志，其主要的制度表现形式就是行政问责制。一般

---

① 林闽钢、许金梁：《中国转型期食品安全问题的政府规制研究》，载《中国行政管理》2008年第10期。

② 同上。

认为,我国行政问责制的快速发展与制度化建设主要是在2003年"非典"以后。"非典"事件后,一大批高级官员被问责"下课",一系列法规相继出台并施行,如2003年8月长沙出台的我国第一部关于行政问责的地方性法规《长沙市人民政府行政问责制暂行办法》。目前,全国共有深圳、重庆、海南等二十多个地方建立了行政问责制。

虽然制度设立本意很好,但在我国具体行政生态中,尤其是在食品安全领域,由于种种原因,责任追究机制一直运行不畅,难以发挥其政策鞭策作用,以致即便存在地方保护主义,但由于尚无有效的问责机制,只能对其听之任之,进一步助长了食品安全地方保护主义之风。

(一)责任追究依据的法律位阶低导致问责的有效供给不足

目前,我国尚无关于行政问责的专门法律,法律位阶最高的依据是《关于实行党政领导干部问责的暂行规定》,该规定由中共中央办公厅和国务院办公厅于2009年7月印发。这一规定适用全国,但其毕竟不是正规意义上的法律条文,法律位阶很低,这就导致现今的问责大多是表面上的"形式问责",远非制度层面的"实质问责";大多是带有"运动"性质的"风暴式"问责,而非例行的"常规性"问责。

此外,我国现有法律条文中大多仅规定了政府享有的权利和义务,却很少涉及滥用权力以后应该承担的责任。在目前中国"GDP优先"的实质导向面前,公权力习惯性地为了政治收益的攫取而抛弃公共利益。由于行政权力地方化,地方权利利益化,地方利益法制化,导致"立法割据"在我国的行政立法中极为普遍。[①] 面对上级问责,在地方"利益共同体"内部,地方行政法规往往会庇护自己的行为,从而导致责任追究力度不够,问责形同虚设。

(二)责任追究机制的设计缺陷导致实际问责困难

当前,我国的责任追究机制在设计方面存在巨大缺陷,主要表现为以同体问责为主,而异体问责缺失。目前,我国的问责大多是在行政机关内部进行,由上级对下级进行问责,是一种典型的"体制内操作",政府部门既充当"法官"的角色,又扮演着"受罚者"的角色,这大大降低了问责的严肃性、有效性与合理性。

"体制内问责"还具有一定程度的"违宪性"。以安徽阜阳奶粉事件为例,事件曝光后,阜阳市副市长和市工商局局长都依据《国家公务员暂

---

① 参见王彩霞:《地方政府扰动下的中国食品安全规制问题研究》,东北财经大学2011年博士学位论文,第99页。

行条例》和《中国共产党党内纪律处分条例》被安徽省人民政府问责，但我国《宪法》明确规定，副市长由市人大或人大常委会选举产生并对其负责，也只有人大才有权力在其任期内终止其任职。有鉴于此，此类由上级政府按照党内规定实施的问责显然是缺乏法律效力的，而且还有“以党纪代国法”和“违宪”之虞。

（三）责任追究惩罚机制不完善导致问责效果不佳

要充分发挥责任追究机制的威慑力，使其真正成为悬在官员们头上的“利剑”，就必须加大其惩罚力度，使政府公职人员不想、不愿、不敢滥用手中的权力，切实履行其职责。但很遗憾的是，在我国食品安全领域，责任追究惩罚机制还很不完善。

首先，问责主体很单一，主要是以体制内部的同体问责为主，问责的刚性缺失。如前所述，同体问责既存在法律效力不充分的缺陷，还会大大降低问责的实效，使其流于形式，最终形成“官官相护”的怪象，达不到责任追究的价值目标。其次，问责客体范围小，被问责概率低。在现实中，真正深入企业、市场进行食品安全监管的大多是政府一线公职人员，是基层工作人员，而非领导，但如表3-2所示，目前各地的问责大多针对政府机关首长，这种“具体执行者”与“责任承担者”不一致的情况极易导致“问责错位”，即具体执行者因问责概率小或根本不会被问责而有恃无恐，导致问责失效；而“责任承担者”因根本不了解具体执行过程，为逃避“背黑锅”，便会千方百计地逃避问责，甚至弄虚作假，从而也会导致问责失效。在这种情况下，问责根本无法收到实际效果。最后，问责惩罚太轻以致问责的严肃性丧失。目前，我国的行政问责大多采取避重就轻的方式，最重也就是引咎辞职。而即便是引咎辞职，也日益呈现“喜剧化”倾向。[①] 很多问责根本没有实现，只是停留在口头上、文件里，如陕西宝鸡市1997年到2000年间被行政问责的人中竟然有400多件尚未落实。即便是真正落实被处理的官员，也大多是“停职在家休养，等风头过后东山再起”，有数据显示，“事件性问责免职有77%复出”[②]。更有甚者，一些被问责的官员居然“带病提拔”“越问越升”，如原黑龙江省七台河市新兴区区长刘丽，2008年12月因煤矿瓦斯爆炸被问责免职，2009年2月即复

---

① 王彩霞：《地方政府扰动下的中国食品安全规制问题研究》，东北财经大学2011年博士学位论文，第102页。

② 《地方官员免职后去向：事件性问责免职77%复出》，载南报网，http://www.njdaily.cn/2012/1113/259142.shtml。

出，2012 年 1 月更是升任七台河副市长。在食品安全监管领域，此类现象同样存在。

表 3-2　近年来重大食品安全事故中被问责官员的任职情况一览表（部分）

姓名	事件	问责方式	问责时间	复出时间	原职务	现职务
刘庆强	阜阳假奶粉事件	行政记大过	2004.6	一年多之后	阜阳市长	省环保局局长
李长江	三鹿奶粉事件	引咎辞职	2008.9	2009 年	国家质检监督检验总局局长	全国扫黄打非工作小组副组长
吴显国	三鹿奶粉事件	免职	2008.9	2011.11	石家庄市委书记	享受副省级待遇
冀纯堂	三鹿奶粉事件	免职	2008.9	2010.10	石家庄市长	河北省工信厅副厅长

责任追究处罚机制不完善导致的问责效果不佳，既不利于行政程序的规范化，更不利于行政人员行为的约束；既无益于行政效率的提高，更无益于社会问题的解决；既有损于公权力的权威性，更有损于政府的公信力，最终只会在加剧地方保护主义的同时，进一步降低食品安全监管绩效，不利于我国食品安全的有效治理。

第二节　企业自律与制度他律缺失的影响

食品生产、运输及销售企业是食品安全保障的第一道防线，在很多时候，食品企业都是食品安全的第一责任人，其行为的规范性、合法性以及有序性，将直接影响食品的质量以及安全性，将对我国食品安全形势造成基础性的影响。如果企业的道德自律不强，加之外在的制度他律缺失，将使食品企业的市场行为严重失范，成为阻碍我国食品安全治理模式创新的重要因素。

一、食品供应不足导致食品安全信用缺失

目前在我国，为保证食品数量安全，满足民众基本消费需求而降低食品质量要求，以食品质量安全作为成本换取食品数量安全的现象屡见不鲜，企业盲目追求产量而忽视产品质量成为我国食品安全问题的一大隐患，也就是说，食品供应不足导致了食品安全信用的缺失，已经严重影响

到我国食品安全治理模式的创新。

以我国乳制品加工业为例，改革开放三十多年间，我国乳制品产业产量增加近300倍，年均递增25.54%。但我国人均乳制品消费量仅相当于世界平均水平的1/13左右，远低于发达国家水平，在中小城市和农村地区，这一差距更为明显。[①] 正由于食品供应不足，存在供需之间的巨大缺口，以致许多生产加工企业盲目追求产量增长，忽视甚至无视对食品质量的严格把关，最终酿成“阜阳奶粉”和“三鹿奶粉”等重大食品安全问题。

在我国，食品供应不足导致的食品安全信用缺失还表现为食品生产企业规模化程度不高，分散性明显。为满足民众对食品的消费需求，大量小型食品生产企业或小作坊应运而生，散布于我国城乡的各个角落。据2007年统计数据，当年全国食品生产加工企业共计约45万家，其中规模以上企业2.6万家，产品占据全国近3/4的市场，居于绝对主导地位；规模以下、10人以上企业6.9万家，产品占据全国约1/6的市场份额；10人以下小企业小作坊35.3万家，产品占据全国约9.3%的市场份额（见图3-1）。

图3-1　中国各类食品企业数量及产品市场占有率分布图

资料来源：《中国的食品质量安全状况白皮书》，载网易新闻频道，http://news.163.com/07/0817/15/3M400BGF0001124J.html。

从上图不难看出，我国10人以下小企业小作坊占据食品生产者数量的绝大部分，这些生产实体组织化、集约化、规模化程度不高，且大多生产流程极不规范。据国家质检总局对五类（米、面、油、酱油、醋）行业现状

---

① 参见陈慧英、吕敏：《中国乳制品产业经济分析与政策选择》，载《山东农业大学学报》2008年第2期。

进行的抽查显示,[1]被抽查的6万家加工企业中有79.4%为10人以下小作坊,65%不具备合格生产能力,85.5%根本不检测或没有检测能力,普遍存在"三高"或"三低"。[2] 这种"小、散、低"生产者的存在为食品安全治理模式的创新带来了诸多困难:首先,小作坊大量存在,生产者过于分散,加大了食品安全信息获取的难度,不利于食品追溯机制、召回机制、风险预警机制以及整体规制的有效实施。其次,生产者的分散化增加了"从农田到餐桌"全过程监管的难度,不利于问题出现后对于源头的准确认定,从而增加了及时解决问题的难度。最后,大量小作坊的存在削弱了市场信用机制的作用,使得政府监管机构无法通过市场信用评价体系对食品生产者进行有效规制。

除了生产企业分散带来的上述三个问题,食品供应不足带来的食品安全信用缺失还对规制机构和消费者造成了其他困扰,如使规制机构面临"提高市场准入门槛则食品质量有保障,但民众需求无法满足;降低市场准入门槛则食品供应充足,但食品质量存疑"的两难境地;再如,食品供应不足又会极大限制消费者的选择空间,食品安全信用缺失又会使消费者在信息不对称的情况下抛弃整个食品市场,转而选择其他替代品,如三聚氰胺事件后,国内消费者大多放弃购买国产品牌的奶粉,转而选择国外品牌。这一系列问题,都将使得我国食品安全治理陷入艰难境地(如图3-2所示)。

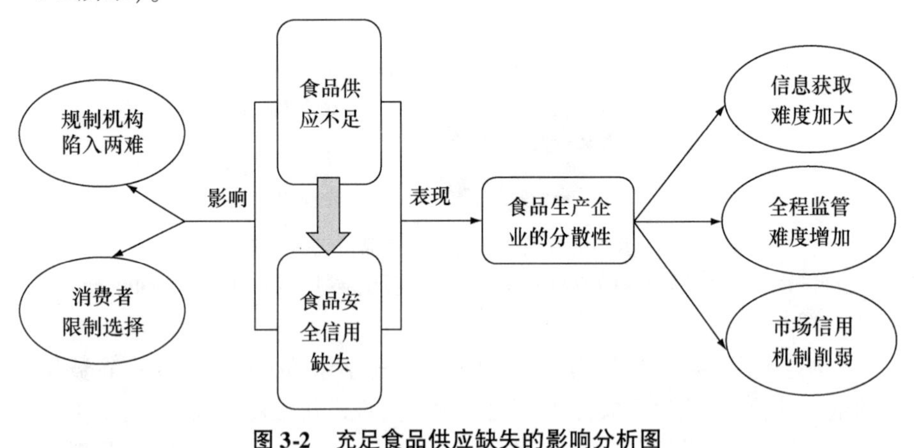

图3-2 充足食品供应缺失的影响分析图

① 参见刘华楠、宋春祥:《食品安全信用缺失原因的系统分析与治理模式》,载《经济与管理研究》2006年第7期。

② "三高"和"三低"即农药、化肥滥用程度高,食品加工中被污染程度高,食品加工中有害添加剂比例高;同时,食品质量安全标准低,食品生产集中化程度低,食品监管总体水平低。

二、企业自律的丧失:社会责任的严重缺位

质量是企业社会责任体系的一个固有特征。[①] 对于涉及国计民生的食品行业更是如此。但在我国市场经济体制建立的过程中,由于政府在企业履行社会责任过程中的缺位和市场经济竞争的残酷性,导致众多生产经营者极力追求利润最大化,千方百计降低成本,以致在生产经营中忽视对社会、对环境的影响,忽视对社会责任的承担,特别是频繁出现的食品质量、假冒伪劣、环境污染等事件。

随着市场经济的快速发展,我国逐渐由卖方市场转变为买方市场,消费者在某种程度上决定着企业的生存和发展。彼得·杜拉克指出:企业目标的唯一正确意义,就在于创造顾客。[②] 消费者对企业所提供的产品和服务一般来说会有以下要求:优秀的产品质量、良好的服务态度、合理便宜的产品价格、准确解释和处理各种疑难和投诉、提供相关产品的售后维修服务等。就食品消费者而言,其最大的关切就是食品的质量安全。但近年来连续曝光的"苏丹红""三聚氰胺""染色馒头""瘦肉精"等食品安全事件既严重扰乱了市场秩序,打击了我国相关行业的健康发展,更是企业缺乏社会责任感的集中体现。

我国食品企业履行社会责任的现状不甚理想,究其原因,大致可以从主观认知、道德自律、外部监管三个维度来加以分析。

首先是食品企业对"企业社会责任"存在主观上的认知偏差。长期以来,许多企业对企业社会责任认知存在着四种误区:第一种误区是简单地认为企业社会责任与企业营利对立。只关注企业员工作为"经济人"的存在,相对忽略其"社会人"特性,未能清楚认知企业社会责任,错误认为履行社会责任将为企业增加负担,而未看到由此带来的创新及发展机遇。第二种误区认为利润最大化是企业的目标、职责,以及存在的意义,认为企业社会效益的实现伴随着经济效益的创造,企业既不是公共部门,也不是社会组织,故履行社会责任并非其义务。认为要遵照市场经济规律,专心于企业自身发展,避免重蹈"企业办社会"的覆辙。第三种误区认为履行社会责任是专属于大企业的责任。而仍在为资本原始积累以及

---

① 参见石朝光、王凯:《基于产业链的食品质量安全管理体系构建》,载《中南财经政法大学学报》2010 年第 1 期。

② See Peter F. Drucker(1970). *Technology Management and Society*. Boston: Harvard Business Review Press, p. 37.

立足市场打拼的小企业,必须专注于发展,而无暇顾及其他,唯有待企业实力强大了再履行社会责任。第四种误区认为企业社会责任完全是西方国家的贸易壁垒,是一种专门针对新兴市场国家的、综合环境保护以及劳工标准等在内的、不合理的、扰乱国际贸易正常秩序的贸易保护手段。

其次是企业的道德自律尚未完全发挥作用。中国企业承担社会责任的自律性普遍较差。自律性是一个组织良性发展与否的标志,能够充分反映其道德水准。综观我国食品企业承担社会责任的方式,大多还停留在简单的慈善捐助层面,更有相当一部分的慈善行为是在政策约束下的被动行为,社会责任履行的主动性、积极性、多样性、多维性极为缺乏。目前,我国食品安全治理已陷入“安全事件发生—打击—问题缓解—再度发生—再打击”的恶行循环,[①]面对着运动式的整治模式,以及“劣币驱逐良币”的残酷现实,[②]整个食品行业都陷入难以自律的境地,很多企业都只是象征性地作一些技术处理而蒙混过关,真正主动承担社会责任的企业相对较少。与自律性差相关联的,是中国企业经营者职业道德的欠缺。社会责任感与道德自律密切相关,同时,社会责任的履行又与企业家的管理理念、职业操守,及其对社会责任的认知和理解息息相关,所以,企业完全自主地决定是否承担社会责任以及承担责任的程度。由于我国职业经理人发展时间不长,相关的法律规范尚不健全,考核机制尚未完善,任职企业更换频繁,以致大多数管理者短视,忽略企业社会责任的履行。还有一些企业管理者缺乏“以人为本、顾客至上”的经营理念,为追求利润而罔顾产品安全,罔顾消费者权益。更有甚者,将企业社会责任简单定义为“照章纳税”而无其他。

最后是外部监管不力。这一问题主要表现为五个方面:一是相关法律制度不健全。在中国市场化过程中,关于企业社会责任的法律体系业已初步建立,通过法律、经济、行政手段的综合运用,企业社会责任的履行状况也在逐步好转,但尚无国家层面的、专门针对社会责任履行的强制性法规。二是尚未制定体现中国特色、符合中国国情的企业社会责任标准体系。目前,我国一般以 SA8000 和《劳动法》作为实施企业社会责任的参考标杆。但这二者均不全面,《劳动法》仅涉及企业内部员工的权益保障,偏重于劳资关系的规范;而作为西方资本主义市场经济下的产物,

---

① 参见刘亚平:《走向监管国家——以食品安全为例》,中央编译出版社 2011 年版,第 79 页。

② 同上书,第 77 页。

SA8000 在传统文化、社会氛围、经济形态完全不同于西方国家的我国,其实施的适用性、实效性存疑。三是大多数企业并未建立社会责任报告制度。中国企业社会责任发展中心的调查显示,“经常发布企业社会责任报告的仅为 2% ,偶尔发布的为 26% ,71% 从未发布”。[①] 与之相对应的,企业社会责任报告制度在许多跨国公司得以建立,每年都会在总裁签署后定期发布。四是社会责任管理机构在我国大多数食品企业中缺失。中国企业社会责任发展中心的报告显示,“只有 8% 的受访企业设有企业社会责任部,8% 设有可持续发展部,三成七设有公共关系部,一成六设有环境管理部”[②]。不难看出,企业社会责任尚未成为我国企业发展的一项专门工作而受到重视。五是企业社会责任尚未产生明显效益。我国企业社会责任发展中心的调查报告显示,“从企业社会责任履行中经常受益的仅为受访企业的 8% ,42% 偶尔从中受益,50% 从未受益过”[③]。这说明,企业尚未从履行社会责任中得到实质收益,无法形成激励效应。

由于种种原因造成的企业社会责任的缺失,使得食品企业在生产加工过程中毫无顾忌,为追求利润最大化而不择手段,这将严重威胁到我国的食品安全形势。

三、制度他律的缺失:基于昆明调研数据的分析

食品安全生产保障机制,如 HACCP 体系、可追溯体系、产品召回制度等能对食品生产加工企业的操作流程、质量保证作出规范性要求,能够在最大限度上保障食品质量安全。但通过实证调研我们发现,这些设计科学的机制在实践中却因种种原因而被食品生产、加工、经营者弃之不用。

为了解食品安全生产保障机制的现实状况,笔者带领研究小组成员对昆明市篆塘、小街、关上三个农产品批发市场的经销商进行了问卷调查,共发放问卷 600 份,回收 589 份,有效问卷 585 份,通过分析调查结果发现:首先,经销商对我国已经实施的食品安全生产保障机制大多有一定了解,但了解得不够深入,很多经销商只知道机制名称,而对其具体要求却语焉不详。就不同保障机制的认知而言,“绿色食品”“市场准入”等实

---

① 参见殷格非、于志宏、吴福顺:《中国企业社会责任调查报告》,载企业社会责任中国网,http://www.csr-china.net/templates/node/index.aspx? nodeid = 0ed932b0-db43-45a9-ad3a-ddb6ac82007f&page = contentpage&contentid = b573c25a-0c21-4c49-8770-275aa8437838。

② 同上。

③ 同上。

行较早的机制认知度较高,而对“信息可追溯机制”“产地编码制度”等新近实施的机制认知度不高(详见表3-3)。其次,经销商大多比较关注食品安全保障机制,但很有意思的是,又有相当一部分经销商对于这些机制的保障作用存疑(详见表3-4)。最后,经销商对于目前食品链中哪几个环节最应该加强相应的食品安全保障机制建设的认知态度存在较大分歧,超过六成的受访者认为应该在生产环节从源头上加强,同时还有一半的受访者则认为是加工环节,而选择采购环节、配送环节、销售环节的比例大致相当(详见表3-5)。

表3-3 经销商认知食品安全生产保障机制情况一览表(昆明市)

保障机制	认知者数量(人)	认知者占比(%)
绿色食品	541	92.5
市场准入制度	458	78.3
索证索票制度	435	74.3
HACCP体系	367	62.7
信息可追溯制度	321	54.8
产地编码制度	247	42.2

表3-4 经销商对食品安全生产保障机制的关注程度一览表

关注程度	非常关注	比较关注	一般	不太关注	从不关注
频数(人)	213	249	101	19	3
占比(%)	36.4	42.6	17.3	3.2	0.5
作用认知	**非常重要**	**比较重要**	**一般**	**不太重要**	**极不重要**
频数(人)	44	265	238	34	4
占比(%)	7.5	45.3	40.6	5.9	0.7

表3-5 经销商对食品安全生产保障机制适用环节的认知一览表

食品链环节	生产环节	采购环节	加工环节	配送环节	销售环节
频数(人)	403	166	314	126	138
占比(%)	68.9	28.4	53.7	21.6	23.5

通过实证调研了解昆明市农产品批发市场经销商对于食品安全生产保障机制的总体认知状况后,本书还将通过数据库整理以及文献研究来

考察几大主要保障机制在我国目前的发展情况。

首先，本书考察了 HACCP 体系在我国食品加工企业中的采纳情况。通过考察中国人民大学课题组对全国 482 家食品企业的调研数据可以发现，[①]目前我国采纳 HACCP 体系的企业以三资和私营企业为主，而集体企业较少；以注册资本一千万以上的大中型企业为主，而小型企业采纳较少；我国在国际市场上具有竞争力的食品生产企业，如罐头制品、肉及肉制品等为主，而其他以国内市场为主要产品投放市场的企业采纳较少。以上现象反映出目前我国企业采纳 HACCP 体系的总体状况不佳，尤其是产品以内销为主的企业，这与我国国内市场的相关标准与国际标准存在巨大差异有关，国外市场对进口食品要求必须通过 HACCP 认证，而我国目前却没有这方面的强制规定，也就是说 HACCP 在国内处于非强制性缺失状态。

其次，本书考察了可追溯体系在我国农产品企业中的实施情况。根据农业部与四川农业大学联合课题组对四川 60 家企业进行调研的数据，目前我国食用农产品实行质量可追溯体系的情况不容乐观，课题组总结了实施这一保障机制的八大困难(详见表 3-6)。[②] 无论是哪一项原因都涉及一个关键问题，即成本与收益不对称，也就是说实施可追溯体系的效益欠佳。安全生产保障制度实施成本高而国家的优惠政策又无法及时准确到位，直接导致以追求利润最大化为天职的企业不愿采纳食品安全保障制度，造成可追溯体系在我国实施的滞后与缺失。

表 3-6　企业实施质量可追溯体系的主要困难一览表

主要困难	频数	主要困难	频数
建立初期企业花费太高	47	国家相关优惠政策不足	46
需要对管理人员和生产人员重新培训	42	市场对可追溯产品认可度不高	40
上下游企业协调难度大	22	追溯编码不统一、不规范、不兼容	22
降低了生产过程和引进新产品的柔性	9	销售渠道不畅	8

① 参见王志刚、翁燕珍、杨志刚、郑凤田:《食品加工企业采纳 HACCP 体系认证的有效性:来自全国 482 家食品企业的调研》，载《中国软科学》2006 年第 9 期。

② 参见元成斌、吴秀敏:《食用农产品企业实行质量可追溯体系的成本收益研究——来自四川 60 家企业的调研》，载《中国食物与营养》2011 年第 7 期。

最后,本书考察了食品召回制度。目前,我国的食品召回机制虽已雏形初现,但发展极其滞后,几乎处于缺失状态。首先,食品召回缺乏相应的、具有可操作性的法律支撑。《食品安全法》虽在第 53 条规定了“国家建立食品召回制度”,但仅仅是原则性阐述,缺乏实质性的、具体的操作性规定。其次,食品召回缺乏具体的执行机构。目前我国尚无明确规定国家层面的食品召回执行或管理机构,各地大多处于自我摸索阶段,使得我国食品召回在实际操作过程中随意性太强,显得极不规范。最后,食品召回缺乏强有力的技术支持。食品召回技术一般包括食品召回所需的标准体系、食品安全的风险评估体系和食品可追溯系统,三者缺一不可。[①] 但目前我国食品安全风险评估体系以及可追溯系统建设十分滞后,造成食品召回技术支持的缺失。

第三节　消费者安全意识不强或过度反应:基于昆明的实证研究

前文已经述及政府规制机构以及食品供给者对于创新我国食品安全治理模式的影响,而作为食品供应链最终端的享用方——消费者,既是因信息不对称而需要格外关注的社会存在,更是极为重要的市场组成部分。由于食品安全具有较高的“收入弹性”[②],消费者不同的生活水平状态会呈现不同的食品安全需求,此外,消费者的安全意识、掌握信息的不同程度以及参与渠道的畅通状况也将影响其参与食品安全治理的程度。因此,唯有了解了消费者的安全意识状况,方能有针对性地采取解决措施,促进其对于多元治理的参与。

一、食品安全信息的充足供给与有效获得的缺失

食品安全信息对于消费者进行正确的消费选择具有至关重要的作用,而信息供给是否充分将直接影响到信息不对称是否存在,会使得消费者在信息不完全的情况下缺乏自我保护意识或反应过度,要么不知道危害所在而缺乏参与食品安全治理的意识,要么反应过度直接排斥所有同类食品,这都将影响消费者对于食品安全治理的有序、有效参与,从而不

① 参见张婷婷:《中国食品安全规制改革研究》,辽宁大学 2008 年博士学位论文,第 56 页。
② Swinbank, A. (1993). The Economic of Food Safety. *Food Policy*, Vol. 18, No. 2.

利于我国食品安全治理模式的创新。

为了弄清食品安全信息供给对于消费者安全意识、购买行为，以及参与意识的影响，笔者带领研究团队于 2012 年 12 月 5 日至 12 月 25 日期间在云南昆明小西门、南屏步行街、南亚风情第一城、云南大学滇池学院、广福小区等人流聚集区以问卷调查的方式作了实地调查。本次调查共发放 1000 份问卷，回收 988 份，有效问卷 972 份。

（一）消费者对于食品安全的认知

通过调查我们发现，消费者对当前食品安全的总体认知是较为负面的，有超过 60% 的受访者持消极、否定的态度，其中又有近 20% 的受访者认为目前食品"很不安全"，只有不到 20% 的受访者对食品安全形势持肯定态度，认为食品"安全"或"比较安全"，还有 20% 左右的受访者持摇摆态度（详见图 3-3）。

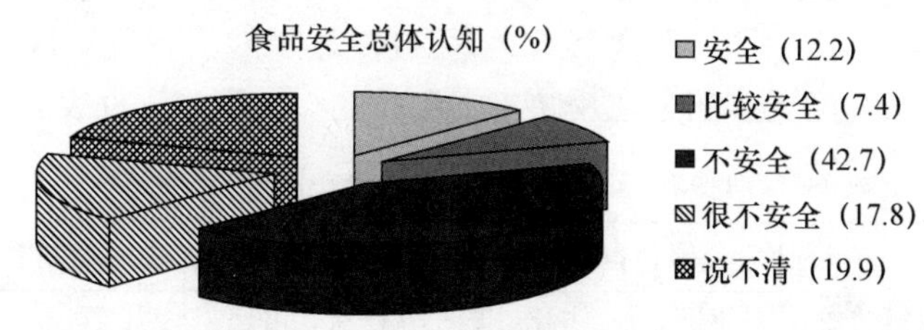

图 3-3　消费者对于食品安全的总体认知情况示意图（昆明市）

至于消费者对我国食品安全形势总体悲观的原因，经过深入的个人访谈，大部分持负面态度的受访者认为，主要是这几年曝光的食品安全事件太多、太频繁，政府虽然一直在强调要解决这一问题，但往往是"运动式专项执法"后，一切照旧，更夸张的是在某些地方，食品安全事件伴随着新闻曝光与政府整治不断发生，严重打击了民众的消费信心。

> 这几年的食品安全事故那么多，叫我们怎么对买的食品放心？每天打开电视就会看到这方面的新闻，前几年报道的安宁的地沟油，是说昆明市场上 10 桶油中就有 1 桶是那里产的地沟油，怎么放心？前两天电视上放的那个山东的"速成鸡"，全是激素喂大的，怎么吃？①
>
> （对于我国食品的总体安全状况）当然不放心了。现在中国人还敢吃什么啊？喝瓶奶，有三聚氰胺；吃个青菜，农药残留超标；吃个

① 访谈记录：2012 年 12 月 13 日，南屏步行街，采访对象：女，32 岁，超市营业员。

肉,有瘦肉精;喝个酒,有塑化剂;就说吃药吧,还是工业明胶。你说你放心吗?[1]

为了验证食品安全信息对于消费者安全意识以及购买行为的影响,笔者选取了体现“安全”“健康”等正面信息的三类经过安全认证的食品来进行调研。通过问卷分析发现,消费者对于“绿色食品”“无公害食品”“有机食品”都有一定的认知,但认知程度不尽相同,大致呈递减态势,绿色食品最高,有机食品最低,影响因素主要包括:进入市场的时间先后、商家的宣传力度、产品的市场定位。此外,我们还发现,对我国食品安全形势持正面态度的消费者大多对这三类“安全”食品认知较高,这也说明了正面信息能够在一定程度上改善人们的安全意识。但有意思的是,对食品安全形势持不同认知态度的消费者群体之间对于三类“安全”食品的认知差异却不大,这大概是与我国认证领域存在诸多弄虚作假,以致认证权威性不高有关。所以,在这个意义上,数据显示的消费者对这三类“安全”食品的认知度更多的是在反映三类食品的知名度。详见表3-7:

表3-7　消费者“安全食品”认知评价一览表(昆明市)

认知态度	样本数	绿色食品		无公害食品		有机食品	
		了解(人)	占比(%)	了解(人)	占比(%)	了解(人)	占比(%)
	a	b	b/a	c	c/a	d	d/a
安全	191	142	74.5	114	59.7	64	33.3
不安全	588	425	72.3	237	40.3	143	24.3
说不清	193	142	73.3	95	49.2	75	38.6
合计	972	709	72.9	446	45.9	282	29.1

对食品安全的认知态度会直接影响到消费者的购买行为,从表3-8可以看出,在消费者对三类“安全食品”的购买意愿中,认知度最高的绿色食品的购买意愿最强,而认知度最低的“有机食品”则购买意愿最弱,这就充分证明了食品安全信息对消费者购买行为的直接影响作用,也佐证了消费者对于安全信息的获得程度可以影响食品安全治理新模式下相关政策,如安全生产保障机制的实现效果。

---

① 访谈记录:2012年12月23日,南亚风情第一城,采访对象:男,44岁,高校教师。

表 3-8　消费者安全食品购买意愿一览表(昆明市)

食品类别	经常购买		偶尔购买		从不购买	
	样本数(人)	占比(%)	样本数(人)	占比(%)	样本数(人)	占比(%)
绿色食品	392	40.3	435	44.7	145	15.0
无公害食品	250	25.7	306	31.5	416	42.8
有机食品	62	6.4	231	23.7	679	69.9

(二) 消费者信息获取渠道

各类媒介传播信息的方式不同、侧重点不同、影响力不同,会造成消费者对于信息的接受程度以及理解程度的差异,本书将根据调研数据对消费者获取食品安全信息的不同渠道进行定量分析,期望从传播媒介这一维度找到其与消费者安全意识的关联性。

表 3-9　消费者食品安全信息获取渠道一览表(昆明市)　(单位:%)

项目		电视	报纸	广播	网络	家人朋友
性别	男(402 人)	37.4	20.2	2.3	7.6	13.7
	女(570 人)	34.6	18.3	5.3	7.2	15.3
年龄	16—29 岁(283 人)	14.7	12.8	1.1	13.5	12.8
	30—39 岁(357 人)	30.4	21.5	2.8	8.5	14.6
	40—55 岁(225 人)	51.3	18.4	7.4	5.3	19.6
	55 岁以上(107 人)	48.5	27.3	7.9	0.0	18.4
受教育程度	小学(49 人)	27.3	4.7	0.0	0.0	19.5
	初中(198 人)	39.5	12.7	5.3	1.2	12.6
	高中(中专、职高)(219 人)	40.5	22.7	4.9	2.8	13.2
	本科或大专(398 人)	33.3	19.3	4.1	14.7	12.7
	硕士及以上(108 人)	45.8	21.2	3.1	27.3	15.7
收入水平	2000 元以下(254 人)	37.8	15.2	3.3	2.7	10.2
	2000—2999 元(295 人)	39.4	17.3	4.3	3.8	16.2
	3000—3999 元(192 人)	38.5	19.3	2.1	17.4	10.3
	4000—4999 元(183 人)	40.5	28.4	0.0	21.2	16.9
	5000 以上(48 人)	45.5	21.3	0.0	12.2	14.6
婚姻状况	未婚(319 人)	16.3	13.6	0.9	12.4	10.4
	已婚(653 人)	40.2	21.4	2.7	6.7	17.4

从表 3-9 可以看出,消费者不同的个人特质对于食品安全信息获取

渠道的选择具有一定的影响。此外,无论是以哪种特质来进行交互性分析,电视都成为最重要的信息获取渠道。具体而言,在性别方面,男性大多更喜欢通过电视和报纸获取信息,且比例高于女性;在年龄方面,消费者通过电视获取信息的比例大致呈增长态势,而网络则与年龄呈负相关关系;在受教育程度方面,电视、报纸、网络利用率呈正相关关系;而广播的利用率则负相关,不断下降;“收入水平”这一维度的分析结果大致与“受教育程度”一致;在婚姻状况方面,未婚者通过网络获取信息的比例要高于已婚者。

(三)信息供给的具体影响分析

通过上述分析我们可以发现,无论是食品安全信息供给量,抑或信息供给渠道,都能对消费者安全意识产生巨大影响。具体而言,一方面,由于消费者掌握的食品安全信息较少,而且大多是通过电视上的新闻曝光而获取,所以其所掌握信息中的大部分均是食品安全的负面内容,极易造成消费者反应麻木,安全意识不强。有调查显示,在遇到不安全食品侵害时,有近25%的消费者选择忍气吞声,不予追究。城市居民对于食品安全侵害寻求救济的比例都如此之低,就更不用说农村居民了。[①] 而这类由于信息供给不足引起盲目悲观所导致的安全意识淡漠,极易造成消费者防范意识缺失,影响其对于食品安全问题的及时反应,阻碍其积极参与食品安全治理。另一方面,根据“消费者获取食品安全信息的渠道分析”可知,电视是目前我国消费者的主要信息来源,而当前电视信息主要是问题食品曝光、政府专项行动报道等,缺乏对于消费者的正确引导,非常容易造成消费者在信息不对称情况下的“反应敏感”,使其拒绝重复交易,迅速从市场中退出,如禽流感后很多人不再消费鸡肉,三聚氰胺事件后很多人拒绝购买国产奶粉等。这种过度反应不仅严重影响了消费者的日常生活,而且人人竞相退出市场对正常的食品供给也将带来致命打击,不仅惩罚了制假售假者,而且也连带惩罚了诚信经营者,甚至造成“劣币驱逐良币”,对于我国食品安全问题的治理,乃至整个食品行业的发展,都无异于雪上加霜。

二、消费者购买习惯对食品安全治理模式的影响

消费者的消费习惯,如进行购买选择时首要考虑的因素,以及是否关

① 参见孟菲:《食品安全的利益相关者行为分析及其规制研究》,江南大学2009年博士学位论文,第78页。

注“食品安全标准体系”与“食品安全认证体系”等都将对消费者的安全意识产生影响,进而影响食品安全治理模式的创新。

通过表3-10可以发现,几乎所有消费者在进行消费选择时习惯于关注“生产日期与保质期”以及“价格”。就具体分析维度而言,在性别方面,女性又比男性更为注重这两个因素,而男性则更为关注“品牌信息”;在年龄方面,对价格信息的关注将随着年龄增长而日益增强;而在受教育程度与收入水平方面,对价格信息的关注则与年龄及收入水平大致呈负相关关系,收入越高的人越为关注“质量安全保障机制”因素;在居住地区方面,城市消费者更为关注“品牌信息”以及“质量安全保障机制”等因素,而农村消费者则更为关注“价格”“卫生许可”等检验合格证明以及食品的营养成分。

表3-10　消费者进行购买选择时的关注信息一览表(昆明市)(单位:%)

项目		生产日期、保质期	价格	品牌、厂家、产地	检验合格证明	配料及营养成分	食品安全保障机制
性别	男(402人)	75.3	71.6	39.5	29.6	24.8	19.8
	女(570人)	90.2	80.1	31.2	28.7	23.4	16.4
年龄	16—29岁(283人)	89.3	62.5	33.3	32.6	28.4	17.3
	30—39岁(357人)	87.2	71.4	36.2	39.6	27.1	19.3
	40—55岁(225人)	85.5	74.3	35.2	52.4	29.2	16.7
	55岁以上(107人)	86.7	78.3	39.4	80.3	21.5	20.6
受教育程度	小学(49人)	84.3	81.1	28.5	25.4	40.6	10.3
	初中(198人)	87.7	79.3	34.6	29.6	33.6	14.7
	高中(中专、职高)(219人)	89.2	73.6	38.4	30.4	27.4	16.3
	本科或大专(398人)	89.6	66.3	35.2	29.8	21.9	19.5
	硕士及以上(108人)	91.7	50.1	40.1	33.5	24.7	22.6
收入水平	2000元以下(254人)	84.7	76.4	28.5	24.7	29.4	13.5
	2000—2999元(295人)	88.2	74.8	38.2	28.3	27.7	17.2
	3000—3999元(192人)	84.9	68.3	39.5	29.5	26.5	19.5
	4000—4999元(183人)	89.1	54.4	43.5	30.2	27.6	22.8
	5000以上(48人)	88.3	50.2	49.6	33.5	29.1	38.4
居住地区	城市(660人)	87.9	69.5	38.4	26.4	22.5	19.3
	农村(312人)	84.6	72.4	30.2	28.6	29.3	16.8

表 3-11　食品安全保障机制影响消费者购买选择情况一览表(昆明市)

		很重要	重要	说不清	不重要	很不重要
食品安全标准体系	频数(人)	266	330	191	128	57
	占比(%)	27.4	33.9	19.6	13.2	5.9
食品安全认证体系	频数(人)	274	385	123	123	67
	占比(%)	28.2	39.6	12.7	12.6	6.9

通过表 4-11 我们可以看出,消费者在不考虑价格因素的情况下均认为"食品安全标准体系"与"食品安全认证体系"等质量安全保障机制具有很重要的作用,因为在目前食品市场上信息不对称普遍存在的情况下,消费者唯有通过相关标准及认证标识方能鉴别食品的质量。但将表 4-11 与 4-10 对比可以发现,即便消费者认为食品质量安全保障机制对于食品安全非常重要,但是在进行购买选择时,仍未将其作为重要参考因素。进一步深入访谈发现,价格太高,消费者食品安全保障成本过高,成为其抛弃保障机制的重要原因。

> 我们也知道超市里面卖的绿色食品、无公害食品等肯定安全更有保障,口感更好,或许营养都会更高一点,但是,价格也高很多,像一般的五花肉是二十几块钱一公斤,而无公害的要四十几块钱一公斤,差不多贵了一倍,怎么可能天天买啊!①

通过上述分析,我们发现购买成本同样是影响消费者安全意识或安全保障行为的重要因素,在现实中大多数消费者都认识到"食品安全标准""食品安全认证"等质量安全保障机制对于维护食品安全的重要性,但是在进行消费选择时,由于认证产品普遍价格较高,再加之部分消费者对这些认证的权威性与有效性存疑,大多不愿意支付保障成本,而是继续选择很可能存在安全隐患的食品,这也就直接磨损了食品安全保障的努力,不利于食品安全保障措施的继续推广。

三、消费者维权渠道不畅导致维权实效不佳

当合法权益受到侵害时,合适、畅通、有效的维权渠道将对减轻或降低消费者权益损害程度,最大限度地补偿损失,从而维护消费者合法权益

---

① 访谈记录:2012 年 12 月 25 日,昆明小西门,采访对象:女,37 岁,公务员。

起到很好的作用。一般来说,消费者的维权渠道大致包括三类:政府监管部门、消费者协会、行业协会。但就我国现实来说,这三条渠道并不通畅,严重影响消费者权益维护,阻碍其积极参与食品安全治理。

(一)政府监管部门对于消费者的维权诉求缺乏回应性

如前所述,很多地方的监管部门和食品企业形成了“利益共同体”,结成“利益同盟”,在同盟内部,公共利益让位于部门利益,政府监管部门大多对于消费者的投诉或举报置之不理或冷处理,对消费者维权行为设置诸多障碍,如严格实行“谁主张,谁举证”原则,面对昂贵的检测费用及复杂的检验程序,大多数消费者选择息事宁人。此外,即使有少数消费者坚持维护自己的权利,也会遇到诸多体制、机制方面的障碍,如不知道向哪个部门投诉。众所周知,我国对食品安全实行“分段监管”为主的规制模式,涉及卫生、工商、农业、质检等多个部门,在面对消费者投诉时,大多数政府部门唯恐避之而不及,消费者难免陷入被“踢皮球”的境地。即便消费者最终确定了主要负责部门,也会面临着“无回应”或“慢回应”的情况。如三鹿奶粉事件发生之初,就有消费者向有关部门检举投诉过,但一直没有得到回应,直到举报半个月后才有简单回复:“请报送相关检测结果以支撑举报”。面对这样的回应,消费者大多会选择放弃维权,对食品安全保障丧失信心,不再发挥对食品安全的监督作用。

(二)消费者协会独立性缺乏导致维权效果不佳

消费者协会成立的本意和宗旨就是维护消费者合法权益,当消费者的合法权益受到侵犯时,首先想到的就是向消费者协会寻求帮助,所以,消费者协会就成为消费者维权的初级救济组织。但是在我国,太多的事例告诉我们,消费者协会并未切实履行其维权职责,在食品安全治理中严重缺位。究其原因,主要还是由消费者组织的体制特性决定的。我国的消费者协会通常是由工商、物价、质检、卫生等部门发起设立的半官方性质的组织,挂靠在同级工商行政管理部门,由其负责人员调配、经费筹措、物资配给,正因为消费者协会的人、财、物都是由政府部门掌控,这一组织也由对商品和服务进行社会监督从而保护消费者权益的社会团体沦陷为政府部门的依附机构,严重依赖于政府,发展的独立性、利益的中立性缺失,使其丧失了消费者权益维护者的宗旨。当消费者向消协寻求救济时,其投诉往往得不到有效处理,久而久之,消费者协会在消费者心中慢慢变成了“政府机构的摆设”。

(买到有问题的食品,为什么不向消费者协会投诉?)向那个组织(消费者协会)投诉有什么用啊?还不是政府自己的部门。现在政府都是帮着企业说话,哪里会向着我们啊。再说那个什么消费者热线12315,试过几次,大部分时间是占线或没人接,好不容易打通了,说的都是一些忽悠人的废话。有什么用?浪费时间,浪费钱,算了![1]

(三)行业协会发展不健全导致维权困难

行业协会作为行业内企业的自治组织,对于整个行业的生产工艺、技术流程、产品品质、销售管理等起着规范性的引导作用,由于其更贴近企业,故而比政府和消费者拥有更多的食品安全信息。当政府由于种种原因无法了解行业内"潜规则"时,作为企业的自治及自律组织,行业协会理应承担起解决信息不对称、保护消费者权益、促进全行业健康有序发展的重任。正如格雷夫所言,行业协会的出现"可以有效监督潜在交易者的不诚实行为,并记录和传递交易者不诚实的信息,从而成为补充市场治理机制而施行市场纪律的第三方治理机制"[2]。我国目前食品行业的各种协会非常之多,但很多协会发展都很不健全,被大型利益集团"俘获",成为大型企业的代言人,而失去其独立性与超然性。如前文提及的内蒙古乳业协会主席所谓的"中国乳品标准并不低""让国人都喝上奶比喝上健康的奶更重要"的雷人雷语,着实让消费者胆寒。此外,行业协会还无法摆脱"行政化"色彩,很多行为方式与解决问题的手法与政府机构如出一辙。如三鹿奶粉事件后,中国奶业协会并未对自身进行深刻反思,没有反省体制上、组织上、机制运行方面的深层次原因,而是如同政府机构一般,立马下发《关于加强乳品质量安全工作的通知》,要求各会员单位"加强行业自律、保障乳制品质量安全"。面对行政化色彩如此浓厚、类似"第二衙门"的行业协会,消费者要想维权,其难度可想而知。

第四节 社会组织监督强制力缺失的影响

市场由于存在自发性、滞后性会出现失灵,这就需要政府监管的介入,但"信息不完全、政府官员的动机,私人部门对政府行为的反应难以被

---

① 访谈记录:2012年12月22日,昆明南屏步行街,采访对象:男,42岁,国企员工。

② 〔以色列〕阿弗纳·格雷夫:《后中世纪热那亚自我强制的政治体制与经济增长》,载《经济社会体制比较》2001年第2期。

预期,使政府施政的后果不确定,从而导致政府失灵”①。汉斯曼进一步提出了契约失灵理论,即消费者与生产者存在严重信息不对称时,契约失灵会出现。② “正因为市场的契约失灵使某些产品只能由非营利性质的社会组织而非由营利性组织即市场来提供。”③所以,在政府失灵与市场失灵双重困扰下,社会组织就被视为解决社会经济问题的第三种选择。就食品安全领域而言,面对着政府监管缺位、市场调节失灵,强化社会组织的监督强制力就成为当务之急。

一、独立性与自治权缺失导致社会组织监督强制力虚化

本书所谓之“社会组织”主要是指独立于政府和企业之外的,“以服务、咨询、沟通、监督、自律、协调为职能,具有会员性、自治性、公益性、非营利性、非政府性”④,实行自愿、自治运作的组织实体,是有别于“第一部门”(政府)、“第二部门”(企业)的“第三部门”。食品行业中的社会组织主要是指食品行业协会组织,这也是本节将重点研究的对象。当然,食品安全领域内还包括其他多种社会组织,如消费者协会、农业合作社组织等,它们对于食品安全也会产生一定影响,但是,食品行业协会是食品供给组织的联合团体,与食品供给者关系最为密切,影响最为直接,监督最为广泛,其食品安全治理行为在诸多社会组织中最具典型性与代表性。有鉴于此,本书主要选取食品行业协会这一社会组织来研究其对于食品安全的影响。

所谓食品行业协会,是指“食品行业的社团组织,是非营利性的自治组织;是生产、加工、销售食品的市场经济主体,为维护和增进共同利益而在自愿的基础上组建的不以营利为目的中介服务组织”⑤。它具有非营利性与自治两大特点,主要承担“创制产品质量标准、协调质量安全行为、形成行业产品质量声誉”等职能。此外,《食品安全法》第 7 条还以法规的形式进一步对食品行业协会的职责加以明确。就本书而言,要探究食

---

① 〔美〕斯蒂格利茨:《产业组织与政府管制》,上海三联书店 1989 年版,第 39 页。

② See Hansman, Henry(1980). The Role of Nonprofit Enterprise. *Journal of Yale Law*, No. 89, pp. 835—901.

③ 陈南华:《寻找非营利组织存在的理论根据》,载《福建论坛》2005 年第 10 期。

④ 赵福江、罗承炳、孙明:《食品安全法律保护热点问题研究》,中国检察出版社 2012 年版,第 147 页。

⑤ 秦利:《基于制度安排的中国食品安全治理研究》,东北林业大学 2010 年博士学位论文,第 111 页。

品行业协会在食品安全治理中的缺位现状,研究其对于创新食品安全治理模式的阻碍作用,以便今后充分发挥其参与作用,主要还是应该将学术关怀倾注于行业协会对于食品生产者的监督作用上,以强力监督推进行业自律,以行业自律构建行业诚信,以行业诚信促动食品安全形势的营造。

目前,我国食品行业协会在食品安全监督中的强制力明显不足,首要原因就是其独立性与自治权缺失,使得监督强制力虚化。这又主要表现为三个方面:组织结构、组织理论与制度构成。

(一) 组织结构松散导致监督广度有限

目前,我国食品行业协会的组成成员实行会员制,以自愿参与为首要原则,由于尚无专门针对行业协会的法律法规,所以各地食品行业协会的管理存在很大差异。就会员资格而言,有的地方仅限法人,有的又规定法人和个体经营户都可以入会;为保证协会对整个行业的操控能力,有的地方从数量上做文章,规定会员数必须达到企业数量的一定比例,而有的地方则对营业额感兴趣,规定会员的营业额要达到一定比例;有的地方对会员的从业时间有严格规定,有的地方则无此限制性规定。

正因为诸多限制的存在,使得目前食品行业协会的会员比例一直不高,而如前所述,食品行业协会是自愿组建的自治性组织,其监督范围及广度仅限于协会成员,“对非会员企业则无实际的话语权与处置权”①,而目前相对较少的会员构成必然造成协会监督广度的局限性。此外,会员制本可保证各协会成员享有平等地位,但是在“趋利性”的指引下,很多小企业热衷于“有利入会,无利则出”,往往出现“搭便车”情况,这就直接导致会员平等地位异化,使得协会内部的均衡被打破,大型企业占据强势主导地位,协会被异化为大型龙头企业之“附庸”,成为专门针对中小企业的监督者,其监督的广度及效果存疑。

(二) 权源理论分歧导致监督力度不够

针对行业协会拥有自治权的权源理论,学术界一直存有分歧,有人借用卢梭的“社会契约论”加以分析,有人则应用科尔曼的“法人行动者理论”进行诠释。② 此外,对权力生成机理的认识也不尽一致,存有分歧,一方认为“公共权力只能发生于政府程序与法律确认,不能通过章程和协议

① 赵福江、罗承炳、孙明:《食品安全法律保护热点问题研究》,中国检察出版社2012年版,第148页。

② 参见汪莉:《行业协会自治权性质探析》,载《政法论坛》2010年第4期。

生成”,而另一方则主张“民主本身就是产生权威的一种机制”。[1]

究竟食品行业协会之自治权何以产生,其权源何在?笔者认为食品行业协会在食品安全监督过程中,基于“会员的权利让渡”产生了“自愿与强制相统一”的强制性自治权,唯有此,才更符合食品安全社会监督的刚性需求。进而,食品行业协会通过协会章程明确表达并规范约束会员之规制权、监管权、奖惩权、内部治理权等,形成本体自治权。但是在现实生活中,由于权源理论存有分歧,相关研究并未深入开展,以致食品行业协会章程的对内强制性一直无法有效发挥,行业内部针对成员企业的监督、奖惩、规制等一直形同虚设,无法形成实质的强制约束,严重影响了监督的效力发挥,致使其监督力度严重不够。

(三)制度异化导致监督自主性缺乏

就制度安排及组织特性而言,食品行业协会是独立于政府与企业的第三方治理部门,无论是组织建制,还是人员配备,抑或资源配置,都享有高度的自主性,充分彰显其自治特点。

但是,我国食品行业协会的成立必须经过行业主管部门和民政部门的双重审核,并挂靠在一个主管部门。虽然广东开始试点从2012年7月1日起包括行业协会在内的社会组织登记不再需挂靠在主管部门,[2]降低进入门槛,简化登记程序,推进“政会分开”,但是全国其他大部分地方仍坚持传统做法,这就使得行业协会与政府的边界相当模糊,行业协会的“官办性”“政府性”“行政化”色彩极为浓厚,如人事安排上由政府官员任职或挂职,资源分配上依赖政府支持,职能履行上延续政府权力等,制度严重异化。而这种制度异化使得食品行业协会失去其应有的独立性与超然性,其监督的权威性、自主性与中立性也备受质疑。

二、继受权模糊不清导致社会组织监督强制力先天缺陷

继受权是包括行业协会在内的所有社会组织拥有监督权的前提与基础。以食品行业协会为例,唯有对其继受权进行明确界定,无论此继受权是来自法律法规的授权,还是来自于政府的委托与转让,方能使食品行业协会明晰自身定位,充分发挥其对于行业内食品供给者的监督强制力。反之亦然,如果食品行业协会继受权模糊不清,则必然导致其授权出现合

---

① 参见袁曙宏:《论社团罚》,载《法学研究》2003年第5期。

② 参见《广东社会组织登记不再需挂靠主管单位行业协会将引入竞争机制》,载《人民日报海外版》,http://haiwai.people.com.cn/GB/232573/16379227.html。

法性危机，使其对于食品供给者的监督强制力出现致命的先天缺陷。

（一）法律法规授权不清

如前所述，目前我国尚无专门针对食品行业协会的法律法规，对于其设立及发展的相关规定多见诸于《民法通则》《社会团体登记管理条例》以及一些规范性文件。在这些法规中，并没有对行业协会的地位进行明确规定与说明，对于其监督权力的授予模糊不清，且存在分散凌乱、层次不高、权威性不够等问题，各地之间的相关规定还在具体操作方面存在差异，尚未实现统一。对于这一问题，国家有关部门早已知晓，并通过政府规范性文件的方式加以表述，如国务院在 2007 年 5 月 13 日出台的《关于加快推进行业协会商会改革和发展的若干意见》就曾指出："正因为促进行业协会发展的法律体系尚不完备，组织架构不健全，以致其在发展过程中出现定位不准确、结构不科学、功能不明确等缺陷"①。

此外，千呼万唤始出来的《食品安全法》也未对食品行业协会的地位、作用等作出明确的、具有可操作性的规定，仅仅对行业协会参与宣传、教育等柔性路径略作表述，而"未能反映出现代社会共同治理的理念"②。尤其是《食品安全法》第 54 条明文规定，"禁止食品安全监管及检验相关部门、行业协会等社会组织通过各种方式向民众推荐食品"，使得行业协会在食品安全监督中的行业评比、荐优罚劣等重要手段也被限制。诚然，这一立法之本意是规范行业协会发展，避免其被大型企业及利益集团所"俘获"而通过虚假评比结果误导消费者。但是，在并未进一步明确食品行业协会参与监督的途径、方式、方法的背景下，却限制其原有方式，则不可避免地造成食品行业协会的进一步边缘化、虚空化，成为只负责宣传教育，而无强制效力的"摆设"组织。

（二）政府委托或转让权力的对象特定

如前所述，食品行业协会对食品供给者监督强制的继受权包括法律法规的直接授权，以及政府的委托或转让权力。政府可以通过政府规章、部门规章或地方政府规范性文件的形式对食品行业协会参与食品安全监督的权力予以明确，从而使食品行业协会获得监督的继受权。

在应然层面，政府委托或转让权力的对象是包括食品行业协会在内

---

① 新华社：《国办关于加快推进行业协会商会改革和发展的意见》，载人民网，http://politics.people.com.cn/GB/1026/5825218.html。

② 张松：《社会中介组织介入食品安全监管的思考》，http://www.cqia.cn/zlt/ltwx/5865.htm。

的所有社会组织,应该在通过对这些社会组织公平、公正的评估后,以提高监督效率、促进行业发展、促进经济增长、维护社会稳定为基本价值指向,选择合适的行业协会加以授权,也就是说在获得授权资格方面或获得授权几率方面,所有协会理应是平等的。但通过现实考量,实然与应然存在巨大落差。实践中食品行业的行业准入、标准制定、行业评选、行业统计等大多都是由政府直接指定特定的协会承担。这些被授权协会大多是与政府存在复杂利益纠葛的团体,与政府结成了利益同盟,属于听话的"红顶协会"。而其他独立性、中立性、自主性更强的行业协会公平得到授权的几率则相对较小,授权极不充分。

政府委托或转让权力的对象特定化,由特定几个政府属意的协会承担监督职能,由于受到诸多利益牵绊,无法很好地行使其独立的监督作用,从源头上破坏了行业协会——这一利益超然组织监督强制力的独立自主,也使其具有了先天缺陷。

三、软权力生成受限导致监督强制路径单一

"软权力"是由美国著名政治学家约瑟夫·奈提出的,它相对于权力而言,是指一种"影响别人选择的能力,如有吸引力的文化、意识形态和制度"①。奈所说的"软权力"具有三重内涵:一是文化吸引力,此处所谓之"文化"是拥有全球吸引力的文化,即"普世性文化(universalistic culture)"。二是政治价值观念(political values)或意识形态(ideology)的吸引力。三是选择政治议题及制定国际规则的能力。

本书借用"软权力"概念意指食品行业协会中除了自治权、继受权等"硬权力"之外,可以产生具有强制力的"软性同化式权力"②,它与"硬权力"存在明显差异(详见表3-12)。如行业协会作为主体进行的地理标志注册、食品质量标准制定、协会标识注册等行为,以及由此产生的标识使用权许可、监督等强制性权力。

---

① 互动百科,http://www.baike.com/wiki/%E8%BD%AF%E6%9D%83%E5%8A%9B。

② 赵福江、罗承炳、孙明:《食品安全法律保护热点问题研究》,中国检察出版社2012年版,第150页。

表 3-12 “软权力”与“硬权力”之比较一览表

	软权力	硬权力
行为类型坐标	吸纳 ← 吸引　设定议程	诱导胁迫 → 命令
最可能使用的资源	价值观　文化　政策	武力　交易　制裁　贿赂

食品行业协会在对食品安全进行监督时,可以审批会员使用地理标志产品标识的申请,由于这一标识可以为食品带来巨大的附加值,所以具有较大经济价值,也吸引着企业主动申请使用。在此背景下,作为标识发放的审批方,食品行业协会就具有了实质而有效的、针对会员企业的监督强制力。截至 2011 年 5 月,国家质检总局已对 1192 个产品实施了地理标志保护,其中六个为国外产品。[①] 地理标志保护审批、注册与监管,对于增强企业社会责任,加强食品安全保护,促进食品行业健康有序快速发展具有极其重要的作用。但是在现实中,整个食品行业存在着重产品品牌、轻地理标志的现象,食品行业协会还存在着一定的重审批、轻监督的现象,很多企业也还存在着重申请、轻应用的倾向,这些无疑都加大了食品行业协会的监督难度,影响其“软权力”的发挥。

而食品行业协会“软权力”生产受限且主动性不强,迫使协会放弃“软权力”这一很好的监督手段,无法实现“软权力”与“硬权力”的有机结合。在对会员企业的监督中,除了将问题企业剔除出协会,或对优秀企业进行评优嘉奖等传统手段外,别无他法,监督强制路径十分单一。

第五节　本章小结

本章选取云南省昆明市几大人流聚集区,通过问卷调查和深度访谈的方式,以治理参与主体这一视角切入,从政府、企业、消费者、社会组织(行业协会)四个维度探讨了我国现行食品安全管理模式运行不畅以致食品安全形势日渐严峻的原因,这些原因同时也是创新我国食品安全治理模式的阻碍因素。通过本章的实证研究,可以明晰创新模式之障碍所

① 参见中新社:《中国已对 1192 个产品实施地理标志保护》,载央视网,http://news.cntv.cn/20110618/100316.shtml。

在，为后面几章的研究作好铺垫，可以有选择性地借鉴国外先进治理经验，并有针对性地进行我国食品安全治理创新模式的主体、架构及运行机制设计。本章基本观点为：

第一，考察了政府多头混治与地方保护主义对现行治理模式的影响。主要体现为四个方面：一是现有规制激励不相容导致政府多头混治。我国现有的规制激励不相容主要体现在“政府监管机构”与“监管人员”两个层面。二是标准及检测技术滞后导致政府多头混治。具体而言，在食品安全标准体系方面，标准制定不协调以致规范性较差，标准建设尚不完善以致覆盖面不广，专业技术分析人员缺乏，安全标准水平低下且滞后；在检验检测体系方面，机构设置重叠且缺乏交流以致检测效率低下，检测体系不完善且地区发展不均衡，检测条件差且手段落后，影响检测效果；在食品安全认证认可体系方面，认证种类繁多以致统一性及规范性太差，认证的后期管理混乱以致影响认证的权威性与公信力，认证的辅助配套机构不完善，严重阻碍认证认可体系的健康发展。三是社会公共利益与地方利益冲突诱发地方保护主义。四是责任追究机制不健全加剧地方保护主义。目前，我国责任追究依据的法律位阶低导致问责的有效供给不足，责任追究机制的设计缺陷导致实际问责困难，责任追究惩罚机制不完善导致问责效果不佳。

第二，作为食品安全的第一责任人，企业对于现行治理模式同样具有很大影响。笔者主要从道德自律与制度他律两个向度来进行分析，具体而言包括三个层面，即：一是食品供应不足导致食品安全信用缺失对创新治理模式的影响；二是企业社会责任缺失对创新治理模式的影响，从主观认知、道德自律、外部监管三个维度来加以分析；三是食品安全生产保障机制缺失对创新治理模式的影响，通过实地调研与分析，研究了昆明农产品批发市场经销商对于食品安全保障机制的认知及应用情况，随后又通过数据库整理与文献梳理，研究了 HACCP 体系、可追溯体系、召回制度在我国的应用情况，并进一步探究这些制度缺失对创新治理模式的影响。

第三，对于消费者的研究，主要从“安全意识不强或过度反应对创新治理模式的影响”这一维度入手。首先，通过分析消费者对于食品安全的认知、消费者信息获取渠道两个方面，分析了信息供给对创新治理模式的具体影响。其次，通过实证调研分析了消费者购买习惯对创新治理模式的影响，发现在考虑价格等购买成本要素的情况下，食品安全保障机制往往并不能成为影响消费者购买选择的主要因素。最后，研究了消费者维权渠道对创新治理模式的影响。就我国现实来说，三条维权渠道都不通畅，严重影响消费者权益的维护，阻碍其积极参与食品安全治理：政府监管部门对于消费者的维权诉求缺乏回应性；消费者协会独立性缺乏导致维权效果不佳；行业协会发展不健全导致维权困难。

第四，探究了作为"第三方治理机构"的社会组织监督强制力缺失对现行治理模式的影响。为体现研究的针对性，本节主要选取"食品行业协会"这一社会组织加以研究。主要包括三方面研究内容：一是独立性与自治权缺失导致社会组织监督强制力虚化，通过研究发现食品行业协会组织结构松散导致监督广度有限，权源理论分歧导致监督力度不够，制度异化导致监督自主性缺乏。二是从法律授权与政府委托两个方面谈及了继受权模糊不清导致社会组织监督强制力先天缺陷。三是通过研究发现，食品行业协会软权力生成受限导致监督强制路径单一。

第四章　国内外食品安全治理模式的启示与借鉴

国外食品安全治理有着悠久的发展历史与政策实践，形成了较为完善的管理体制与制度模式。发达国家的食品安全治理模式以及我国业已进行的有益探索对于我国进一步在主体设计、架构设计、运行机制设计三个维度上创新食品安全治理模式，具有积极的借鉴意义。下文将选取食品安全治理取得突出成效、食品安全保障得到国际公认的美国、欧盟、日本作为研究范本，并结合我国食品安全治理的五种示范模式，探析其对于我国创新食品安全治理模式切实可行的有益借鉴。

第一节　美国网络治理模式对我国的启示

拥有世界上最安全食品的美国，通过长期的建设发展，突出生产经营者对产品质量及商业信誉的重视，完善了严密的食品安全监管体系。[①]总体而言，美国的食品安全治理无论是组织架构，还是机制设计，抑或规制技术，大多处于国际先进水平，值得我国学习借鉴。为提高研究的针对性与适用性，笔者主要选取“组织架构”这一维度进行探究，挖掘其“多维网络”架构对于我国的启示意义。

一、治理机构之间的多维网络

作为世界上食品最安全的国家，美国食品安全治理机构功不可没，从最初由州和地方政府担任主要负责机构，发展到目前联邦及州政府联合监管，并构建了联邦、州、地区相互独立且密切协作的、覆盖全国的、三级立体监管网络。网络结构最容易出现的弊端就是利益纠缠、争权诿责、互相扯皮，以致治理效率低下。要解决这一顽疾，就必须在明确责任分工的

① 参见美国卫生部:《加强食品供应安全》,载《国际商报》2005 年 10 月 15 日第 11—12 版。

前提下,实现各网络参与主体的充分协作,美国的食品安全治理网络就很好地体现了这一点。

在联邦层面,美国构建了由三个主要部门、四个协助政府部门、两个支持机构以及六个协调组织构成的治理网络。

三个主要部门分别是:美国农业部食品安全检验局,主要负责保障除野味肉以外的所有肉类及蛋类安全,并被授权监督执行联邦食用动物产品安全法规;美国卫生部的食品药品监督管理局,主要负责除肉类、家禽和部分蛋产品以外,所有州际贸易中的国产和进口食品安全,并负责畜产品中兽药残留最高限量的相关标准的制定,美国农业部食品安全检验局职责之外的食品掺假、存在安全隐患、标签夸大宣传等的监督;美国国家环境保护署,主要负责制定相关产品中杀虫剂残留限值,对生产杀虫剂实施准入许可,以及研究水和食物中的有毒化学物质。

四个协助政府部门包括:疾病预防控制中心,主要负责调查食源性疾病爆发及监测防控措施的有效性,并收集食源性疾病的相关数据;商务部的国家海事渔业局,主要负责通过海产品项目分级与自愿检验,保障海产品质量与安全;动植物健康检验局,主要负责监测动物疫情,确定病源,评估风险,减少动植物疫病的危害;美国农业部农业研究服务局、经济研究服务局及地方协作组织,主要负责开展食品安全的相关研究。

两个支持机构分别为:美国农产品推广服务局,主要负责畜禽以及蔬果的项目分级及检测,保障其质量与安全;美国国家卫生学院,主要职责范围是专注于食品安全研究。

六个协调组织包括:总统食品安全委员会,旨在协调各执行机构的活动;食品安全联合研究所,主要负责在联邦层面对各机构的食品安全研究计划及重点进行协调整合,密切公私部门、食品行业、学术界之间的联系;风险评估协会,由科学家组成,负责提高风险评估的科学性;食源性疾病爆发反应协调组织,负责促进联邦与地方之间的协作;食品安全和应用营养联合研究所,主要负责整合食品药品监督管理局及其他协作机构的信息,并开展研究;国家食品安全系统工程,主要负责强化中央与地方食品安全监管机构间的协作。①

在地方层面,美国一直在追求联邦与州的权限分配与协调,遵循"联

---

① 参见秦利:《基于制度安排的中国食品安全治理研究》,东北林业大学 2010 年博士学位论文,第 85—86 页。

邦权力列举,剩余权力保留”的原则,[①]合理界定各地方监管机构的权限。美国各州及地方卫生部门负责在地方层面上进行安全监督,总计三千多个州及地方部门负责这项工作。州与郡县主要负责监管辖区内的所有食品,并协同 FDA 及其他联邦监管机构监管海产品、鱼类、奶制品,及本地生产的其他食品。此外,还负责监管辖区内的食品生产以及销售机构,禁止不安全食品在其辖区范围内生产、销售。[②]

不难看出,美国在具体监管方式方面,实行的是一种与我国现行“分段监管”方式截然不同的“以品种管理为主”的监管方式,按照食品品种类别对其监管进行职能划分,并归属于不同的监管机构。在此背景下,各监管机构的具体分工及职责范围十分明确,在出现问题时也可以很快地按图索骥,找到对应的监管机构,追究责任、改善监管。另外,通过对联邦层面治理机构网络的分析不难发现,参与治理网络的机构类型及人员组成非常多样,几乎覆盖了食品安全的所有环节与领域,充分体现治理机构网络的多元性、多样性、多维性,这是值得我国学习借鉴的。

需要说明的是,本书无意推崇这种以品种管理为主的监管方式,亦无意将其与我国“分段监管”方式比较,更无意主张以“品种监管”替换“分段监管”,因为针对一些具有特殊属性的食品,如热狗、三明治等,对其监管同样涉及多个部门,可能会出现监管失位或监管重叠的现象。本书着意于借鉴美国这种“品种监管”所依附的治理网络架构,即使存在监管失位或重叠,也可以通过治理网络之间的协作与配合加以弥补。

二、治理全过程的多维网络

1906 年,美国国会通过了《纯净食品和药物法案》,标志着美国全面实施食品政府规制的序幕拉开。[③] 经过一百多年的发展演变,美国目前已经建立了“从农田到餐桌”全过程的治理网络。这一治理网络可以从两个向度来观察:一是以食品生产、销售链为主线,构建了从食品安全风险分析与预防,到食品安全信息公开,再到食品安全生产质量管理,最后到产品追溯与召回这样一个贯穿全过程的治理网络;二是贯穿全程网络

① 参见张锋:《借鉴与启示:对发达国家食品安全规制模式的考察》,载《天府新论》2012 年第 2 期。

② 同上。

③ 参见孟菲:《食品安全的利益相关者行为分析及其规制研究》,江南大学 2009 年博士学位论文,第 148 页。

中的每一个构成环节又可以从网络视角进行考察,每一个环节都不是一维单向的“组织原子”,而是纵横交错的网络结构。

(一) 预防与食品安全风险分析网络

在美国法律中,很少明文表述预防原则,然而,没有哪一个国家像美国这样在国内法中完全采用或接受预防原则的实质。[①] 1958 年,美国食品安全法律就规定了预防措施。[②] 预防和基于科学的风险分析方法是美国长期的、重要的、传统的食品安全政策及决策机制。[③] 美国经常采取灵活多样的形式,在食品安全监管中应用预防原则。1958 年,美国将德莱尼条款(The Delaney Clause)作为《美国联邦食品药品化妆品法》的修正案,规定“任何添加剂如果人或动物食用后诱发癌症,或者经食品添加剂安全评价试验后发现致癌就不能被认为其被人食用时是安全的”。任何添加剂,如没有合理的科学确定性,不能批准为食品添加剂。[④] 20 世纪 80 年代,为预防控制食源性疾病,美国在未进行风险评估的前提下,决定对即食食品(ready-to-eat foods)实行 E. coliO157:H7“零耐受”(zero-tolerance)管理。[⑤] 1989 年,美国禁止所有活牛、牛乳、牛肉及牛骨头膳食从英国出口到美国。美国的这项决定被欧洲视为“一个异乎寻常的预防措施的事例”[⑥]。2011 年,美国通过《美国食品药品监督管理局食品安全现代化法》(FDA Food Safety Modernization Act),赋予美国食品药品监督管理局(FDA)采取预防原则的权力。此前,FDA 只能在有可信证据证明食品受到污染时,才能采取扣留措施。[⑦]

除了在相关法律条文中多有体现,预防原则还突出体现在美国食品

---

① See David Vogel. The Politics of Risk Regulation in Europe and the United States, http://faculty. haas. berkeley. edu/Vogel/uk%20 oct. pdf.

② See Steven, M., Druker, J. D., U. S. Food Safety Law Mandates the Precautionary Principle, http://www. biointegrity. org/Advisory. html.

③ See A Description of the U. S. Food Safety System, March 3, 2000, http://www. fsis. usda. gov/oa/codex/system. htm.

④ See Additives in Meat and Poultry Products, http://www. fsis. usda. gov/factsheets/Additives-in-Meat-&-Poultry-Products/index. asp#top.

⑤ 参见杨明亮、刘进:《预防原则及其在食品安全监管中的应用》,载唐民皓:《食品药品安全与监管政策研究报告(2012)》,社会科学文献出版社 2012 年版,第 80—81 页。

⑥ Tony Van der haugen, EU View of Precautionary Principle in Food Safety, http://www. eu-eurunion. org/eu/2003-Speeches-and-Press-Conference.

⑦ See Regulation(EC) No. 178/2002 of the European Parliament and of the Council of 28 January 2002 laying down the general principle and requirements of food law. Establishing the European Food Safety Authority and Laying down Procedures in Matters of Food Safety. Official Journal of the European Communities, L 31,1. 2. 2002, pp. 1—24.

安全风险分析网络构建中。可以说,以科学为依据的风险分析是美国食品安全规制的基础,这一分析网络主要包括风险识别、风险评估、风险控制与风险沟通。

风险识别是食品安全风险分析网络的第一个环节,在美国主要是根据法律和经验完成这一环节,即利用数据说明潜在风险的不同显现水平与模式,弄清数据与风险特征的相关性,分析其影响范围、时间、目标人群以及程度。

风险评估是在风险识别基础上进行的第二个环节,联邦食品管理机构通过分析风险的发生概率以及受损程度,结合其他相关要素,对急性风险(如病原菌水平评估)的短期发作以及慢性风险(如化学成分累积风险评估)的长期发生带来的影响作出评估。联邦食品监管机构每年都要对食品中的化学残留进行抽样测定,将其作为制定食品安全标准的基础以及评估风险的重要指标。

食品安全风险分析网络的核心是风险控制。加强风险分析,强调预防为主是美国食品安全风险控制的指导思想。[①] 首先,通过建立食品与饲料成分控制系统以及食品上市前的审批制度,加强预防。其次,通过质量认证体系和标准等级制度严格管控市场中的农产品,而相关生产企业则要通过三项认证,即管理上的ISO9000认证,安全卫生上的HACCP认证,环保上的ISO14000认证,以此加强生产源头控制。再次,通过实施风险分析与关键点控制制度(HACCP),在操作规范(GMP)、卫生标准操作(SSOP)、卫生控制(SCP)等几方面加强规范化,实现综合有效的风险防控。最后,通过构建联邦、各州及地方、各行业、农场等在内的安全检测网络,实现“从农田到餐桌”的全程管控,形成严密的食品质量安全网络体系,强化食品安全监控措施,提高食品安全风险的应对能力。

食品安全风险分析网络的最后一个环节就是风险沟通,即风险信息的交流与传播。一方面,美国通过有效的信息发布与传播,如通过大众传媒告知全国民众,并分享至国际组织等,使消费者尽量多地掌握食品安全信息,消除信息不对称,减少不安全食品的危害。另一方面,通过风险信息的充分交流、沟通,实现与民众的互动,接受大众的可行建议,提高风险分析的明确性以及风险管理的有效性。

预防原则指导下的美国食品安全风险分析网络是一个运转协调、合

---

① 参见薛庆根、高红峰:《美国食品安全风险管理及其对中国的启示》,载《世界农业》2005年第12期。

作高效的治理网络,各环节之间密切配合,通力合作,共同为实现食品安全风险的准确分析与有效预防而努力。具体网络结构见图4-1:

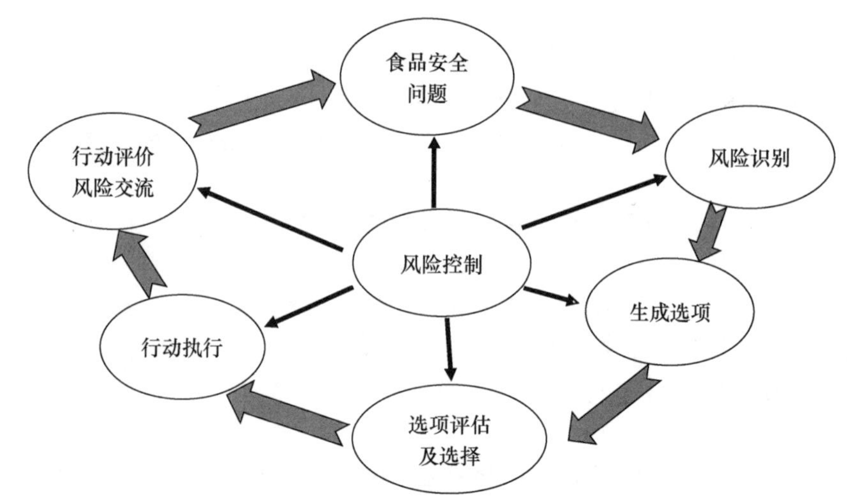

图4-1 美国食品安全风险分析网络结构图

(二)食品安全信息公开网络

作为美国食品安全全程治理网络重要环节的信息公开是食品安全管理透明化、公开化、科学化的重要保障,同时也是消除信息不对称、提高消费者信任、增进治理绩效的基础。在长期的发展过程中,美国的食品安全信息公开机制不断完善更新,逐渐形成了如今从联邦到地方、分工明确、全方位、多领域、广覆盖的信息公开网络。

根据美国相关法律法规,涉及食品安全的各部门、各机关、各地方政府均需披露各自管辖范围内的食品安全信息,以保证食品安全信息的公开性,保障消费者及企业对于食品安全信息获得的可及性。就信息获取渠道而言,形成了以官方网站公开为主要渠道,以报纸、广播、电视等大众传媒为辅助的信息公开网络。

通过研究发现,美国食品安全信息的披露网络构建具有以下几个特点,值得我国学习借鉴:

一是注重对食品安全投资,使信息公开具有充足的经费保障。进入21世纪后,美国空前重视食品安全问题,明显加大了投资力度,根据"总统食品安全行动计划",2000年,联邦政府为FDA增加拨款1.69亿元,用于扩大进口食品的检测范围,提高检测频率,以及对国家和企业的食品安全人员的培训;2002年和2003年,美国国会共批准拨款近两亿元给食品安全领域;2004 年,健康和人类服务部共申请了 1.163 亿元经费用于食品安全项目,比上一财政年度增加 2020 万元。

二是先进的监测设备与技术,使其具有超强的信息采集能力。美国拥有多层次、网络化的公共卫生实验体系,早在 1999 年,就建立了由疾病预防控制中心、公共卫生实验室协会以及陆军感染研究所合作建设的实验室应急网络(LRN),这是一个包括卫生、食品、农业等多学科在内的,由各级公共卫生部门、工业实验室、医学实验室、兽医药实验室以及大学科研院所等组成的多学科、跨部门、多层次的实验室网络,其目的是通过各实验室的协作,在突发公共卫生及重大传染病疫情时,能够准确及时地找到病源。此外,美国 FDA 所掌握的农药多残留检测方法可检测三百六十多种农药,获得国际公职分析化学家联合会的认证,处于国际领先水平。

三是信息采集多元化渠道保障美国食品安全信息的全面性、综合性、精确性与完整性。美国对于全球范围内对其他国家乃至世界总体食品安全状况的资料搜集十分重视,经常针对禽流感、疯牛病等一些全球范围的食品安全问题召开国际性学术研讨会,全面搜集各国食品安全治理的材料与经验。此外,美国还建立了国际监测网络,在过去的十多年间,美国一共通过这一网络监测了 15 起国际性微生物食源性疾病,为其进行食品安全治理研究以及国内食品信息公开奠定了坚实的信息基础。

四是美国非常注重信息反馈,以此保证信息的实效性与适用性。信息反馈是进一步广泛收集食品安全信息,准确掌握食品安全动态,增强民众主体意识,鼓励其积极参与,及时发现食品安全问题,促进食品安全监管公开化、高效化、有序化的需要。[①] 为更好地实现信息反馈,美国还通过在线提问、免费热线、调查与评估等方式及时了解消费者对于食品安全的反馈信息,并综合评价这些信息。

(三) 食品可追溯与召回网络

美国的食品可追溯机制与问题产品召回制度非常完善,在消费者与食品供给者之间构成了双向互动的质量保障网络(如图 4-2 所示)。美国强制要求企业必须在生产环节、包装加工环节、运输销售环节建立产品质量可追溯制度,这三个环节构成了一条可追溯的完整链条,无论哪一环节发现问题,均能快速而准确地向上一环节追溯,直到确定问题根源。如美国食品药品监督管理局(FDA)与美国农业部(USDA)于 1998 年 10 月 26

① 参见李红、何坪华、刘华楠:《美国政府食品安全信息披露机制与经验启示》,载《世界农业》2006 年第 4 期。

日联合发布的《关于降低新鲜水果与蔬菜微生物危害的企业指南》中，明确提出了有效溯源系统的建立要求，规定食品链所有相关人员均要提供信息，建立产品从采摘到销售所有环节的标识与档案，完善包括农场主、加工者、运输者、销售者等在内的追溯系统，以确认并降低微生物的危险性，保障食品安全。①

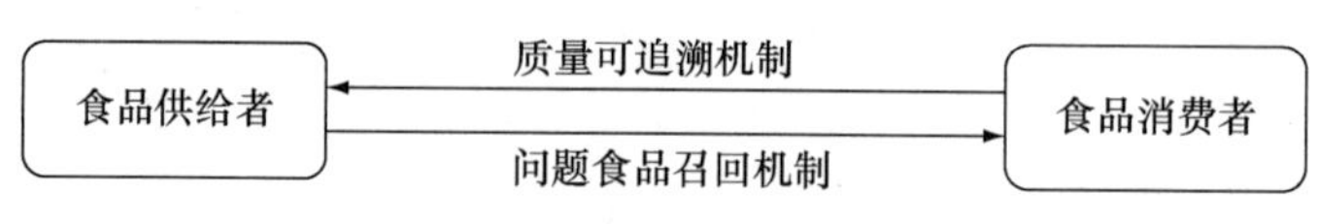

图 4-2　食品安全双向保障机制示意图

美国的缺陷食品召回网络非常发达与健全。第一，召回级别区隔清晰。FSIS 或 FDA 根据缺陷食品可能引起的对人的健康影响和损害的不同，将食品召回的级别分为三个等级：第一级（Ⅰ级）召回，这类食品将严重危害消费者身体健康，甚至引起死亡；第二级（Ⅱ级）召回，这类食品可能会对消费者的健康造成负面影响；第三级（Ⅲ级）召回，这类食品一般不会对消费者健康带来不利影响。食品召回范围及规模将由召回级别决定。②

第二，召回类型多样。美国的食品召回大致可分为六种类型，即消费者反馈召回、企业自愿召回、政府指令召回、政府要求召回、联合召回和跨国召回。③ 其中企业自愿召回占绝对比重，年均占比达 85.44%，政府召回较少但波动幅度较大；消费者反馈召回偶有发生，其他类型近三年来极少发生（详见表 4-1）。这种比例分配一方面充分反映出美国食品召回覆盖全面，另一方面也反映出美国企业的社会责任感强，无论是其道德自律，还是制度他律使然，都是值得我国学习借鉴的。

第三，召回监管机构网络设置科学合理。美国对缺陷食品召回的管理采取多部门体系，由 FSIS 和 FDA 负责，前者负责监督畜禽、蛋类的召回，后者负责前者管辖范围之外的食品。虽然总体上美国实行的是多部门监管模式，但就某一种单一食品而言，仍是单部门监管，即某种食品在整个食品链中由单一部门规制。美国食品召回监管机构详见图 4-3。④

---

① 参见刘芳、秦秀蓉：《浅谈中国食品安全的现状》，载《中国西部科技》2008 年第 7 期。

② 参见唐晓纯、张慧媛、刘晓鸥、夏亚涛：《国内外食品召回实施效果分析》，载唐民皓：《食品药品安全与监管政策研究报告（2012）》，社会科学文献出版社 2012 年版，第 86 页。

③ 参见唐晓纯、张吟、齐思媛等：《国内外食品召回数据分析与比较研究》，载《食品科学》2011 年第 17 期。

④ 参见张婷婷：《中国食品安全规制改革研究》，辽宁大学 2008 年博士学位论文，第 59 页。

表 4-1 美国 2008—2011 年食品召回类型一览表(起)

年度	消费者反馈	企业自愿召回	政府指令召回	政府要求召回	联合召回	跨国召回	小计
2008	8	89	2	59	0	1	159
2009	2	718	0	57	0	0	777
2010	2	226	0	45	1	0	274
2011	8	252	0	31	2	1	294

资料来源:唐晓纯、张慧媛、刘晓鸥、夏亚涛:《国内外食品召回实施效果分析》,载唐民皓:《食品药品安全与监管政策研究报告(2012)》,社会科学文献出版社 2012 年版,第 87 页。

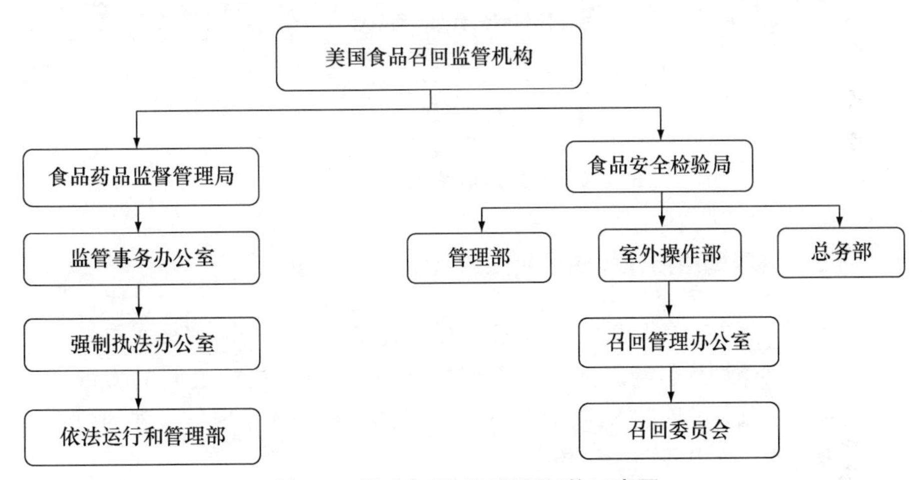

图 4-3 美国食品召回规制机构示意图

第四,缺陷食品召回程序十分完备。美国的缺陷食品召回机制立足于最大限度地保障消费者合法权益,保证从发现缺陷食品到消除危害整个过程中能够准确而快速地实现召回。具体而言,美国 FDA 食品召回程序主要包括五个环节:第一个环节是召回启动,至于启动原因则非常多样,既可能是食品供应者自愿启动召回,也可能是紧急情况下由政府(一般是 FDA)要求召回,还可能是政府指令召回等。第二个环节是召回分级与计划,主要由 CRU 负责,包括启动健康危害评估、召回分级、制订召回计划、更新 RES 系统关于召回分级的信息等。第三个环节是实施召回计划,又可分为通告和公开警告、任命食品召回协调员、妥善处理已召回食品三个阶段。第四个环节是监控和审核召回的有效性,通过人员访问、电话、邮件等方式联系和接触召回经销商,检验召回执行效果。第五个环

节是终止召回，按照规定，FDA 要在企业完成召回后的三个月内终止召回。美国 FDA 召回具体程序见图 4-4：①

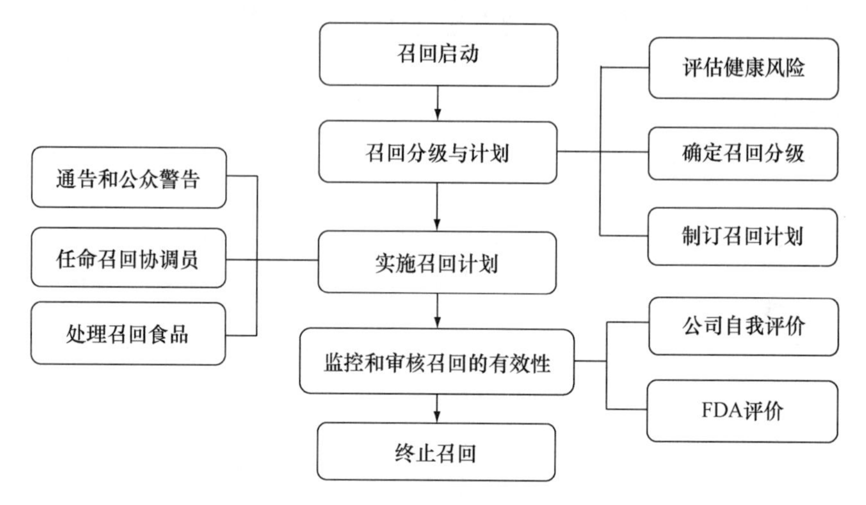

图 4-4　美国 FDA 召回程序示意图

三、美国网络治理模式对我国的启示

获誉“世界上食品最安全国家”的美国，其食品安全治理模式自然有其独到之处，尤其是网络式的治理架构，无论是治理机构之间的多维网络，还是治理全过程的多维网络，在实际操作过程中均体现出很强的科学性与优越性，值得我国学习借鉴。

首先，网络参与主体之间分工明确基础上的通力协作值得我国借鉴。与我国相似，美国食品安全的治理同样实行的是“多部门监管”，共有十几个部门被纳入治理网络架构，但是其治理绩效却足以令我国同行汗颜。同样是“多部门监管”，美国创造着“世界最安全”的美好图景，而我国却陷入“十几个大盖帽管不好一头猪”的尴尬境地。究其原因，关键还在于分工基础上的协作，多维网络的构建并非是多主体框架下的争功诿过，“有利大家争，有责大家推”，显然无法充分发挥网络治理之优势，反而会将其架构弊端即网络架构下难免会出现的职能部门重叠，无限放大。美国的各部门在总统食品安全委员会的协调下通力协作，为了“食品安全”这一公共目标而各司其职，取得很好的治理绩效。目前，我国也已成立国

① 参见张婷婷：《中国食品安全规制改革研究》，辽宁大学 2008 年博士学位论文，第 60 页。

家层面的食品安全委员会,但是如何充分发挥其在网络架构中的协调作用,还是一个需要我们进一步研究的课题。

其次,多元参与网络视域下的全程治理值得我们借鉴。综观美国的治理网络可以发现,其参与主体非常多元,除了起主要规制作用的三个政府部门外,还包括四个协助政府机构,尤其是还包括八个支持与协助组织,这些组织既有公共部门,还包括独立性很强的科研院所、专家团体,这些组织对于治理网络的参与,会极大稀释网络主体的同质性,丰富网络的构成,既可以监督政府机构的规制行为,又可以为更好地治理建言献策,提供技术方面的支持。反观我国,虽也有行业协会、专家委员会等团体参与食品安全治理,但是大多数团体的独立性、自主性、超然性明显缺失,往往被政府或企业"俘获",沦为其利益"附庸"。美国的网络治理很好地解决了这些问题,在多元参与的视域下,通过制度供给与政策设计,真正实现了"从农田到餐桌"的全程治理。

最后,在信息公开网络中非常注重信息反馈值得我们借鉴。如前所述,信息公开是美国全程治理网络中的重要组成部分,我国目前也在食品安全领域尝试信息公开,但效果不尽如人意,其原因非常复杂,但很关键的一点是我国信息公开呈现明显的单向一维性,即单纯由政府发布安全信息,而消费者则是被动接受。美国的信息公开则不同,其信息公开真正实现了网络化,即实现了由政府发布、协会发布,与消费者反馈双向多维互动,信息在公共部门与消费者之间真正实现了发散性流动,政府监管部门非常注重消费者对食品安全信息的反馈,对其进行细致分析,并加以回应。在信息充分交流的网络中,消费者也被纳入治理网络,既丰富了网络内涵,亦提高了治理绩效。反观我国,信息公开不及时、不充分尚且不说,单就公开的部分信息,也是难有回应,仅仅停留在"为公开而公开"的表象层面,尚未深入到通过信息反馈提高治理水平之高度。

总之,美国的网络治理模式无论是在网络参与主体之间多元互动方面,还是在通力协作视域下的全程治理,抑或基于信息反馈与回应之上的信息公开网络构建,都具有鲜明的优越性与先进性,值得我国在创新食品安全治理模式过程中加以批判性的借鉴。

第二节 日本多元参与模式对我国的启示

由具体国情决定,日本食品自给率很低,进口依赖性大,故而对食品安全问题十分敏感。近年来,日本虽也爆出了"船场吉兆""不二家""水银大米”等食品安全事件,但日本仍被公认为世界上食品最安全的国家之一。经过多年的发展完善,日本建立了一个非常严格而且完善的食品安全监管体系。这一体系中对于多元参与的制度安排与激励,尤其值得各国借鉴。

一、消费者对食品安全的参与——以日本“食品安全委员会”为例

面对屡次发生的食品安全事件,日本国民对政府原有的食品安全规制体制逐渐失去信心,在这一背景下,2003 年 5 月日本制定的《食品安全基本法》中明确规定了食品安全委员会的职责与功能,并决定其于 2003 年 7 月 1 日正式成立,主要负责独立进行食物的风险评估。[①]

这一委员会的成立对于日本消费者积极参与食品安全治理起到了很好的推动作用,主要表现在两个方面:一是消费者以专家身份积极参与。作为日本食品安全最高权威和决策机构,该委员会由七名委员组成,而且全部是来自民间的专家,由首相任命、国会批准。此外,为减少权力腐败,该委员会下设专门调查委员会,负责检查评审专项案件,这一专门委员会的 200 名专门委员同样全部是民间专家,每届任期三年。这些专家的独立性、自主性能够得到充分保障,超脱于政府及企业的利益纠葛,能够在行使其专业权力的同时充分代表消费者利益,实现对于食品安全的积极参与。二是消费者以食品安全监督员身份积极参与。为了切实把好食品安全关,日本食品安全委员会下设独立的食品安全监督员体系,全国共有四百七十多名经过必要专业培训的安全监督员,深入民众中间,了解消费者诉求与期许,及时发现食品安全隐患,并将搜集到的信息及时有效地反馈给食品安全委员会,通过委员会的评估传达给相关政府职能部门,有助其食品安全政策的科学性、民主性、合理性。

二、企业对食品安全的参与——以“FCP”为例

FCP 即“食品交流工程”,是一项由政府、食品企业、社会组织多元参与的大型工程,通过加强多元主体相互之间的交流来重塑民众对食品安全的信心。这一工程通过行业内外基于公共利益的信息沟通、协作,新建一批关于食品安全控制的行业规范,以推进食品领域全行业的更新换代,

---

① 参见张婷婷:《中国食品安全规制改革研究》,辽宁大学 2008 年博士学位论文,第 65 页。

实现企业对于食品安全的充分参与,提升食品行业的安全控制水平。[1]

FCP 的参与主体主要包括食品企业、政府部门、食品行业的第三方合作与服务机构、消费者团体。其中又以食品企业的参与为主导,几乎所有食品企业都能够通过这一工程实现参与。截至 2011 年 4 月,FCP 已拥有 928 个成员,其中,食品企业占据绝大多数(86.97%),共 807 家,而且不断有新的企业加入。

FCP 工程的重点就在于大型食品企业与其他各组织之间充分而有效的交流,主要可分为六大类交流,即大型食品企业与政府部门、与中小食品企业、与上下游相关主体、与消费者、与第三方合作及服务机构的交流,以及自身的内部交流。

第一种交流发生在大型食品企业与政府部门(主要是日本农林水产省)之间。首先,农林水产省为大型食品企业诠释 FCP 的理念,并邀请其参与进来。随后,在企业与其他组织交流的过程中,农林水产省主要扮演交流活动的组织者、协调者及重要信息的发布者,是以服务者的姿态出现,不干涉各环节的具体运作及交流内容,充分尊重企业的实际需要与诉求;而大型食品企业则只需将交流的阶段性成果向农林水产省汇报反馈。

第二种交流发生在大型食品企业与中小食品企业之间。如前所述,大型食品企业由于其自身具有的供应链优势以及行业典范能力而成为 FCP 的主导,正因为此,FCP 最初将中小企业排除在外,而只邀请大型企业参与,通过大型食品企业内部及相互交流形成一系列食品安全控制的行业标准,以供中小企业学习借鉴。这种标准唯有经过大型食品企业与中小企业之间不断进行的交流、学习、反馈,方能在行业内实现普及。所以,这一种交流方式实际上就是通过大型食品企业示范,由中小企业借鉴学习的过程。

第三种交流发生在大型食品企业与上下游相关主体之间。日本消费者的自我保护意识极强,尤其是对食品安全问题,一旦遭受侵害,将同时向生产、流通、销售企业问责,在此情况下,无论是食品生产企业,还是相关上下游主体都将承担连带责任。故而,食品企业上下游的批发、运输、销售企业都乐意积极参与生产企业安全规范的制定,同时,生产企业为使自己出产的合格产品在下游环节免受污染,也对相关主体提出了较高的要求。这些双向互动交流都有赖于 FCP,帮助其实现食品安全控制信息

① 参见刘畅、安玉发、〔日〕中岛康博:《日本食品行业 FCP 的运行机制与功能研究——基于对我国“三鹿”、“双汇”事件的反思》,载《公共管理学报》2011 年第 4 期。

在企业之间的自由流动,提高相互之间的监督效率与信息交流频率。

第四种交流发生在大型食品企业与消费者之间。日本食品行业协会实施 FCP 工程最主要的目的就是要重建消费者对食品安全的信心,所以,与消费者之间的交流日益受到重视与加强。在 FCP 中,企业可以通过多种多样的形式开展与消费者的交流,如召开会议直接与消费者对话,邀请消费者前往工厂车间实地考察,通过网络与消费者进行远程对话,利用电话采访以及问卷形式交流等,以获取消费者的建议反馈,并指派专人负责处理消费者的投诉意见,实现实质意义上的双向互动。

第五种交流发生在大型食品企业与第三方合作机构之间。FCP 主张大型食品企业要与行业以外的组织和机构密切合作,听取其观点和意见,利用其独特资源,加深与第三方服务机构的交流与互动。具体交流内容见表 4-2:①

表 4-2　大型食品企业与第三方合作服务机构交流内容一览表

交流主体		交流方式	阶段交流目的	最终目的
大型食品企业	大学、科研机构	技术引进	提高企业生产、管理技术和食品安全控制能力	企业通过一系列的交流提高食品安全控制水平
		职业培训、人员深造	提高企业员工的食品安全意识与职业素质	
		项目咨询	评估企业现有(新)项目的食品安全风险	
	金融机构	审计与财务能力评估	客观反映企业财务能力,扩大企业融资机会	
	信用评级机构	食品安全信用评估	帮助企业建立食品安全声誉	
	法律咨询机构	法律咨询	强化企业的食品安全危机预警意识	
	营销服务机构	品牌营销策划	培育优质产品品牌,推广企业食品安全理念	

第六种交流发生在大型食品企业内部。如前所述,大型食品企业因在生产经营规模、资源利用效率以及技术研发能力等方面拥有显著优势,成为中小企业的标杆,故而在 FCP 中占据主导地位。这些大型企业为进一步提高自身食品安全控制水平,通过一系列的内部交流,收集企业员工

① 参见刘畅、安玉发、〔日〕中岛康博:《日本食品行业 FCP 的运行机制与功能研究——基于对我国“三鹿”、“双汇”事件的反思》,载《公共管理学报》2011 年第 4 期。

的意见并及时予以反馈,适时对员工进行安全生产教育,改革企业管理制度,改善企业生产环境,以交流促发展。

通过六种交流方式的分析我们不难发现,日本 FCP 系统以其完善的组织架构(具体架构详见图 4-5),通过充分交流,为行业交流以及食品企业对于食品安全的参与搭建了平台,保障了安全信息传递的对称性,缩小了企业与消费者之间的信息鸿沟,一定程度上减少了信息不对称,恢复了包括消费者、企业等在内的整个社会的食品安全信心。此外,通过交流平台的搭建,大型食品企业与小型食品企业之间实现了充分互动,形成了“大企业示范,小企业参考”的良好交流格局,最终将极大地促进整个行业食品安全控制水平的提高。

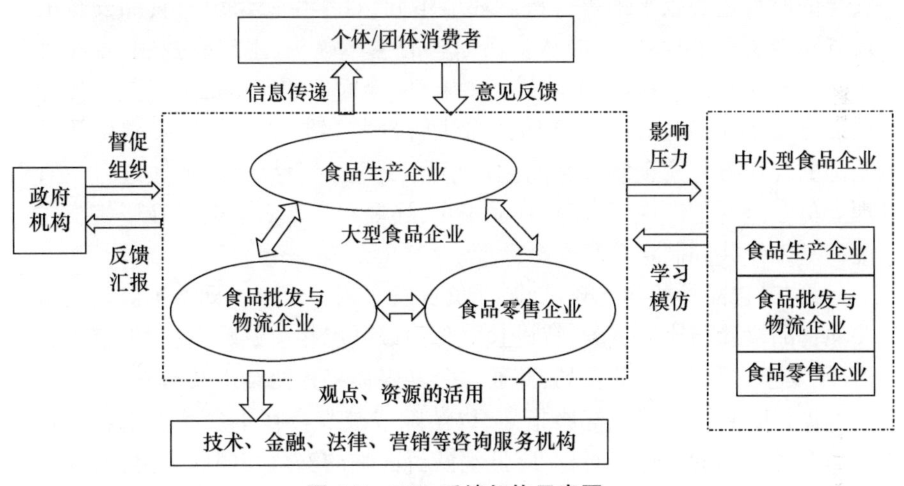

图 4-5　FCP 系统架构示意图

三、社会组织对食品安全的参与——以日本生协组织为例

“日本生协”即日本生活协同组合的简称。所谓“生活协同组合”,顾名思义,就是指通过协商一致,全力推动市民日常生活的改善。这一组织是由日本民众自发组织,且自愿加入,可被看作“由基于自发意志的成员而组成的,促进生活协同的法人”。① 普通日本市民不再是以纯粹消费者身份被动参与其中,而是作为一个积极生活、主动参与的“生活者”实现参与,充分体现日本社会成熟的公民意识。日本生协主要针对市民个体,

---

① 参见日本生活协同组合联合会:《生协指南》,日本生活协同组合联合会出版部 2009 年版,第 19 页。

依行业或社区构建。目前，日本的“生协”组织多达六百余家，会员总数达 2200 万人以上。[①] 而在这些会员组织中，1951 年 3 月 20 日由城镇居民集体集资入股组织起来的、全国性的民间合作经济组织——日本生活协同组合联合会会员人数最多。

由于其分布广泛，日本生协所经营的项目涉及日本市民生活的方方面面。在这繁复的项目中，最为核心的任务当属对普通民众食品安全的保障。具体而言，日本生协在保障食品安全方面主要有以下几项工作：

第一，严格把关食品供应链各个环节，通过对食品链的全程监管实现对食品安全的保障，这项工作主要由一些全国性的生协组织，如日本生协联、生活俱乐部等来完成。与我国消费者协会更注重事后补救，将对食品安全的监管重心置于销售或售后环节不同，日本生协组织对食品安全的监管覆盖了整个食品链，即从食品原料的生产源头、生产线控制、食品加工、流通及销售等所有环节均进行专业性、全面性的严格把关。具体操作层面方式多样，如生活俱乐部的“自主管理监察制度”，不仅要求生活俱乐部的合作各方完全掌握食品生产信息，还规定会员等必须通过自主管理委员会监督生产现场，保障食品安全，还要求生产者与会员在坚持自主性的基础上共同制定食品安全标准。

第二，食品检验与比较试验，并负责发布相关信息。日本生协联非常关注食品检验与比较试验，特设独立部门以开展相关试验，及时披露不合格、不安全、违规生产的食品，并通过公共媒体将检测结果及时发布，为消费者进行购买选择提供健康指南，以消除或减少存在于食品供给者与食品消费者之间的信息不对称，降低消费者面临的安全与健康风险，增强辨别能力及强化自我保护。同时，通过检验与信息发布，可以对食品供给者形成无形的制约监督作用，敦促其提高依法生产经营的道德自觉，改进生产经营技术，加大满足质量安全标准、符合消费者需求的食品的供给。

第三，积极开展针对会员的消费教育与消费指导。日本全国各地的生协经常定期或不定期地组织会员，开展与食品消费相关的经验交流会。有的地方甚至组建“生协消费者学校”，对消费者进行指导教育。此外，各生协还通过创办定期刊物，宣传消费知识。通过多种多样的形式与手段，日本生协组织对广大消费者进行了消费者权益保护法律法规、安全咨询、食品安全知识等多方面、多层次、多维度的指导，不仅提高了消费者食品安全的意识与能力，更培养了他们积极参与食品安全的意识与能力。

---

① 参见《生活俱乐部简介》，载生协俱乐部网站，http://www.seikatsuclub.coop/chinese。

由被动的维权者、自卫者转变为积极的参与者、行动者。

二战以后，尤其是上世纪50年代以来，西方国家的人们逐渐从“阶级阶层、性别地位、家庭背景”等工业社会的模式中摆脱出来，并且，“在晚期现代性中，通过对相关技能的获取及应用，个体化不断体现”①。面对现代性笼罩下的个体化，日本消费者通过生协组织重新集结，实现再组织化，搭建普通日本消费者与国家之间的沟通桥梁，如生活俱乐部的生活者网络。正如胡澎所言：生活俱乐部在政客和民众之间搭建了一座共商政事的桥梁，以广泛听取民众建议，和持不同意见的利益群体交流，共同探寻问题的解决之道。②

这一桥梁作用可以从两个维度加以考察：一是日本生协代表消费者直接参与某些特殊食品，如对转基因作物食品的监管，日本生协曾经通过调查转基因食品标识来督促相关部门完善标识制度。生活俱乐部还以观察员身份出席了食品法典委员会生物工程应用食品特别小组，参与商讨修订转基因食品的国际标准，并征集了六百余团体的联署签名，共同呼吁在转基因食品规制方面确立四大准则：保障可追踪性；所有标识义务化；安全性审查交由第三者；明确预防原则。③ 此外，日本生协还通过消费者的利益表达，敦促国会在标识领域推行志愿化，禁止食品和饲料以转基因稻米为原材料，敦促全国各地方政府将转基因稻米排除在学校所供应的伙食之外。与之相对应，日本政府关于食品安全立法的修改以及调整制度安排等，亦由日本生协组织的学习交流，传达至社会大众。二是日本生协围绕食品安全问题，不仅恢复了消费者的食品安全信心，还重塑了一种新的生活秩序。面对20世纪60年代“大量生产、大量浪费”的生活方式，生活俱乐部通过共同购买牛奶运动、质疑为商品价值而使用添加剂的食品等，抵制不合理的消费以及生活方式，倡导新的生活理念与方式，培育了消费者自主参与、积极维权的意识与能力。

通过以上对于日本生协参与食品安全治理的具体表现的聚焦，我们发现其之所以能够实现充分有效的实质参与，关键在于以日本生协为代表的社会组织在实现自我组织与自我保护的同时，在食品安全问题场域内，在国家、市场与社会之间保持了良性均衡关系。而这一良性均衡关系

---

① 〔德〕贝克：《风险社会》，何博闻译，译林出版社2004年版，第114页。

② 参见胡澎：《日本社会变革中的“生活者运动”》，载《日本学刊》2008年第4期。

③ 参见韩丹：《食品安全与市民社会——以日本生协组织为例》，吉林大学2011年博士学位论文，第62页。

又可以从三个向度来解析。

第一,社会的自我组织与自我保护。日本生协通过一个与普通市民息息相关的话题——“食品安全”将日本市民组织起来,建立自我治理的社会组织。在一个日益个体化的社会,人们之间的关系日渐疏远,“陌生人社会”特征逐渐明显,日本生协组织能够通过新生活秩序的塑造,将被动接受的消费者个体组织起来,以合作交流激发自主性的产生的确难能可贵。[①] 生协组织积极吸纳那些真正关注生活质量与生活方式,愿意积极参与社会政治生活的人,并通过组织活动,进一步提升这些人对于生活的关注度,激发其探索更新、更合理生活方式的热情。在一定意义上,我们能够以“社会的自我保护”来定位20世纪60年代以来日本生协开展的“生活者运动”。正是因为市民切实体会到自身无法面对市场威胁而导致权益受损,他们才以成立生协组织的方式抵制市场上不规范行为的威胁,继而随着市民主体意识的觉醒,又将社会运动从消费者运动扩展到生活者运动,从社会运动扩大到政治运动。伴随着对于市场和国家“共谋”的回应,日本社会开始组织起来,并实现自我保护。

第二,国家与社会充分合作。日本生协与政府之间存在着实实在在的合作关系。首先,日本生协一直在国家法律框架之内开展活动。日本各个生协组织经营和活动的基本准则与依据是1948年制定,2007年大幅修订的《生协法》。根据这一法律,国家在可控范围内肯定生协组织的自主性,为其营造独立发展空间,禁止各政府部门随意干预生协的正常经营,并对生协组织给予税收优惠。其次,生协组织主动承担国家与消费者之间沟通的桥梁作用。生协组织的自我治理不仅以组织化、规范化形式进行消费者群体的利益综合与表达,通过请愿等形式将其上达至国家决策层,而且还以国家政策传达者身份,将国家食品安全政策很好地贯彻到社会每一个角落,这在很大程度上减轻了国家与消费者个体之间的直接对抗,通过国家与社会的合作实现社会稳定。最后,日本生协通过社会运动或政治参与形式向政府施压,推动其或是以立法方式,或是以食品安全治理机构改革的方式,加强对市场的规范,实现食品安全治理制度化、法制化。

第三,市场与社会相互促进发展。日本生协组织兴起于日本市场经济蓬勃发展的20世纪六七十年代,一般认为正是由于市场无限扩张,其

---

① 参见韩丹:《食品安全与市民社会——以日本生协组织为例》,吉林大学2011年博士学位论文,第100页。

资源配置方式及运作机制潜移默化地影响着民众日常生活，而市场失灵在食品安全领域的体现最终又迫使市民加入各种生协组织，实现个体联合，通过对市场的侵蚀来规范市场行为，实现自我保护。随着社会的发展，我们更应该看到“社会力量的发展本身能够规范市场，有利于市场的良性竞争”①。以食品行业为例，市场上广泛存在的信息不对称很容易导致“格雷欣法则”即“劣币驱逐良币”，使正规合法企业受到连累，最终对整个行业造成致命打击。而生协组织开展的检验及信息发布制度，以及对消费者进行的食品安全教育，将有助于企业规范自身行为，也有利于消费者对食品优劣的分辨，从而有利于市场良性竞争的实现。此外，市场良性运行对于社会的发展也大有裨益。市场经济快速发展的背景下，日本生协组织，尤其是日本生活俱乐部和生协联凭借日本的经济实力，大力开展国际交流与合作。这类跨国合作交流使得日本生协组织的影响力大为提升，使其能够动员国际社会力量，更有效地监督制约市场和社会行为。在全球化的今天，面对日益复杂的跨国事务，政府往往力不从心，这就恰好为社会力量的发展留下了广阔的空间。

所以，面对日益严峻的食品安全形势，单靠政府介入或市场自治某一方面的力量，是无法从根本上解决的。一方面，作为一个日常而又专业的生活问题，食品安全问题并不能单纯依靠政府官僚体制解决。因为食品安全的检验和检测具有很强的专业性，这在某种程度上已超出政府官僚组织的业务范围。同时，食品安全问题与民众日常生活息息相关，在层级官僚体制下，政府往往会表现得“后知后觉”或“反应迟钝”，不利于问题的及时解决。另一方面，由于市场上普遍存在的信息不对称以及滞后性，往往使得市场在食品安全问题的处理上力不从心。

所以，通过考察日本生活协同组合组织对于食品安全治理的参与，我们可以发现以生协为代表的日本社会组织在保持自主性、独立性的同时，实现了对于食品安全的充分参与，在政府、市场、社会之间形成了有效均衡，正是如此，切实推进了日本食品安全治理绩效的提高。

四、日本多元参与模式对我国的启示

由于历史文化、地缘环境等方面存在诸多相似性，我国食品安全监管

---

① 韩丹:《食品安全与市民社会——以日本生协组织为例》，吉林大学 2011 年博士学位论文，第 103 页。

现行模式与日本食品安全治理的框架存在不少共通点。如两国的法律体系都经历了由食品卫生向食品安全的变革过渡;机构设置都实行多部门联合监管,属于“分散模式管理”[①];在食品安全技术标准方面,由于两国交往密切,我国许多标准均借鉴自日本,就连2010年新设置的国务院食品安全工作的最高议事协调机构——食品安全委员会也是仿照日本而设置的。但就食品安全治理的绩效而言,我们与日本之间却存在巨大差异。为什么大致相同的制度设计,却会带来不同的治理效果?反思这个问题,我们会发现日本的治理模式及其运行机制具有许多值得我们学习借鉴之处,这其中尤以其对于消费者、企业、社会组织多元参与的重视最值得借鉴。

(一)重视通过信息沟通激发消费者的参与及管理潜能

消费者满意是企业战略的重要构成要素。[②] 企业与消费者之间的信息交流活动对于消费者食品安全意识以及对企业的满意度、忠诚度均有极大的正面作用。[③] 同时,民众食品安全利益的保障不可能完全依赖政府规制。[④] 而消费者认知企业社会责任行为的状况,也将对企业的市场价值[⑤]与社会声誉[⑥]产生影响。这也意味着消费者对企业食品安全行为拥有巨大的参与需求与监管潜能。通过对日本食品安全治理模式的研究,我们发现,日本通过《食品安全基本法》规定,以食品安全委员会为依托,多层次、多角度、多方面地促进消费者参与,另外,在FCP工程中,积极鼓励消费者与企业加强信息沟通,保障消费者对于食品安全信息的直接获取以及对安全监管的直接参与,充分实现消费者对食品安全治理的参与。反观我国,目前,消费者参与食品安全治理的渠道很不畅通,与农业生产环节、食品生产加工企业之间存在巨大的信息鸿沟,信息不对称的

---

① 张婷婷:《中国食品安全规制改革研究》,辽宁大学2008年博士学位论文,第74页。

② See Fornell, C., Mithas, S., Morgeson, F. V. (2006). Customer Satisfaction and Stock Price: High Returns. Low Risk. *Journal of Marketing*, Vol. 70, No. 1.

③ See Verbeke, W., Ward, R. W. (2006). Consumer Interest in Information Cues Denoting Quality, Traceability and Origin: An Application of Ordered Profit Models to Beef Labels. *Food Quality and Preference*, Vol. 1, No. 6.

④ See Wilcock, A., Pun, M., Khanona, J. (2004). Consumer Attitude. Knowledge and Behavior: A Review of Food Safety Issues. *Trends in Food Science & Technology*, Vol. 15, No. 2.

⑤ See Luo, X. M., Bhattacharya, C. B. (2006). Corporate Social Responsibility, Customer Satisfaction, and Market Value. *Journal of Marketing*, Vol. 70, No. 4.

⑥ See Sankar, S., Bhattacharya, C. B. (2001). Does Doing Good Always Lead To Doing Better? Consumer Reactions to Corporate Social Responsibility. *Journal of Marketing Research*, Vol. 38, No. 2.

广泛存在严重阻碍了消费者监督作用的有效发挥。在促进消费者参与方面,我们还需要向日本学习。

（二）重视通过交流合作以形成食品安全控制利益主体主导机制提高企业的参与及管理能力

日本食品行业通过实施 FCP 工程形成了由生产、加工、运输企业等利益主体为主导的食品安全控制机制,政府通过其与食品企业的交流对其施加食品安全要求,迫使企业保障农民利益,这一制度安排在保障初级农产品生产环节农民利益的同时,实现了企业食品安全收益与监管成本的匹配。[①] 反观我国,利益分配不公现象在食品供应链各环节中比比皆是,甚至出现"利益分配倒挂"。以奶业产业链为例,奶源供应、加工、流通环节的投入成本分别为"7∶2∶1",但这三个环节的利润分配却呈现"1∶3.5∶5.5"的利益倒挂格局,[②]严重损害奶农的利益,在某种程度上迫使奶农不愿改善养殖环境或以添加有害物质以次充好,换取微薄利润。一般来说,作为获得利益分配最多的加工和流通环节,其收益必须与食品安全控制成本相匹配,包括将一定利润转化为激励农民的成本。[③] 这时,食品安全控制就需要利益主体来主导。日本的 FCP 通过大型食品企业与政府部门、中小食品企业、上下游相关主体、消费者、第三方合作及服务机构,以及自身内部这六种交流,不仅主导了食品安全控制机制,而且实现了企业对于食品安全治理的有效参与。

（三）重视通过政府、市场、社会之间有效均衡的形成提升社会组织的参与绩效

在食品安全领域,我国也存在诸多保障消费者权益的社会组织,但这些组织大多依附政府而成立。如公众熟知的"中国消费者协会",就是一个由政府一手操办起来,于 1984 年 12 月 26 日成立,接受国家商检局、国家工商总局、国家标准局业务指导的全国性组织,带有非常浓厚的"官方"色彩。[④] 自成立以来,中消协在维护消费者利益方面确实做出了巨大贡献。但由于其具有的"官办"这一先天缺陷,民众参与的积极性以及组织

---

① 参见刘畅、安玉发、〔日〕中岛康博:《日本食品行业 FCP 的运行机制与功能研究——基于对我国"三鹿"、"双汇"事件的反思》,载《公共管理学报》2011 年第 4 期。

② 参见张煜:《食品供应链质量安全管理模式研究——三鹿奶粉事件案例分析》,载《管理评论》2010 年第 10 期。

③ 参见刘畅、安玉发、〔日〕中岛康博:《日本食品行业 FCP 的运行机制与功能研究——基于对我国"三鹿"、"双汇"事件的反思》,载《公共管理学报》2011 年第 4 期。

④ 参见《中国消费者协会简介》,载中国消费者协会网站,http://www.cca.org.cn/web/zlk/newsShow.jsp?id=42084。

发展的自主性严重不足，使其“实际上不过是政府体制的特殊表现，在很多状况下，其功能无非是在更宽广领域内对资源的利用，更多地要依附于国家之上，自身无法建立起自主发展的空间”①。在有些极端情况下，协会甚至被企业等利益集团“俘获”，充当欺骗消费者的帮凶，严重散失其存在之合理性。如欧典地板“3·15”消费者协会认证的神话破灭就严重冲击着消费者协会的权威性与公信力。② 如何创新我国食品安全现行规制模式，提高社会组织的参与绩效，实现对政府规制的有效监督，真正发挥社会组织的特殊作用，在保持其自主性、独立性的同时，在政府、市场、社会之间形成良性的制衡关系，日本生协的发展经验值得我们学习借鉴。

第三节 欧盟协同治理模式对我国的启示

若将欧盟视为一个整体加以考察，综观27个成员国的实际情况，与我国一个省级行政单位在人口数量和国土面积方面大体相当。而且，欧盟各成员国由于经济社会发展水平参差不齐，以及历史文化存在一定差异，其食品安全治理在具体制度设计及政策安排上亦有不同，这与我国东中西部及城乡之间尚存巨大差异的现实非常相似。同时，欧盟与我国又有着“保障食品安全”这一共同目标，二者在创新食品安全治理模式的实现过程中面临着共同境遇。因此，作为世界上食品最安全，保障体系最为健全的政治实体之一，欧盟的一些成功经验与做法，尤其是如何在存在巨大差异的各成员国之间实现食品安全协同治理的经验，对于我国创新食品安全治理模式，改进食品安全治理绩效具有借鉴意义。

一、欧盟部门及各成员国协同机制

如前所述，协同治理是一种组织与连接社会结构的系统，它拒绝等级观念，要求成员平等参与，要求和倡导的是一种通过激励和说服产生作用的“温和的权利”；它不是一个完全协调一致的空间，而是“一个不同机制混合而成的整体”，中心议题是寻求统一性与多样性的调和。③ 欧盟各部

---

① 沈原：《“制度的形同质异”与社会团体的发展：市场、阶级与社会》，社会科学文献出版社2007年版，第301页。

② 参见新华网：《欧典事件冲击315信任度》，载《东方时空》，http://news.xinhuanet.com/video/2006-03/23/content_4334884.htm。

③ 参见杨志军：《多中心协同治理模式研究：基于三项内容的考察》，载《中共南京市委党校学报》2010年第3期。

门之间以及内部各成员之间在食品安全治理领域,在保留差异性的同时,为了“保障食品安全”这一共同目标进行职能整合,充分体现其协同性。

为应对疯牛病、口蹄疫等动物性疾病在欧盟各成员国蔓延的严峻形势,2002年初欧盟委员会正式成立了欧盟食品安全管理局(EFSA),以提高食品安全监管的协同力度,恢复消费者对欧洲食品的信心。欧盟食品安全局包括咨询论坛、管理委员会、科学委员会和专门科学小组。该机构的主要职责是“向欧盟委员会和欧洲议会等欧盟决策机构就食品安全风险提供独立、科学的评估和建议,负责向欧盟委员会提出一切与食品安全有关的科学意见,以及向民众提供食品安全方面的科学信息等”①。通过与消费者就食品安全问题开展直接的交流沟通,以及成员国相关合作网络的建设,该机构在欧盟内部大力推进协同治理。

除了在欧盟层面推进协同治理以外,各成员国内部也通过机构调整与政策设计实现对食品安全各利益相关者,如企业、行业协会、消费者协会等的协同治理。如德国的食品安全管理链就包括联邦消费者保护与食品安全局、联邦消费者与食品安全管理委员会、联邦研究中心、联邦风险评估研究所,以及地区相应的食品安全委员会、食品与兽医监测部门等,这些利益相关者通过合作、执行形成一个有机的协同系统。此外,德国的食品安全监管机构中有两个机构的运行充分体现了协同治理的理念,一个是负责对食品安全领域的风险进行管理的联邦消费者保护和食品安全局下属的协调与危机管理中心,它负责联邦食品农业与消费者保护部、德国环境自然保护与核安全部以及各州的食品安全工作之间的协调与合作,同时该机构还是欧盟食品和饲料快速预警系统的联络网点(如图4-6所示)。另一个就是开展独立风险评估的联邦风险评估所,这个机构除了对食品安全领域进行风险评估外,还负责尽快与政府机构、科学界、公众以及其他利益相关者进行最大限度的风险交流(如图4-7所示),实现参与主体的协同治理。②

丹麦食品安全协同治理的参与主体同样很多,家庭和消费者事务部与农业部之间,丹麦食品及兽医研究所(DFVF)、丹麦兽医与食品管理局(DVFA)、参考实验室、动物饲料工业农业信息中心之间,均通过一个协调委员会实现通力合作。这一协调委员会下设三个权威性小组:协调组,

---

① 《欧盟食品安全局》,载百度百科,http://baike.baidu.com/view/1255396.htm。

② 参见魏益民、赵多勇、郭波莉、魏帅:《联邦德国食品安全控制战略和管理原则》,载《中国食物与营养》,2011年第4期。

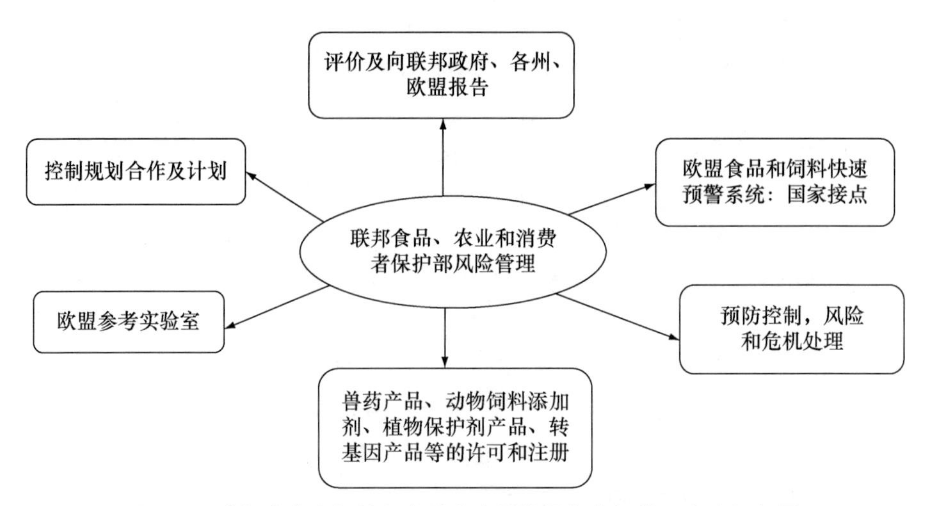

图 4-6　联邦消费者保护和食品安全局协调与危机管理中心运行图

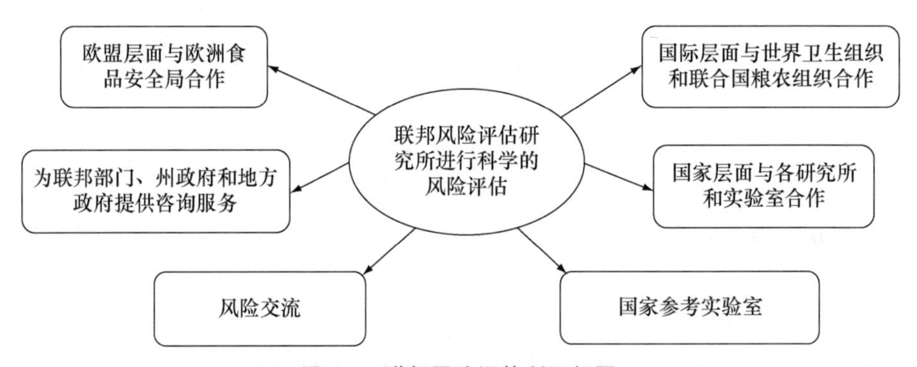

图 4-7　联邦风险评估所运行图

负责协调国家血液研究所、丹麦国家食品及兽医研究所、丹麦兽医与食品管理局、丹麦环境与资源机构、国际协调董事会等；生产者联系组，负责联系奶牛生产者组织、牛肉生产者组织、禽类生产者组织等；非政府联系组，负责联系零售者协会、消费者协会、人力资源组织等。[①] 在具体协同方式方面，该协调委员会经常召开周会、月会、季会等，加强各利益相关者的交流与合作。

① 参见潘家荣等：《欧盟食品安全管理体系的特点》，载《中国食物与营养》2006 年第 3 期。

二、欧盟食品安全全过程协同监管

与大多数发达国家一样,欧盟对食品安全同样实行了全程“农田→餐桌”的高效管控。欧盟《食品安全白皮书》明确要求强化“农田→餐桌”的全程管控,完善监管机制。[①] 全过程监管包括生产、加工、包装、运输、储藏、销售等控制环节,涉及农药、化肥、饲料、包装材料、食品标签等控制对象。

在具体措施方面,欧盟关于食品追溯机制的协同治理经验很值得推荐。首先,欧盟及其主要成员国建立了统一的数据库,详细记载生产链中被监控对象的活动情况,监测食品生产加工、销售消费情况。其次,欧盟还建立了食品追溯机制,要求经销商详细记录原料来源及配料保存情况,要求养殖户详细记录牲畜的饲养过程。如欧盟规定牲畜饲养者必须记录包括饲料类别及来源、牲畜患病情况、兽药使用信息并妥善保存;屠宰加工厂收购活体牲畜时,养殖者必须提供上述信息的记录,屠宰后分割的肉块,也须有强制性标识,包括可追溯号、出生地、屠宰场批号、分割厂批号等内容,通过这些信息,可以追踪每块畜禽肉的来源。[②] 这一点尤其值得我们借鉴,目前我国虽也建立了形式上的可追溯系统,但是畜禽生长情况造假、屠宰记录造假情况大量存在,新闻报道的山东“速生鸡”喂药及饲养记录全程造假就是典型案例。[③] 最后,欧洲理事会和欧洲议会 2001 年 7 月 25 日通过的《关于对转基因生物及其制品实施跟踪和标识的议案》(COM2001-1821),建立了转基因生物的追溯系统,这使得通过生产和销售链追踪转基因生物成为可能。[④] 该系统要求生产、加工、运输、销售者必须经商业链传送其经手的转基因食品的详细信息,并保留至少五年,以此确保对转基因食品的可追溯性。为促进各成员国检查和控制方式的协同,欧盟委员会将在该议案实施之前对取样和测试方法提供技术指导。

在欧盟全过程监管体系中,无论是各环节之间,还是各监管机构之

---

① 参见《欧盟食品安全白皮书》,载徐景和:《食品安全综合监督探索研究》,中国医药科技出版社 2009 年版,第 390 页。

② Labelling, Presentation and Advertising of Food Stuffs. http://europa. eu. int/scadplus/leg/en/Ivb/12190. html.

③ 参见《山东查速生鸡喂违禁药事件部分企业编造用药记录》,载齐鲁网,http://caijing. iqilu. com/cjxw/2012/1219/1398650. shtml。

④ 参见刘俊华、金海水:《国外农产品质量快速溯源的现状和启示》,载《物流技术》2009 年第 11 期。

间,或者是各成员国之间,均在统一的共同目标指引下实行"开放协调",在参与主体多元、利益主体多元、规制主体多元架构下,通过制度安排、机制创新、政策设计全力推进食品安全治理的协同。

三、欧盟食品危害协同预警体系

欧盟针对食品危害建立了快速预警协同系统——欧盟食品、饲料快速预警系统(RASFF),该系统由欧盟委员会、欧盟食品安全管理局及各欧盟成员国构成,其主要功能是"针对成员国内部由于食品不符合安全要求或标识不准确等原因引起的风险和可能带来的问题,通过及时通报各成员国,使消费者避开风险的一种安全保障系统"[①]。一旦发现可能危害人体健康的食品与饲料,而该国又无力完全控制风险时,欧盟委员会将启动快速预警系统,并采取一系列紧急措施,如终止或限制问题食品销售等。[②] 这一系统的主要流程包括采集信息、风险评估、信息通报、信息反馈及再评估等(详见图4-8)。在面对食品危害时,该快速预警系统会及时启动针对食品安全事件的风险评估以及快速反应机制,及时向公众公开相关信息,以避免食品安全事故蔓延。

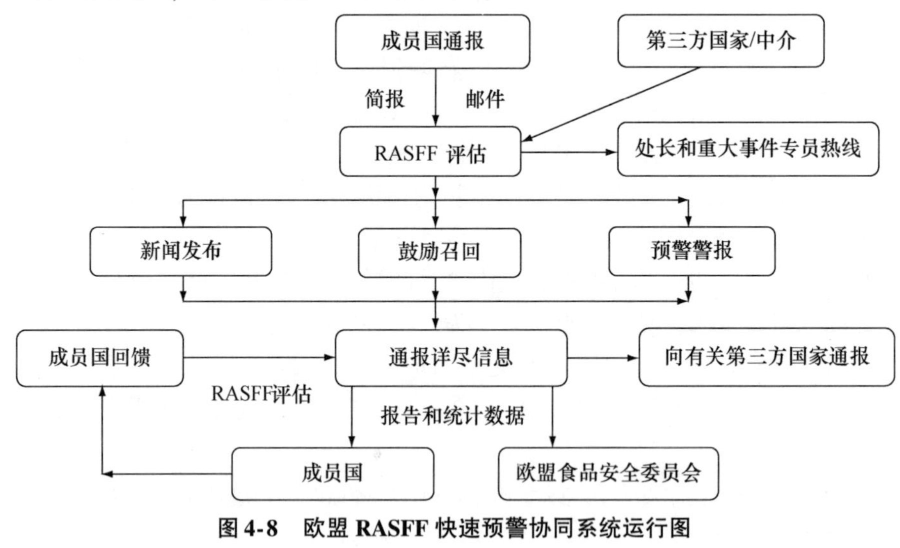

图4-8 欧盟 RASFF 快速预警协同系统运行图

① 焦志伦、陈志卷:《国内外食品安全政府监管体系比较研究》,载《华南农业大学学报》(社会科学版)2010年第4期。

② 参见刘为军:《中国食品安全控制研究》,西北农林科技大学2006年博士学位论文,第33页。

通过这个运行图可以发现，欧盟这一快速预警系统包括成员国、欧盟委员会，以及相关第三方，参与主体多元且运行机制复杂，但食品安全风险预警及治理效果甚佳。取得如此好的治理绩效，除了组织设计、机制创新以及政策安排科学以外，各参与主体之间协同配合也是至关重要的，试想在这样一个繁复的组织体系中，如果各主体之间推诿扯皮，那必将会是另外一番景象。

四、欧盟协同治理模式对我国的启示

作为一个拥有27个成员的区域一体化组织，面对各成员经济发展不均衡、社会发展不同步、政治发展不一致的客观现实，欧盟食品安全治理面临的困难可想而知，但正是在种种困难之下，欧盟的食品安全举世公认，其治理模式确有可供借鉴之处。尤其是在各成员之间政治经济社会发展不均衡现状下的治理运作，对于存在东西地区差异、城乡差异的我国而言，其借鉴意义更具针对性。不可否认，欧盟在食品安全治理领域有很多成功经验可供借鉴，但本书立足我国存在多种差异之现实，主要关注欧盟在多元多样主体之间实现协同治理的成功经验。

（一）组织机构之间协同的启示：构建多层次、多维度、网络化的组织体系

经过多年的探索，欧盟构建了多层次、多维度、网络化的组织体系，以应对各成员国在经济、社会发展方面的差异问题，推动食品安全治理绩效的切实提高。正如欧盟研究专家贝娅特·科勒—科赫（Beate Kohler-Koch）指出的，“欧盟早已不是多层级治理模式的‘三明治’体系，而是一种多层次、组织间网络状治理体系”[①]。欧盟层面的食品安全治理机构设有欧盟食品安全管理局，欧盟委员会也会有相应机构涉及，此外，欧盟在上述机构及成员国政府中都设置了专门的区域协调机构，从而“在纵向上形成了超国家、国家、跨域、地方等多层级的区域协调体系，实现了各层级的权利平衡和利益表达机制的畅通”[②]。与此同时，欧盟横向方面的食品安全协调组织众多，如利益集团、政策联盟在整个区域食品安全协调政策的修订完善、执行反馈过程中发挥重要作用，日益彰显出政府机构、经济组织以及第三部门在食品安全治理领域的“合力”。

---

① 〔德〕贝娅特·科勒—科赫等：《欧洲一体化与欧盟治理》，顾俊礼等译，中国社会科学出版社2004年版，第129页。

② 陈瑞莲：《欧盟经验对珠三角区域一体化的启示》，载《学术研究》2009年第9期。

我国于2010年成立了国家食品安全委员会,作为我国食品安全高层次议事协调机构,由时任国务院副总理李克强担任主任,随后各地相继成立了由当地政府主要领导担任负责人的食品安全委员会。从组织建制与协调层次来看,我国已经设置了层级较高的组织,但现实中仍然存在着诸如推诿扯皮、协调不够的现象。相较于欧盟经验,本书认为主要有两方面原因:一方面,各相关机构职责不清,存在"有利大家抢,有责没人扛"的局面。另一方面,也可视为造成第一个原因的"元原因",即协调机构尚未切实发挥协同作用,形式意义大于实际意义。目前,我国从中央到地方都建立了食品安全委员会,但对其协调功能的发挥渠道、方式、手段尚无明确规定,以致出现食品安全问题后,作为协调者的食品安全委员会不知如何找到利益共同点并加以协调,而作为监管部门或食品企业等被协调者亦不知该如何寻求协调。

有鉴于此,在我国建立中央与地方食品安全委员会之间、食品安全委员会与各监管部门之间、食品安全委员会与食品企业之间、食品安全委员会与消费者之间的沟通协调机制,畅通协调者与被协调者之间的利益表达、利益综合渠道,在这些主体之间构建多层次、网络状的组织架构,就成为切实加强组织机构协同的当务之急。

(二) 食品链各环节之间的监管协同:构建基于公共利益的利益共同体

欧盟在食品链实现了全程治理,实现包括生产、加工、包装、运输、储藏、销售等控制环节在内,涉及化肥、农药、饲料、包装材料、运输工具、食品标签等控制对象的整体协同。各环节之间、各参与主体之间基于一个共同目标——保障公众食品安全,在公共利益的指引下,在各尽其责的前提下,在多层次、网络状的组织架构中,实现了对食品安全的协同治理。

我国现行食品安全规制模式是"以分段监管为主",各相关部门各负责监督一个环节:"农业部负责监管农产品生产环节,国家质检总局负责监管食品生产加工环节和进出口食品安全,国家工商行政管理总局负责监管食品流通环节,卫生部负责食品安全综合协调及食品安全重大事故的责任查处"[①]。而目前的"发证式监管"[②]又造成各环节之间的监管只

---

① 刘亚平:《中国食品监管体制:改革与挑战》,载《华中师范大学学报》(人文社会科学版)2009年第4期。

② 刘亚平:《中国式"监管国家"的问题与反思:以食品安全为例》,载《政治学研究》2011年第2期。

专注于各自领域内的食品安全,甚至只专注于各自部门利益,无视甚至漠视其他环节的质量安全,即使发现了其他部门的监管疏漏,大多也会因利益共同体——基于部门利益而非公共利益的利益共同体,而熟视无睹。

要切实实现食品链各环节之间的监管协同,欧盟的经验可以借鉴,即通过建立追溯机制以及问责机制构建基于公共利益的利益共同体。具体而言,通过食品追溯机制的建立,使食品链上各监管部门通过追溯信息连成一个整体;此外,通过问责机制,使各监管部门形成紧密的利益共同体,在"保障公众食品安全"这一公共利益导引下,以制度的供给与机制的创新,实现各环节的监管协同。

(三)食品安全治理工具的协同:构建多管齐下的工具体系

作为一个日渐成熟的市场经济共同体以及法治社会,欧盟"在区域一体化进程中选择并较好运用了法制、经济和行政多管齐下的区域协调政策工具"[①]。在食品安全治理领域,欧盟通过完备的法律工具、精细的经济工具、规范的行政工具实现了多管齐下的有效治理。

目前,我国的食品安全法律法规体系正在逐步建立完善,在现实治理过程中,法律手段虽有运用,但还远未达到其应该享有的地位。受我国行政文化传统以及行政生态的影响,我国目前在食品安全治理领域还是以行政干预或命令为主,且不规范规制的情况时有发生。更有甚者,行政命令与法规条文"打架"的情况也屡见不鲜,各治理工具之间连基本一致都无法实现,更遑论"协同"。

通过对于欧盟经验的分析,我们要进一步树立"依法治国"理念,在完善食品安全法律法规体系的基础上,充分发挥法制在治理过程中的基础以及保障作用;完善市场在食品安全中的调节作用,以资源分配和消费者"以脚投票"方式实现对食品生产企业的优胜劣汰;创新政府管理方式,由"强制命令式"规制向"参与合作式"管理转变。通过不断努力,形成以法律约束为基础,以市场调节为主要手段,以政府管理为补充的、相互协同配合的、多管齐下的食品安全治理工具体系。

---

① 陈瑞莲:《区域公共管理理论与实践研究》,中国社会科学出版社2008年版,第230页。

第四节　中国食品安全治理五种示范模式的经验总结

在我国现行“一元单向分段”监管模式下，各地结合具体实际，在实践中也探索并创新出许多别具特色的食品安全治理(监管)模式，本书通过文献检索、网络资料收集、实地调研等形式，剖析了江苏苏果超市、福建银祥猪肉、陕西洛川苹果、北京物流控制、山东寿光蔬菜五种示范模式，[①]期待通过对示范模式的分析，总结出有益于创新我国食品安全治理模式的成功经验并予以借鉴。

一、江苏苏果超市模式

江苏苏果超市模式主要关注以零售业为平台的食品安全关键技术综合应用，从销售环节出发，关注食品在生产加工、运输销售过程中可能出现的主要问题及技术需要，抓住生产、加工、销售等关键环节，对食品安全实施“餐桌→农田”的反向控制，并基于市场经济规律以及企业自主运营需求，全程建立“农田→餐桌”与“餐桌→农田”的食品安全监管体系，以市场需求以及食品安全特点为着眼点建立食品安全示范模式。[②] 这一模式结构图详见图4-9：

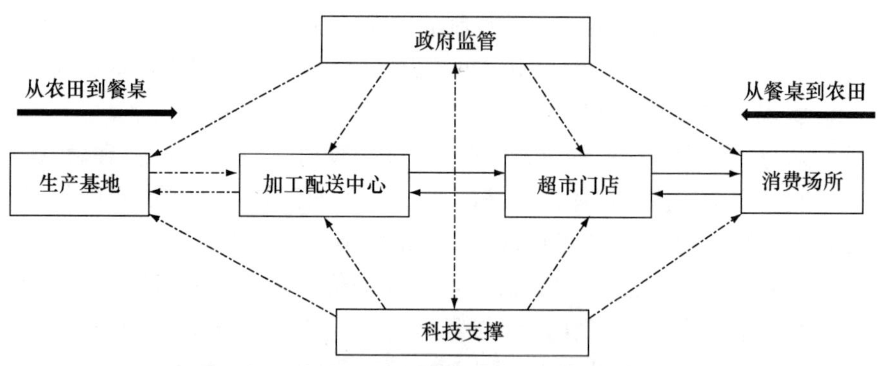

图4-9　江苏苏果超市食品安全监管模式示意图

在这一示范模式中，控制平台为苏果超市有限公司，控制策略采取农

① 五种示范模式的总结受刘为军博士的启发。参见刘为军：《中国食品安全控制研究》，西北农林科技大学2006年博士学位论文，第57—63页。

② 参见刘为军：《中国食品安全控制研究》，西北农林科技大学2006年博士学位论文，第58页。

田与餐桌之间正反双向全程质量安全控制，管控区域设定为南京及周边，管控客体包括米面、畜禽肉蛋、蔬果水产、油盐酱醋等，政府监管部门包括江苏省食品药品监督管理局、省卫生厅、省工商行政管理局等，科研辅助机构包括省农科院、省科技厅、南京农业大学等。

这一模式的典型特征是以“从农田到餐桌”为理论指导原则，但却以“反向控制”原则指导“从餐桌到农田”的监管实践。苏果超市有限公司严格控制食品的生产加工、运输配送、销售等环节。在销售环节，对所有食品实施严格的市场准入制度，严格规范从供货到检验等环节；在加工配送环节，大部分进入苏果超市的食品在此前都已在生鲜配送中心简单进行了必须的加工处理；在生产环节，苏果模式通过“超市＋科研机构＋基地＋农户”的方式实现对食品安全的控制。[①] 从运行机制上看，该示范模式行业适用性强，应用潜力大，符合企业食品安全控制的发展方向，可对我国创新食品安全治理模式之运行机制提供有益的借鉴。

二、福建银祥猪肉模式

福建银祥集团根据猪肉供应链中的关键因素，采取了“六统一”的生猪安全生产模式，即在所有协议猪场实施良种繁育、原饲料供应、卫生防疫、饲养标准、饲养管理、成猪回收这六大方面的统一，通过全程对原材料供给、生产加工、运输销售等环节的质量管控，建立 HACCP 质量安全管理体系，保障猪肉安全。

这一模式是典型的以龙头企业为主导的新型产供销一条龙模式，突出强调企业在生产、加工、销售全过程中的自律，以超强的企业自律与企业社会责任感催生出更为严格的企业内部规范，以严格的企业规范打造出令人放心的安全食品，企业对所有环节直接负全责，出现问题后，政府监管部门将更容易找到责任方，更容易找到问题根源，从而也就更容易解决问题。可以说，这是一种“政府监管企业，企业负责产品安全”的新型食品安全保障模式。该模式对于我国食品安全创新模式中如何处理政府与企业之关系，以及以“企业社会责任”促进食品安全保障的路径，具有很强的借鉴意义。但在我国目前初级农产品生产规模化、集约化程度不高，散户种殖养殖为主的现实下，如何具体推广还需要深入研究。该模式

① 参见刘为军、魏益民：《江苏省“苏果食品安全控制模式”考察报告》，载《中国科技论坛》2005 年第 5 期。

结构图详见图 4-10：

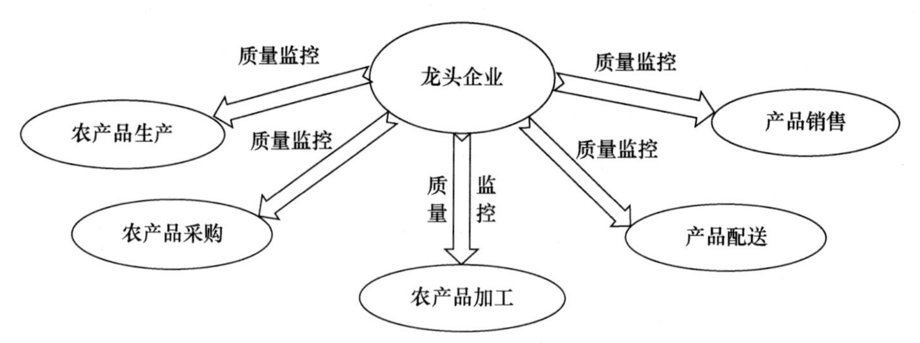

图 4-10　福建银祥食品安全监管模式示意图

三、陕西洛川苹果模式

这一模式主要实施“从果园到餐桌”的全程安全生产控制模式，在产业链中的环境监测、果品生产、采摘加工、储藏运输、市场销售等各环节中均运用先进技术，完善组织设置，配以优秀的技术人员，加强各方协作，对产业链中的核心问题及关键要素实施特定管控，尤为强调控制投入品使用，集中管理相关资料，对违规农资实行源头杜绝；此外，还印制《果园管理手册》，并规范登记，全程记录并管控生产投入品的使用以及生产链各环节情况，构建可追溯机制。① 这一模式对于可追溯机制的建立经验，以及行业协会的参与渠道建设值得本文借鉴。该模式具体结构图详见图 4-11：

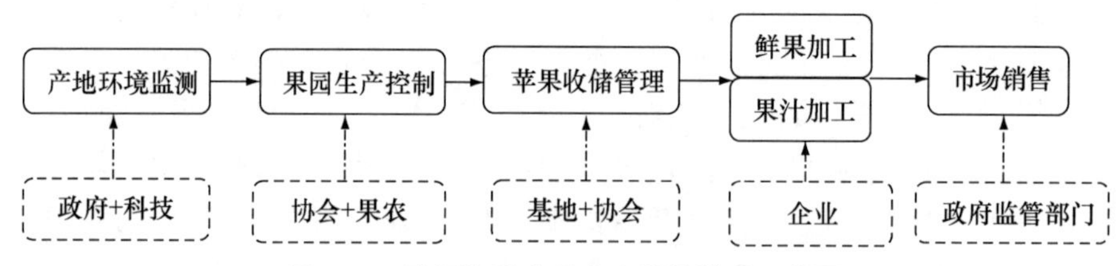

图 4-11　陕西洛川食品安全监管模式示意图

① 参见刘为军、魏益民、赵清华等：《陕西苹果产业链安全生产控制模式考察报告》，中国农业科学院农产品加工研究所，2005 年 8 月。

四、北京物流控制模式

北京农业生产的都市化特征明显。同时,作为全国的政治、文化中心以及人口密集城市,汇集了各地农产品,其市场引领效应明显。鉴于北京食品市场"以外地货源为主、流通渠道复杂、以批发市场为主要交易渠道、居民消费量大的特点"①,北京的食品安全监管模式将着力点放在了流通环节。一方面,将批发市场作为监管主体,通过"场地挂钩"与"场厂挂钩"②制度,以及严格的市场准入制度对于食品流通环节实施全程有效监控,并对食品经营者的市场行为进行有效管控,一旦违规将执行严厉的退出机制;另一方面,以生产加工及运输企业为载体,以相关认证的实施,推进"从农田到市场"的配套流通技术,保障农产品质量安全。该模式的结构图详见图 4-12:

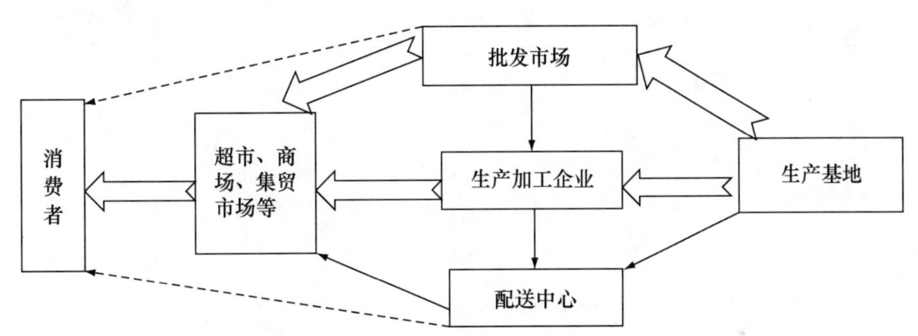

图 4-12　北京物流食品安全监管模式示意图

五、山东寿光蔬菜模式

这一模式是一种典型的社会规范模式,即坚持政府主导地位与市场取向,坚持行业组织的主体地位,连接生产者与市场,以自律和他律来保证蔬菜生产安全的监管模式。③ 实现了经济引导与政策促进的融合,以行业协会等社会组织为管控主体,以"两端监测、过程控制、质量认证、标识管理"贯穿生产过程,既在源头指导农民安全生产以规范管理,又在后

---

① 刘为军:《中国食品安全控制研究》,西北农林科技大学 2006 年博士学位论文,第 61 页。

② 《"十五"国家重大科技专项"食品安全关键技术"北京食品安全关键技术应用的综合示范项目验收总结报告》,科技部中国生物技术发展中心,2005 年 12 月。

③ 参见刘为军:《中国食品安全控制研究》,西北农林科技大学 2006 年博士学位论文,第 62 页。

端通过市场准入、产品标识、召回等制度实现监管。

山东寿光蔬菜模式最大的特点就在于重视行业协会及产业组织作用的发挥,既发挥协会对于企业和农户的规范作用,亦注重协会内部的自律机制建设。通过行业内部实行的物资供应、技术培训、制度规范、质量检测、注册商标五个方面的"统一",实现以技术为主线的生产全过程的产业化经营与社会化管理模式,[①]既有效克服了家庭经营的规模不经济,又实现了社会多元参与的治理。该模式的结构示意图详见图 4-13:

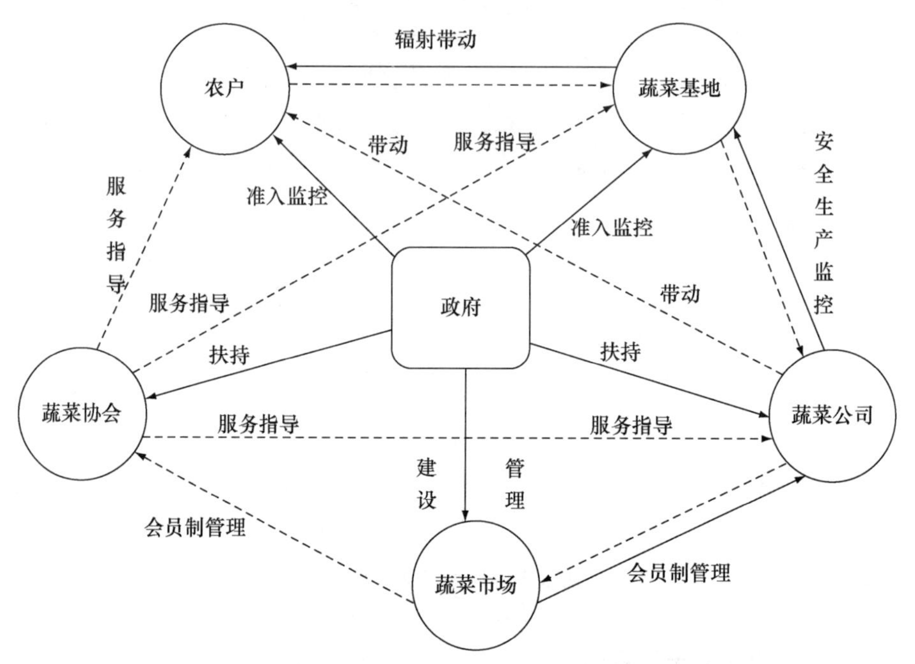

图 4-13　山东寿光食品安全监管模式示意图

第五节　本章小结

本章主要对美国、日本、欧盟等发达国家在食品安全治理方面的成功经验以及我国食品安全治理的五种示范模式进行了探讨,通过深入分析,以及与我国现实的对比性研究,总结出对于构建我国食品安全"多元协同"治理模式的重要借鉴与启示。需要说明的是,世界上许多国家在食品

① 参见《"十五"国家重大科技专项"食品安全关键技术"山东食品安全关键技术应用的综合示范项目验收总结报告》,科技部中国生物技术发展中心,2005 年 12 月。

安全治理方面均有很多成功经验值得我们学习借鉴,囿于研究精力及写作篇幅限制,本书仅选取这三个最具代表性的国家或组织来加以阐述。此外,这三个国家在食品安全治理领域内的成功经验亦不少,为提高研究的针对性,本书仅选取各国最具典型性的经验加以总结,即美国的网络化治理、日本的多元参与、欧盟的协同治理。笔者并不认为这三个特点是各国之独有,其他国家亦有表现,如美国和欧盟的参与主体也非常多元,日本和欧盟在食品安全治理方面也构建了网络体系,美国和日本的治理主体之间也实现了协同,只不过是因为这些特点在某一个国家中表现最突出,或其实现经验最值得我国学习借鉴。

具体而言,本章的基本观点为:

第一,本书选取了"组织架构"这一维度对美国经验进行探究,挖掘其"多维网络"架构对于我国的启示意义。通过考察美国治理机构之间、治理全过程的多维网络的构建经验,我们总结了值得学习借鉴的经验:一是网络参与主体之间在分工明确基础之上通力协作,为了"食品安全"这一公共目标而各司其职,取得很好的治理绩效。二是多元参与网络视域下的全程治理。如何在多元网络中保持参与主体的独立性、自主性、超然性,最终通过制度供给与政策设计,真正实现"从农田到餐桌"的全程治理是值得我们总结的。三是在信息公开网络中非常注重信息反馈。美国的信息公开真正实现了网络化,即实现了由政府发布、协会发布,与消费者反馈双向多维互动,信息在公共部门与消费者之间真正实现了发散性流动,政府监管部门非常注重消费者对食品安全信息的反馈,对其进行细致分析,并加以回应。在信息充分交流的网络中,消费者也被纳入治理网络,既丰富了网络内涵,亦提高了治理绩效。

第二,本书选取了"参与主体"这一纬度对日本经验进行研究,探索其"多元参与"对我国创新食品安全治理模式的借鉴意义。文章通过对日本"食品安全委员会"的考察,研究了日本消费者参与食品安全的路径;通过对"FCP 工程"的考察,研究了日本食品企业通过交流参与食品安全的六种方式;通过对日本生协组织的考察,总结了日本社会组织通过积极参与在政府、社会、企业之间实现稳定均衡的科学做法。在总结先进经验的基础上,本书进一步探究了日本多元参与治理模式对于我国的借鉴意义:一是要重视通过信息沟通激发消费者的参与及管理潜能;二是要重视通过交流合作以形成食品安全控制利益主体主导机制提高企业的参与及管理能力;三是要重视通过政府、市场、社会之间有效均衡的形成提升社会组织的参与绩效。

第三，本书选取了“运行机制”这一纬度对欧盟经验进行总结，研究其“协同治理”对我国创新食品安全治理模式的启示。首先，通过考察“欧盟层面各部门”以及“欧盟内部各成员”的组织机构设置及运行，研究了组织机构之间的协同机制构建。其次，通过对生产、加工、包装、运输、储藏、销售等控制环节，以及化肥、农药、饲料、包装材料、运输工具、食品标签等控制对象的考察，研究了在食品安全全过程中协同监管的实现路径。再次，选取了具体的一项监管措施——欧盟食品安全危害协同预警体系进行考察。最后，通过经验的分析，总结了欧盟对于我国的启示：一是在组织机构之间，要从纵向、横向两个维度构建协同机制，既要明晰各机构之职责，更要充分发挥协调机构之协同作用。二是要通过建立追溯机制以及问责机制构建基于“保障公众食品安全”这一公共利益的利益共同体，以制度供给与机制创新，实现食品链各环节的监管协同。三是构建多管齐下的工具体系，即进一步树立“依法治国”理念，在完善食品安全法律法规体系的基础上，充分发挥法制在治理过程中的基础以及保障作用；完善市场在食品安全中的调节作用，以资源分配和消费者“以脚投票”方式实现对食品生产企业的优胜劣汰；创新政府管理方式，由“强制命令式”规制向“参与合作式”管理转变。通过不断努力，形成以法律约束为基础，以市场调节为主要手段，以政府管理为补充的、相互协同配合的、多管齐下的食品安全治理工具体系。

第四，在对国外成功经验进行分析总结之后，本章还选取了江苏、福建、陕西、北京、山东等地的五个典型示范，从实践层面探究了我国在食品安全治理方面进行的有益探索，既总结了可供我国食品安全治理“多元协同”模式借鉴的经验，也分析了这些典型示范模式之不足，可为日后的进一步研究提供教训警示。

第五章　中国食品安全“多元协同”治理模式的主体设计:由体制内“多头混治”到架构内“多元共治”

我国现行食品安全管理模式在主体设计方面体现出非常明显的“政府一元性”,在政府几乎完全垄断监管权力的体制内实现由多个政府部门参与的“分段监管”,由于协调机制的缺乏,最终演变为“多头混治”局面。要创新我国食品安全治理模式,首先必须对参与主体进行全新设计,在明确政府、企业、公众、社会组织各自参与职责的网络架构内,实现多元主体之间的合作共治。

第一节　多元共治的必要性与可行性分析

现行管理模式下“多头混治”带来的规制效率低下、食品安全形势进一步恶化的现状与民众更高的食品安全需求之间的矛盾,在全面实现“中国梦”这一宏伟目标面前显得格外刺眼。现代社会的“复杂性”与“现代性”,呼唤包括公民在内的多元主体对于社会问题的积极参与,在这一背景下,以“多元共治”取代“多头混治”就具有了现实的必要性与可行性。

一、现行模式的体制内“多头混治”

如前所述,我国的食品安全规制模式脱胎于计划经济体制,是一种以行政命令为基础、以政府为规制唯一提供主体的单中心治理模式。[①]

更进一步说,这是一种囿于体制内的“多头混治”。所谓“体制内”,主要是指由政府单一规制所形成的、以公共权力为中心的、以行政命令与决定为主要形式的、具有鲜明政治性的体制结构。我国千百年来形成的高度中央集权的历史传统与计划经济体制的遗留惯性,将政府始终塑造

① 参见张红凤、陈小军:《我国食品安全问题的政府规制困境与治理模式重构》,载《理论学刊》2011 年第 7 期。

为国家经济社会事务中无可替代的绝对主角，食品安全领域概莫能外，政府职能部门一直扮演着单一主导的角色，完全垄断规制权力，忽视并排斥食品企业、消费者、社会组织等利益相关者的有效参与，使食品安全规制始终在政府自己圈定的权力范围内运转，无法超越体制的束缚。

所谓"多头混治"，可以从两个维度加以理解：一是"多头"，即参与食品安全规制的部门很多，"目前我国食品安全管理权限分属农业、商务、卫生、质检、工商、环保、法制、计划和财政等部门，形成了'多头管理，无人负责'的局面，严重影响了监督执法的权威性"①。2013 年全国两会通过的"大部制"改革方案，提出设立"食品药品监督管理总局"，虽然在一定程度上整合了分散在几个监管部门中的权力，但整合力度还远未达预期。从公布的方案可以看出，仅仅是将食品安全办、食品药品监督局、质检总局对生产环节的监管、工商总局对流通环节的监管权力加以整合，而对农业、卫生、商务等部门的食品安全监管权限却未涉及，仅仅只是减少了监管的"头"，却未实现"单一化"。我国实行食品安全"分段监管"的本意是细化监管职责，使食品生产、加工、运输、销售、消费等各个环节都能得到政策主体的充分管理与指导。但由于体制与机制的局限，在现实操作中，各部门由于权限界定不清，职责区分不明，以及利益纠葛，使得职能交叉与政出多门时有发生，直接导致部门之间的"混治"，这也是我们理解的第二个维度。而这种"多头混治"也带来了一系列问题：

首先，多头混治导致重复投资、重复监管、重复执法，造成资源浪费。如《食品安全法》明确规定由工商行政管理部门负责流通环节（包括农产品批发市场）的食品质量安全监管，但是作为流通领域的行业管理部门——商务部门，同样也承担着指导、督促流通企业（包括农产品批发市场）建立食品安全管理制度，规范经营行为，提高食品安全保障能力的职责。除此之外，农业、卫生、质检等部门也分别以食用农产品专项整治、卫生日常监管、认证市场监管等形式参与市场食品安全监管。这种"多头混治"的局面，极易造成监管真空或重复监管，还可能导致重复投资。如 2006 年商务部、农业部和质检总局分别对农产品批发市场开展了"双百

① 张云华、孔祥智：《食品供应链中质量安全问题的博弈分析》，载《中国软科学》2004 年第 1 期。

市场工程”[①]“升级拓展5520工程”[②]“百百万万工程”[③],通过对市场大量注资来升级改造其软硬件设施。而在不科学的评价体系下,资源分配极不平均,有些本来实力雄厚的市场同时得到几项政府资助,而那些实力较弱急需政府资金扶持的市场却根本无法得到投资,造成资源的严重浪费。

其次,多头混治导致的重复执法使得企业疲于应付,不利于行业发展。如上文所述,单就一个农产品批发市场而言,就有五六个职能部门同时履行监管职能,在目前“发证式”监管盛行的情况下,各食品企业大多会为保住自己的市场主体地位以及市场参与权,而格外重视职能部门的检查,甚至会为应付职能部门的监管,而忽视对自身生产环境、生产工艺、安全标准、生产规范等的遵守,从而导致企业内部资源更多地向“应付检查”这项“例行工作”倾斜,造成产品质量在资源短缺的情况下急剧下降,并阻碍企业生产规模的扩大、产品质量的提高,长此以往,将极不利于整个食品行业的健康有序发展。

最后,多头混治不仅容易造成重复建设等过度监管,同样会因为职责不清而造成监管不力,导致监管效率低下。众所周知,与普通民众食品消费密切相关的部门是工商、卫生、质监。工商部门主要负责对食品安全标准在流通领域的执行实施监管;卫生部门主要负责监管食品生产经营资格及食品生产、经营、消费场所等;质监部门则主要负责除餐饮业外的生产加工领域。而在实际操作中,工商部门主要检查营业执照及产品过期与变质与否;卫生部门主要检查食品经营场所的环境卫生,却基本不查验产品的卫生许可证;质监人员则基本不到现场检查。由此看来,一旦食品流入市场,各职能部门的监管就是走马观花、形同虚设,根本起不到监督管理作用,出现严重的“监管失位”,导致监管效率极为低下。

正是因为现行模式在主体设计方面实行的“体制内多头混治”带来了一系列问题,不利于我国食品安全形势的好转,所以,我们必须打破政府一家独大、垄断权力的体制,广泛吸纳包括企业、公众、社会组织在内的多元主体积极参与食品安全治理。

---

① 注:“双百市场工程”是指支持一百家大型农产品批发市场和一百家大型农产品流通企业,建立或改造配送中心、仓储、质量安全、检验检测、废弃物处理及冷链系统等。

② 注:“升级拓展5520工程”是指农业部在五年内通过多方筹资重点扶持建设500个农产品批发市场,推进设施改造升级和业务功能拓展20项工作。

③ 注:“百百万万工程”是指质检总局在“十一五”期间推广实施的产品质量电子监管网络,即将一百种重点产品纳入监管网,在一百个重点城市区域进行重点推广,在一万个商场设立信息查询终端,在每个省设立一万台方便消费者的信息查询终端。

二、"多元共治"的行动逻辑

食品安全事件由于其突发性、瞬时性、紧急性与不可预知性，加之政府公共政策系统的局限性，极易造成政策制定与执行的困难，使政府陷入"政策困境"，产生政策"无效"与应对食品安全危机迫切的政策"需求"之间的尖锐矛盾，在这种背景下，政府在常态管理中行之有效的公共政策和政治动员方式可能会"失灵"，再加之官僚体制下严格的层级体系使得政府行动迟缓、反应失灵。[①] 在这种情况下，政府已无法再大包大揽所有食品安全规制事宜，而需要更多地吸纳与鼓励民众与社会组织积极参与，共同构筑食品安全治理的多元阵营，这是时代和社会现实的客观需要。

本书认为"多元共治"具有其独特的行动逻辑，能够充分体现这一主体设计的优越性，而设计优越性通过具体行动的现实表现，正突显了在食品安全监管领域实施"多元共治"的必要性。

多元共治否认单一权力中心在公共治理架构内的存在，追求多元主体在充分参与的前提下，为实现公共利益最大化，平等地相互协作、达致共识，充分实现多元主体的利益表达、利益综合与利益协调。这一主体设计相较于"体制内多头混治"具有几大明显不同而更具优势的行动逻辑：

一是多元共治有助于促进多元利益主体之间的彼此认同。我国政治的进步、经济的发展、社会的转型，将必然带来社会阶层的固化以及利益分化，进而导致社会日渐异质化，[②]而各类差异又必然造成利益与文化价值观念的矛盾冲突，加之我国长期存在的"食品特供机制"使人们产生明显的不公平感及相对剥夺感，造成严重的心理落差，加剧社会的认同危机。要化解这种认同危机，必须通过改善政治资源的分配以协调利益关系，而承认利益主体多元化、体现参与广泛性与包容性、推动权力配置多元化的"多元共治"就是一种有效路径。在追求"食品安全"这一公共利益最大化的基础上，它允许不同参与主体就食品安全治理充分表达自己的意见，既倾听政府声音，也关注消费者建议，既考虑企业意见，也采纳社会组织提议。在公平、公正的基础上协商合作，有助于重建不同参与主体之间的信任与合作关系，引导各方认同其他主体利益存在的独立性、合理

---

① 参见张勤、钱洁：《促进社会组织参与公共危机治理的路径探析》，载《中国行政管理》2010年第6期。

② 参见李俊、蔡宇宏：《促进多元治理构建和谐社会——论统一战线在推进公共管理模式转变中的作用》，载《社会主义研究》2006年第2期。

性,在各尽其能的前提下,实现食品安全治理各参与主体之间的相互认同。

二是多元共治有助于提高公众对政府权威合法性的认同。政府权威获得合法性的主要途径是通过最广泛民众切身利益的实现,获得民众的共识以及政治认同感。阿尔蒙德就曾指出,政府对于公共利益的追求及实现程度,将决定其政治权威的合法性程度。[①] 而食品安全领域的公共利益是包括企业、消费者、行业协会以及政府在内的最广泛的利益集合,绝非某一特殊群体的利益,社会利益的差异性及多样性亟须建构一种主体多元化的共治架构来实现利益的多元诉求,也只有多元共治机构的科学构建,才能使最大多数民众参与治理,为其利益表达与诉求提供机会,最终在充分集合民意、汇集民智的基础上,提高食品安全政策的科学性、合理性、代表性、民主性,使其充分体现最大多数人的利益,从而增强民众对政府权威的合法性认同。

三是多元共治有助于激发全体社会成员的参与热情,在公民有序参与的基础上,最终形成食品安全治理的合力。食品安全关涉面极广,要实现有效治理是一项艰巨的系统工程,必须全力以赴,促进所有积极因素有效参与。而公民的有序参与,又是实现食品安全有效治理的重要前提,没有公民的参与,任何治理模式都难以为继,没有作为消费者的公民参与,任何治理成绩都难以延续。在当前主体意识日益显著化、利益张力日益普遍化、社会需求日益多样化、参与诉求日益强烈化的情况下,纯粹依靠政府行政命令与公共权威显然难以应付。具体到食品安全领域,必须转变体制内多头混治局面,充分发挥社会公共资源的作用,鼓励与扶持行业协会、社区组织、非政府组织等社会力量的发展,形成食品安全治理的合力,推动实现对于食品安全治理的多元参与。

三、"多元共治"的现实呼唤

即便再优越的政策设计与组织架构,都需要具备客观的现实条件,方能在实践中加以实现。所以,本书将通过对于推行"多元共治"这一主体设计的客观现实基础的分析,来彰显其可行性。

近年来,随着我国经济社会的快速转型,推动食品安全治理主体由

---

① 参见〔美〕加布里埃尔·A. 阿尔蒙德、〔美〕小 G. 宾厄姆·鲍威尔:《比较政治学:体系、过程和政策》,曹沛林译,东方出版社 2007 年版,第 232 页。

“体制内多头混治”向“架构内多元共治”转变的现实条件已经具备。

第一,市场经济的快速发展催生了多元利益主体,奠定了多元主体参与食品安全治理的社会基础。改革开放三十余年来,市场经济迅猛发展,我国社会结构急剧变化,多元社会主体格局取代了传统的单一社会管理主体。根据我国学者的研究,目前我国社会存在十大阶层,分别是社会管理阶层、经理人阶层、私营企业主阶层、专业技术人员阶层、办事人员阶层、个体工商户阶层、商业服务人员阶层、产业个人阶层、农业劳动者阶层、城市失业半失业人员阶层。社会阶层的分化直接导致社会需求的多样化与社会矛盾的复杂化,与此同时,属于第二部门与第三部门的各阶层争得了难得的发展空间,迅速发展壮大,形成各自的利益群体,如企业利益集团、消费者利益集团等,并具备了一定的利益表达、利益综合与利益实现能力,为实现多元参与奠定了坚实的社会基础。

第二,面对日益复杂的社会形势,政府规制能力遭遇瓶颈。计划经济时期,政府将权力触角延伸到食品安全的每个角落,通过发证审批、突击整治、运动执法、分段监管对食品安全实施规制,在利益同质性超高的传统体制下,这种规制尚能起到很好的作用。但随着改革开放的深入推进,社会利益构成日益多元化、食品安全形势日益复杂化,传统的政府指令式管理方法遭遇到空前挑战,“管理理念上重管理、轻服务,管控多;运行机制上通过行政命令多;在工作协同上,各部门各自为战,协同配合缺乏,被动防控性管理模式导致越管问题越多”①,在财政压力、机制落后、手段陈旧、人员缺乏、技术滞后等多重压力之下,政府已无法单独承担起繁重而复杂的食品安全治理责任。

第三,市场需求与行业发展需要,对企业参与提出了新要求。随着生活水平的提高和消费者健康意识的增强,无公害、绿色食品、有机食品等安全食品消费已成为一种时尚,从而产生了对于大量安全食品的市场需求。而在国际市场上,食品安全逐渐成为一种新的非关税贸易壁垒,成为发达国家进行贸易保护的一种全新手段。② 在此背景下,为获得在市场上的持续立足地位,企业在追求利润的同时不得不加强对于食品安全的关注,通过改进生产工艺、提高生产技术、规范生产流程、改善生产环境,不断提高食品质量。此外,自20世纪90年代以来,我国食品行业以年均

① 王义:《从管制到多元治理:社会管理模式的转换》,载《长白学刊》2012年第4期。

② 参见秦利:《基于制度安排的中国食品安全治理研究》,东北林业大学2010年博士学位论文,第130—131页。

10% 的速度增长，目前已经成为国民经济的重要支柱。[①] 为了食品行业的持续健康发展，也要求食品企业通过积极履行企业社会责任，占据更大的市场份额，推进行业的进一步发展。

第四，公民意识高涨与社会组织崛起，使政府拥有了可信赖的合作伙伴。公民是国家最基本的单位，公民意识的觉醒及其对于食品安全等公共生活的关注，既增加了公民与政府之间在食品安全领域的互动频率，更为公民积极参与食品安全治理铺设了前提。此外，社会组织的慢慢崛起，使社会自我管理、自我服务以及社会组织化具有了现实可能，公民可以通过这些社会组织实现对于食品安全的有效参与，弥补政府失灵和市场失灵对于食品安全治理的冲击，与政府一道结成紧密的合作伙伴网络，最终实现多元共治。

正是由于传统的主体设计造成了食品安全领域的"体制内多头混治"，导致我国食品安全形势每况愈下，才产生了创新主体设计的动力与诉求；正是"多元共治"具有鲜明的优越性，才使其成为创新食品安全治理模式主体设计的必要选择；也正是我国经济社会发展带来的阶层分化、利益分化、公民意识觉醒等新情况，才为我国食品安全治理模式的"多元共治"主体设计奠定了坚实基础，使其具有了切实可行性。

第二节　多元共治的要素分析

本书认为，多元共治既是一种体制，也是一种机制。作为体制，多元共治超越了行政监管部门分割体制的制度安排；作为机制，多元共治是相对于政府、市场以及自主治理机制而言的一种混合治理食品安全机制。多元共治是通过参与主体间的合作形成一个交流平台与权威性强制力，在此基础上，通过各主体之间的合力来确保和引导多层次利益主体共同参与合作的治理方式。多元共治的要义就在于通过协商合作形成一种超越单一政府规制的协同性和权威性力量，整合政府、市场、公众、社会组织等食品安全利益相关者，确保和引导多元利益主体的共同参与。

一、多元共治的组织维度

以我国食品安全形势的切实好转以及食品行业的可持续发展为合作

---

① 参见张云华：《食品安全保障机制》，中国水利水电出版社 2007 年版，第 2 页。

的导向,食品安全治理首先必须在不同参与主体之间构建一个信息共享、监管合作、目标一致、利益平衡、定期协商、机制灵活的共同平台。目前,我国的食品安全呈现突发性、涉及范围扩大性、危害严重性等突出特点,往往涉及几个省(行政区划),如“速生鸡事件”就涉及山东、上海等地,[①]“地沟油事件”就涉及河南、山东、内蒙古等地,[②]传统的“地方保护主义”背景下的单一地方政府监管逐渐失去效力。为降低交易成本,提高治理绩效,有效途径之一就是通过跨区管理,建立不同层次的区域合作组织,通过组织进行区域管理的运作,由此突破地方行政分割体制下的属地管理的制约。区域合作组织的区域管理方式存在的依据,就在于它提供了一种结构,使其成员的参与合作获得现有制度结构中不可能获得的额外收益,或者降低交易成本。[③] 这种组织获得食品安全有效治理的关键在于,组织本身在各利益主体之间占据了一个主导和主干地位。在可控制的范围内,参与合作的各方就有关事宜经由协商达成一致,并最终形成一个超行政区域的协调机构或机制。其中,地方政府之间合作形成的协同性和权威性强制力,对于合作契约的遵守和执行是必要的,这种格局有利于缓解不同地方政府在治理食品安全问题时的紧张关系,打破地方保护主义,易于达成彼此之间的集体行动。

在地方政府参与合作形成的协同性、权威性平台上,地方政府内部各部门之间形成合作与协同机制。在食品安全治理地方行政分割体制状态下,我国“以分段监管为主”的方式极易造成各部门之间的职能重叠、各自为政,实行“铁路警察,各管一段”,不利于食品安全的协同,造成监管过度或监管失位。多元共治就是要在政府内部各相关部门之间形成合作与协同机制,实现信息共享,统一决策,协调行动。

在这一协作平台上,食品企业的积极参与构成其重要内容。企业在常态下总是作为“经济人”出现,以追求利润最大化为目标诉求,对社会资本和道德风险考虑不足。在提供“食品安全”这一公共物品时,食品生产加工、储存运输、销售消费企业作为市场经济主体有责任、有义务消除自身的市场行为带来的外部性,以“保障食品安全”这一方式来履行企业社会责任。

---

① 参见张璐:《速生鸡事件追踪:山东查速生鸡喂违禁药肯德基配合检查》,载证券时报网,http://www.cs.com.cn/ssgs/hyzx/201212/t20121219_3786079_1.html。

② 参见《58家企业涉地沟油事件涉及食品制药等领域》,载《半岛都市报》,http://finance.sina.com.cn/chanjing/cyxw/20120907/094013074177.shtml。

③ 参见安树伟:《行政区边缘经济论》,中国经济出版社2004年版,第137页。

此外,公民参与对于这一协作平台而言,同样不可或缺。对于公民而言,参与是建立在其对共同协商价值和规则承诺的基础上的,也是由于公民对公共权力、地域政治团体的忠诚所采取的行动。在我国,公众参与决策和监督不足,仍是影响公众主动接受与贯彻管理政策、公众权益易受损的重要原因。[1] 提高食品安全治理的效率与质量,培育公民参与意识、培育各类社会组织,是创新食品安全治理模式必不可少的一个环节。公众参与治理有助于突破“体制内多头混治”下单一行政方式的禁锢,有助于化解“分段监管”下部门利益之争给食品安全治理带来损失的困境。

总体而言,通过上述对多元共治基本结构的分析,本书将其归纳为三个维度的内容:

第一个维度是多元共治的前提,即实现不同地方政府的利益。各地方政府的行动是为了实现该区域内包括企业、民众等在内各主体的利益,这也是多元共治机制中地方政府间协同性和权威性平台得以形成、存在和运行的基础。地方政府是食品安全的责任主体,“2009 年的食品安全法更是将地方政府负总责确立为一项基本原则”[2]。就食品安全治理而言,地方政府的利益实现一方面表现为地方政府在合理合法的尺度范围内治理食品安全,鼓励和保护消费者个人、团体或市场组织获得安全的食品;另一方面还表现为本区域的利益实现要受到其他地区利益实现的制约。在经过利益谈判和妥协过程后,才可能达成共同行动。

第二个维度是建立行政区职能部门之间以及当地监管部门与食品安全事件涉及的其他区域监管机构之间的联动合作。行政区内部各个职能部门之间的通力合作,有助于地方政府充分发挥其对于区域内食品安全治理的地区优势,减少部门之间的职能冲突。而当地监管部门与食品安全事件涉及的其他区域监管机构之间的合作,则从根本上打破食品安全治理行政区域与安全事件覆盖区域之间的分野,有利于打破地方保护主义,实现跨域治理,建立多元共治的行动机制。行政区内职能部门之间的分散管理局面得以控制,是跨域治理发挥实际效果的先决条件。

第三个维度是实现食品企业等市场主体、普通公众等社会主体积极参与食品安全治理,并与地方政府在治理领域协商合作。在这一主体设计结构中,企业、社会公众等主体不仅是政府力量的有益补充,而且也是

---

① 参见胡若隐:《从地方分治到参与共治:中国流域水污染治理研究》,北京大学出版社 2012 年版,第 230 页。

② 刘亚平:《走向监管国家——以食品安全为例》,中央编译出版社 2011 年版,第 49 页。

食品安全治理的参与主体,是食品安全治理的重要力量。作为治理的责任主体,政府应该对食品安全治理提供政策引导及制度激励;作为市场经济主体,企业有责任消除自身市场行为带来的负外部性;培育公众参与意识,鼓励公众实现积极有效的参与,是创新食品安全治理模式主体设计的重要内容。

这三个维度有针对性地化解“政府一元体制内多头混治”存在的结构性矛盾,可以解决一元体制下的地方政府之间、政府内部各监管部门之间以及政府、市场和公众之间的集体行动困境问题。多元共治有助于打破政府一家独大、自行其是,以致治理绩效低下的困境,有助于在协商合作的基础上,通过充分的利益表达与利益综合,实现对于食品安全的合作共治。

二、多元共治的动力来源

如前所述,多元共治是超越“政府一元体制”的制度安排,是通过形成并保持地方政府间合力,引导并鼓励社会多元利益主体共同参与合作的一种治理方式。而这种集体合作行动的实现,首先必须建立起一个能够促使各利益主体进行合作的平台。食品安全治理是在不同利益主体之间由多方参与解决利益冲突,其制度安排是一个利益协调与利益整合的过程,反映了社会利益关系的发展变化和调整。

因此,多元共治的动力来源是存在共同利益条件下的多主体力量的联合。解决具有强烈外部性的食品安全问题是多方参与的非零和博弈。各方只有在履行各自职责的基础上实现合作,才能实现食品安全保障与食品行业可持续发展的目标,才能为利益相关各方带来实际利益。共同利益——保障食品安全,是实现治理合作的利益驱动力。政府、企业、公众、社会组织在共同利益的驱使下,以多维支持系统的形成来寻求其合理利益诉求的实现;制度的有效性空间呈现出多维立体结构。多层次的政府部门、企业、公民与社会组织作为参与共治的主体,虽各自代表不同利益,但其作用对象以及能够产生的效益却成比例地扩大,因此,制度的有效性空间得到拓宽。多元共治超越了政府一元治理体制内的多头混治,使得多层次的利益主体能够参与到食品安全治理中来,由此不仅实现了不同利益主体的利益诉求,而且也实现了食品安全治理的共同利益,从而为食品安全治理提供了相应的激励。

在食品安全治理中,共同利益可以有不同层次和不同含义的内容表现。在不同利益关系中,既可以表现为相关规则的完善实施,也可以表现为互动主体的多元利益实现,还可以表现为基于减少损失目的的集体一致性等。按照公共资源治理理论,在食品安全治理过程中,共同利益对于小范围食品安全问题而言容易形成,但对于涉及面广、社会影响恶劣的食品安全事件而言,则会出现多层次的共同利益,这样使得所涉范围内不同利益共同体在采取集体行动时往往容易陷入困境。但是,如果有超越不同层次的特殊的组织架构、激励机制或有效的制度设计,涉及面广、影响恶劣的食品安全问题实际上也能够形成集体行动,以取得很好的治理绩效。关于这一组织架构,即网络架构,本书将在下一章详细论述。

三、多元共治的模型设计

通过对于多元共治的组织结构、动力来源的分析,本书尝试绘制多元共治的技术模型,并进行较为深入的技术分析。在设计模型之前,首先需明确建立模型的常量与变量。常量是在模型运行过程中保持不变的量,即无论进行何种解释,常量往往是隐式静态的,说明时可指定,也可不指定,如果改变常量,模型也须随之改变。而变量则相反,在模型中保持着随意性,不同变量的加入会导致模型的不同值或不同的变化方向,但不能影响到模型的成立。因此,变量常常需要指定,也需要将变量之间的关系予以明确。在多元共治模型中,常量是指参与主体的共同利益,即“保障食品安全”,变量是指不同的参与主体、信息等。具体模型如图 5-1 所示。

在这个多元共治模型图中,参与共治涉及多个主体、多方面不同性质的关系和多重不同性质的参与,其中最主要的包括:一是不同地方政府之间的关系协调,这是典型的地方政府之间的行政协调问题;二是地方政府内部食品安全监管部门之间的协同,是典型的行政部门之间的协同问题;三是地方不同层级政府之间的关系,属于行政运行中的上下级之间协同问题;四是社会公众参与公共治理,属于协商民主和民主治理问题;五是作为市场主体的食品企业参与共治,属于地方政府在协调过程中如何实现公共物品生产与供给分离的问题。所以,进一步分析会发现,多元共治的基本要点包括以下几个方面:

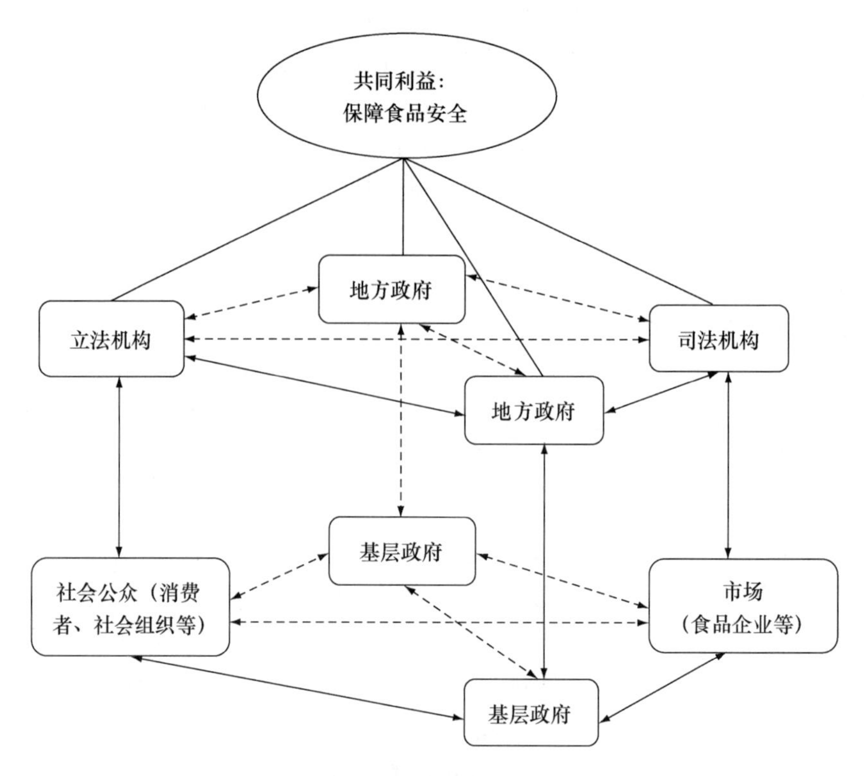

图 5-1　食品安全治理多元共治模型图

第一,地方政府之间的交流合作、协调沟通是多元共治模型的主导。既需要同级地方政府间交流机制的建立,也需要从中央到地方各级政府间交流沟通、协调合作平台的建立,以及多级联动机制的最终建立。在多元共治模式下,基层政府除了在本行政区划范围内和地方政府有层级联系外,还需要与另一个行政区划的基层政府、地方政府就食品安全危机应对及问题处理建立沟通协调的联系机制,需要通过本行政区划的地方政府牵头来建立与另一个行政区划的地方政府、基层政府的合作。沟通协调、信息交流、资源共享、联合行动的联动机制在各级政府间的确立,是多元共治的要义。

第二,不同层级政府之间存在明确的分工体系。多元共治需要多个层级政府的联动机制,更需要明确划分、各尽其责的分工体系。从政府组织本身来说,不同层级政府的工作人员是食品安全治理有效运作的支撑力量;作为一个建立在分工合作基础上的利益群体,他们的作用不仅要得到确认,更要将分工合作予以制度化,建立一个明确的分工合作体系。在分工体系中，基层政府要发挥掌握在场时空相关信息，熟悉当地环境及实际具体情况的优势，深入了解社会公众及团体的诉求，把握食品安全形势动态发展变化。

第三，基层政府要强化与当地食品企业、社会组织、公民大众的交流沟通、协商合作，完善监督协调机制。政府、企业、公民（消费者）实质上是食品安全治理的铁三角。任何一个环节的缺失都会导致多元共治模式的失灵。因此，协调不仅仅是自上而下的，也包括自下而上的。参与不完全局限在管理上，更应该是政府与社会的关系调整，是以协商民主作为基本形式的公民有序参与食品安全决策。在食品安全治理中，除了正式的协调机制以外，政府与社会公众、社会组织、市场主体等也可以发展非正式协调机制，以弥补正式组织之不足。

第四，地方立法与司法机关既要充分发挥公众代言人以及公共利益守护者职能，又要强化与地方政府的交流沟通与协调合作。立法机构的主要任务是“制定治理社会的法律，但这并不排斥它可以通过监督政府，审查其是否保护公共利益、是否廉洁、是否有效率等，对政府的工作会产生强有力的影响”①。在多元共治模型中，立法机构的重要角色是作为一种输入机制，实现社会大众对于食品安全问题的表达权，接受大众表达的意见和诉求并转达给政府。因此，在我国迫切需要全国人大或地方人大对《食品安全法》进行相应修订，本书认为尤其是两个方面：一是明确食品安全委员会的具体运作程序；二是加大对于食品安全事件责任方的处罚力度。司法机关要发挥其保障安全食品平等和公平获得的维护作用，保障社会各利益主体的法定权利，保障政府食品安全规制行动得到强有力的有效执行，以法律武器消除妨碍食品安全有效治理的障碍。

综上所述，在食品安全多元共治模型中，相对于多元共治主体设计的总体框架形成而言，地方政府发挥着主导作用；相对于同样作为主体参与力量的市场和社会公众而言，地方政府发挥着责任主体的作用；相对于地方政府而言，市场和社会公众的参与程度决定着多元共治主体设计的运行效率。

---

① 〔美〕迈克尔·罗斯金：《政治科学》，林震等译，中国人民大学出版社 2009 年版，第 212 页。

第三节　多元共治的实现路径：参与主体各归其位

通过前文的论述，我们已经明确了我国食品安全治理创新模式的主体设计需要进行根本转变，即由现行“政府一元体制内的多头混治”转变为包括政府、企业、社会公众（消费者、社会组织等）等在内的“多元共治”。这一全新的主体设计要成为现实，即上文中的多元共治模型要变为具体的制度安排，最关键的一点就是要实现参与主体各归其位，切实履行各自的职责，通过制度安排、机制创新、政策设计，实现其对于食品安全治理的参与。

一、政府：食品安全治理的主导者

由于资本的逐利性以及食品生产经营者道德素质参差不齐，食品安全领域的“市场失灵”始终是一种客观存在。[①] 在此背景下，作为公共权力的执掌者、公共资源的分配者、公共利益的维护者，政府必须承担起食品安全治理的主导者角色。

本书主张在食品安全治理创新模式的主体设计方面实现由“多头混治”向“多元共治”的转变，并非完全排斥政府在食品安全治理中作用的发挥，而是要对政府作用进行重新定位，改变过去政府对于食品安全大包大揽的做法，将其定位为“主导者”，即通过政策制定与供给，实现对于食品安全治理的参与。“主导者”这一定位体现了几大变化，一是政府由现行模式的高高在上，通过行政命令对食品企业、社会公众实施规制，转变为与企业、公众平等协商的参与主体；二是政府参与的方式由现行模式主要为行政指令、发证审批、运动执法等行政强制手段，转变为交流、沟通、协商、合作等柔性方式；三是政府权力运行方式由现行的自上而下线性方式，转变为自上而下、自下而上、由内及外、由外及内的网络状运行方式；四是政府角色扮演由现行的监管权力的垄断者，转变为服务者，着重发挥其在政策制定与公正裁决方面的优势。

具体而言，政府在食品安全治理主体设计中“主导者”地位的发挥，

---

① 参见陈季修、刘智勇：《我国食品安全的监管体制研究》，载《中国行政管理》2010年第8期。

主要是通过制度设计与政策供给来实现的。以食品产业链[1]为主线,政府主要通过以下几项制度设计实现对于食品安全治理的参与。

(一) 市场准入制度:由“发证式规制”转变为“服务式监管”

现行“政府一元监管体制”下,对于食品领域的市场准入大多以“发证式规制”为主,“这种有限准入式监管思路往往蜕变为对个别企业的保护,在以经济建设为中心的改革话语下,这些企业因为关涉地方、国家乃至民族的经济命脉,从而套上神圣的外衣,使其享有某种特权”[2]。而监管者的主要工作是“为市场参与者创造一个公平竞争的环境,公平地运用规则而不管那些特定的参与者是谁,从而促进市场竞争并消除市场失灵”[3]。现代监管是“基于规则的监管”,这种规则应当是面向所有市场参与者而不是某个特定的利益群体。

在多元共治体系内,政府以“发证”实现的一家独大式的强力规制已经失去了存在的制度空间,政府与企业已不再是传统的规制与被规制关系,而是食品安全治理领域平等的参与主体,二者之间的互动也已摆脱了“命令与接受命令”这一单向的桎梏,而是在充分协商合作基础上实现的多维互动。更确切地说,在“服务型政府”话语体系内,政府必须实现由“发证式规制”转变为“服务式监管”。

具体而言,在食品市场准入方面,一方面是“服务”,即为所有符合条件的企业服务。另一方面是“监管”,即在确定服务对象时要严格标准,也就是说要严格按照市场准入资格条件审查企业的生产环境、生产工艺、生产流程、规范程度、产品质量等要素,在进行市场准入资格审查时,实行“区别对待”:对于大型食品企业,要改变单纯考虑企业资产、生产能力等“量”的因素,将西方先进的生产标准规范,如 GMP、HACCP、ISO、产品可追溯体系等质量安全控制体系在企业中的应用情况考虑进去,将“质”与“量”结合起来考虑;而对小型企业或个体户,则主要是对生产环境、基本卫生条件以及原材料进货渠道等基本情况进行审核,以杜绝不安全食品的生产。总体而言,“监管”是手段,“服务”是宗旨,“安全”是目标。

---

① 注:“食品产业链”是指由农业的种(养)业、捕捞业、饲养业、食品加工、制造业,流通业,餐饮业和相关产业(如信息、机械、化工、包装、医药等)、部门(如进出口、监督、检测、教育、科研等)等所组成的农业生产—食品工业—流通体系。参见互动百科,http://www.baike.com/wiki/%E9%A3%9F%E5%93%81%E4%BA%A7%E4%B8%9A%E9%93%BE。

② 刘亚平:《走向监管国家——以食品安全为例》,中央编译出版社 2011 年版,第 181 页。

③ Pearson, Margaret, M. (2005). The Business of Governing Business in China: Institutions and Norms of the Emerging Regulatory State. *World Politics*. Vol. 57, No. 2, pp. 296—322.

（二）检验检疫制度：完善现有制度，推动社会参与

本书认为政府的食品检验检疫工作，可以从两个方面加以重构：一方面要继续完善检验检疫制度。如前所述，现行的检验检疫制度，主要存在着权限分散、标准不一、技术落后等问题，而检验检疫又是保障食品安全的重要一环。如何切实提高检验建议的实效，使其真正发挥食品安全过滤器的作用，是我们面对的一个现实问题。笔者认为，统一执法方能突显其权威性。所以，必须整合检验检疫机构，将与食品（农产品）检验检疫相关的部门、机构合并为一个独立机构，下辖于中国食品安全委员会，并实行社会化运作，即作为委员会下属的一个第三方机构，脱离行政体制的束缚，独立于政府机构之外保持其专业中立性，以专业检测提供的食品检验结果作为政府决策的依据，尤其要注意的是将国内食品与出口食品的检验检疫机构合并，实行内销食品与出口食品按统一标准检验，以国际高标准压力推进提高国内食品安全水平。此外，如果检验标准不一致，或者是标准落后，则会严重影响检验的效果，带来食品安全隐患。在我国，“食品的国家标准只有40%左右等同采用或等效采用了国际标准”[1]，其他大多低于国际标准。而乳品行业关于大肠杆菌的标准居然还是二十多年前的标准，“三鹿事件”爆发以后，标准终于进行了修订，却造就了史上最低的安全标准，不仅远低于国际标准，对于某些菌种含量的规定甚至低于修订前，明显与民众日益增强的安全需求相悖。所以，要规范检验检疫标准，清理我国食品安全标准，废除一些过时的、与现实严重不符的标准并对其重新修订。在修订时一定要参考国际先进标准，在民众生命安全面前，任何类似“国情决定标准低下论”都是站不住脚的。其中最重要的一点就是实现内销食品与出口食品统一标准检验，逐步扭转“出口食品比内销食品更安全”的困局，通过检验检疫保障内销食品质量，从而保障我国民众在食品安全领域的“基本国民待遇”。最后一点是要加快食品安全认证认可体系建设，通过协调认证认可部门机构，严格规范认证标准，并实行“认证认可年检制”，取消认证终身制，至于认证年检费用则可以由政府从食品安全监管预算中加以补助，在严格检验认证的同时做到不增加企业负担。

另一方面则要大力推动社会力量对于食品检验检疫的参与。正因为检验检疫的最终目标是实现食品安全这一公共产品的供给，事关所有社

---

① 廖雄军、余贞备：《积极推进食品安全监管机制与制度创新——广东省“食品安全与监督管理”研讨会综述》，载《中国行政管理》2006年第2期。

会成员，绝非政府一家之事。另外，目前，在政府一家独大垄断检验检疫权的情况下，检验效果不甚理想，“一头病死猪居然能连续躲过几个检验部门的监管而流入市场”之类的新闻并不少见。究竟该如何保障检验检疫的实际效果呢？笔者认为，可以从两个维度进行尝试：第一个维度是可以试行并逐步推进“检验检疫公益化”。这项工作首先可以在农产品批发市场试行，因为农产品批发市场的食品安全建设属于政府公益性基础设施，政府应该成为其食品安全检测监测的主要承担者。由于检测仪器动辄几百万元，使得目前作为检测负责者的市场大多因成本过高而减少甚至取消检测，更多的是实行抽检制，而在目前食品安全形势日益恶化的背景下，抽检显然为不安全食品进入市场埋下了隐患。在此情况下，政府应该主动承担起购置、维护市场检测仪器的责任，并承担一部分检测费用，以降低市场食品安全监管的执行成本，逐渐实现食品检验监测公益化。对于政府增加的这部分开支，可以通过两个渠道获得：一是政府财政转移支付，二是民间社会投资，并以第二个渠道为主，实现社会的积极参与。针对民间社会投资，可尝试设立“食品安全基金”，由社会公益组织实行基金化社会运作，其启动资金主要来自于两方面，一方面是政府监管部门对食品安全相关责任企业的罚款，另一方面则是通过宣传鼓励企业履行社会责任而得到的捐助以及民众的自发捐助。

第二个维度则是可以组建“消费者监督团”等民众组织积极参与食品检验检测。“消费者监督团”主要由志愿者代表组成，成员包括工人、学生、农民、专家、学者等，主要身份是普通消费者，主要职责是在政府相关部门的组织协调下，积极发挥其对于食品企业生产加工、政府检验检测的监督作用。监督团成员主要采取自愿报名的方式产生，且实行定期轮换制，每隔一段时间将对监督团成员名单进行更新。至于其定位问题，可以将其视为“政府智囊”组织，独立于任何组织，尤其是政府与食品企业之外而存在，对当地政府首长直接负责，其监督所得的信息可以政府内参的形式直接交由“首长办公会”，使决策者掌握第一手的食品安全信息，以促进食品安全政策的科学化、理性化、民主化。

（三）食品安全风险管理预警制度：动态性与系统性相结合

在食品安全监管中，作为一种客观存在，食品安全风险“将随监管工作的扩张而逐渐增加，无法规避或消除，所以，仅靠扩张监管资源根本无法破解全部难题，建构并完善食品风险管理预警制度，构成食品安全管理的重要基础”[①]。

食品安全风险管理预警系统主要包括食品风险专业数据库、风险点辨识、风险级别预警、风险信息公开、防范与保障措施等几大模块。食品风险专业数据库包括“地理方位、生产能力等属性信息”[②],生产加工、运输经销的组织信息,食品信息,食品安全管理信息,食品安全市场信息,食品科学领域专家咨询数据库等信息,而这些信息的获得则依赖于信息公开制度的建设,下文将作详细论述。风险点辨识决定着风险管理的绩效,将从生产、流通、销售以及监控四大环节,通过人工辨识与自动辨识发现民众日常生活中威胁食品安全生产、运输、消费等环节的风险要素。需要指出的是,人工辨识主要用于分散点监控,可以通过设立“消费者举报热线”加强辨识的及时性。风险级别预警则需要将食品风险级别分为四级:绿色说明不需采取例外措施,此风险在可接受范围之内;黄色说明需采取必要措施以降低中度风险的损害;橙色说明须即刻实施控制措施以应对高度风险;红色说明须马上实施强有力控制举措应对极其危险之风险。风险信息公开要做到及时、准确、公正、客观、畅通,分为日常公开、预警状态公开、事故处置公开。食品安全预防与保障措施则有加快推进市场准入制度、实施食品身份证制度、责任追究制度等。食品安全风险管理预警系统图详见图 5-2。

这一食品安全风险管理预警系统针对食品产业链各环节可能存在的食品安全风险,从风险点辨识到级别预警,再到信息公开,以及采取防范保障措施,切实实现了对整个食品产业链的动态分析、系统预警。需要说明的是,为保证风险管理预警的专业性、独立性,可将这一工作外包给专业社会组织,如 NGO、NPO、科研院所等。

在进行这一风险预警制度设计的同时,有一个现实问题必须面对,即如何保证风险信息的准确性与及时性。对食品安全风险感知最早最真切的无疑是消费者,要保证风险点识别的有效及时,必须充分发挥消费者在“人工识别”环节的重要作用。在现行制度下,由于激励机制缺失,即使发现了食品安全隐患,消费者大多也不愿浪费时间和精力去做“这些吃力不讨好”的事情,致使风险未能及时发现而错失预防之最佳时机。有鉴于此,笔者建议可以借鉴美国“凡举报必重奖”的做法,建立举报重奖制度,对于

---

① 王翠玲、李兴:《食品安全风险管理预警系统建设构想》,载《安徽农业科学》2010 年第 34 期。

② 赵林度:《食品安全与风险管理》,科学出版社 2009 年版,第 95—102 页。

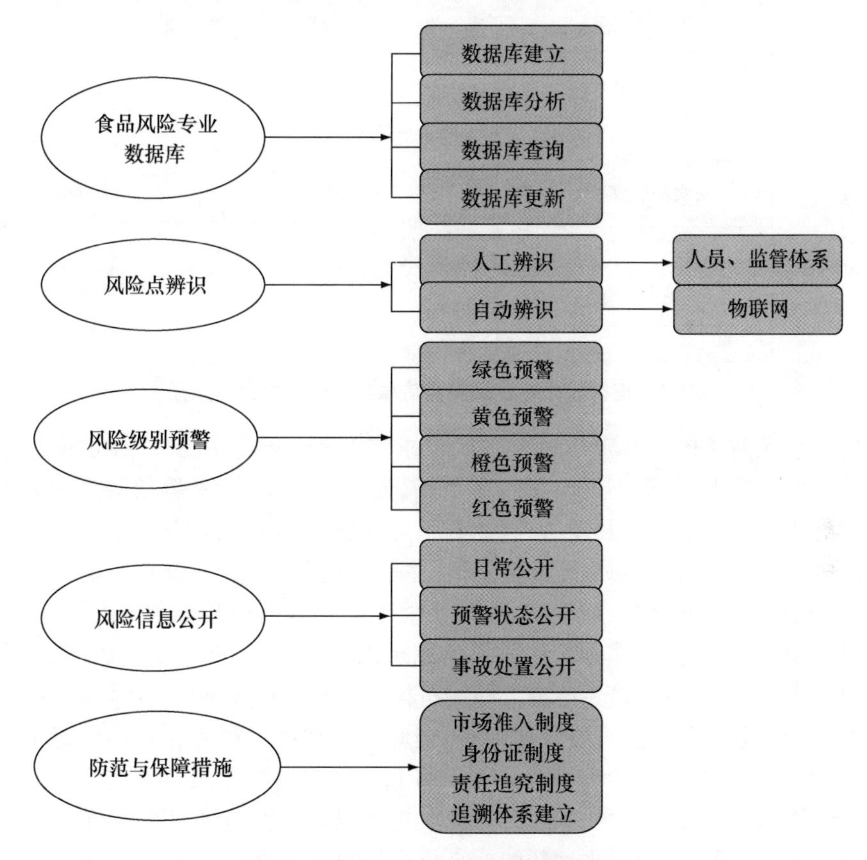

图 5-2　食品安全风险管理预警结构图

举报食品安全风险的个人由政府施以不限上额的物质奖励，以此充分调动消费者识别、报告安全风险的积极性，从源头上完善食品安全风险预警制度。

（四）信息公开制度：由封闭式信息传导机制转变为开放式信息传导机制

完善信息公开制度，有助于消除信息不对称，保障消费者的知情权与选择权，也有助于政府监管部门及时了解食品安全动态，消除安全隐患，处理安全事件。在目前的信息公开机制下，食品安全信息由食品供应者（生产、加工、运输、销售）、地方政府、第三方食品检测机构垄断，由于这三方形成了利益共同体，所以，信息大多局限于三方内部交流，呈现很强的封闭性。而中央政府在行政权力的强制下，还可能获取一定的食品信息，但相对处于弱势的消费者，获得的信息则十分有限。如图 5-3 所示，现行模式内部，信息处于闭锁的传递状态。

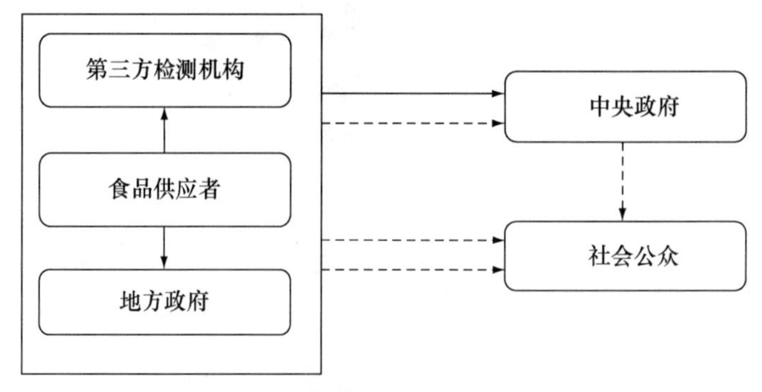

图 5-3　现行模式下食品安全信息封闭传导机制示意图

多元共治模式对于信息公开的要求是“开放交流互动”。在这一开放传导机制下,信息不再由哪一方垄断,而是公开交流、平等获取。地方政府在行政强制力以及新考核机制、问责机制的驱使下,将其所掌握的食品安全信息在官方网站上予以公布,并及时更新;食品供应者在消费者“用脚投票”的市场经济压力以及政府要求其公开的行政强制压力下,通过企业网站、公共媒体将食品相关信息予以公布,在出现安全隐患时,及时发布预警及召回信息;第三方检测机构在其专业操守驱使下,及时将检测结果向公众公开。需要说明的是,当政府与食品供应者在食品信息上出现分歧时,第三方检测机构的结果将起到至关重要的决定作用,所以,以制度约束保障第三方检测机构的中立性、独立性、专业性显得尤为重要。如图 5-4 所示,在这种新的信息公开机制下,食品安全信息向中央政府以及消费者完全公开,信息在这两者以及地方政府、食品供应者、第三方检测机构之间实现充分的交流与互动。

（五）市场退出制度:推进食品安全信用体系建设,从重从严处理违规

市场退出机制是保持市场正常运转,保障食品行业优胜劣汰的重要机制。政府监管部门要完善食品企业市场退出机制,本书认为,“乱世需用重典”,在目前我国食品安全形势严峻的情况下,在严格市场准入制度的同时,也要严格市场退出机制,对于不符合行业标准,食品质量安全出现问题的企业要施以重罚,以儆效尤。

就具体措施而言,笔者认为可以建立企业信用档案,加快推进食品安全信用体系建设,以市场信用作为退出与否的重要依据。所谓食品安全信用体系建设是“以培养食品生产经营企业守规践诺为核心,通过建立并完善相应的制度规范、运行系统、运行机制,开展信用活动,鼓励嘉奖诚实

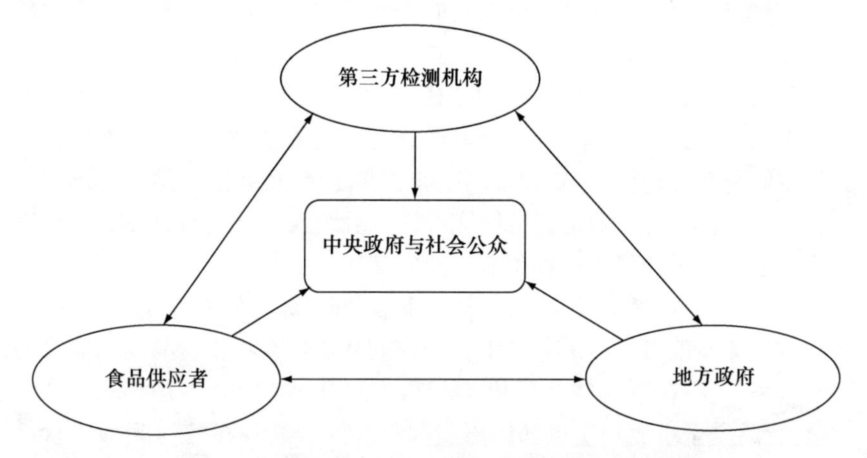

图5-4　新模式下食品安全信息开放传导机制示意图

守信、曝光处罚失信,从而全面提高我国食品安全水平,保障人民群众的身体健康与生命安全"①。我国2004年相关部委通过发文与试点的形式开展了食品安全信用体系建设,但由于机制设计问题,导致消费者对于食品安全信用的需求十分旺盛,而食品企业却热情不高。必须扭转这一局面,加强食品安全信用评价体系建设。

具体而言,将企业食品质量安全情况纳入企业安全信用档案,由工商部门对其实行年度考核制,凡一年之内出现一次,五年之内累计出现三次食品安全事故(未造成人员伤亡),勒令其整改;凡一年出现三次以上,五年出现六次以上食品安全事故(未造成人员伤亡),勒令其停产整改;凡出现因食品而伤亡的事件,无论人数多少,均实行一票否决制,勒令企业退出食品市场,并规定其三年内不得进入食品行业。面对民众生命安全,"食品安全无小事",在市场失范的压力之下,必须施以重罚,加大企业违法成本,方能使其回归市场秩序。固然,重罚只是一种手段,最终目的是保障食品安全,所以,对于食品生产环节的规范性要求同样需要纳入企业安全信用档案,如对于规模大、产量高、产品市场覆盖广的大型食品生产、加工、运输、销售企业必须逐步实施并完善可追溯、召回、HACCP、ISO等规范生产机制,对于在限期内还未实施这些规范机制的企业要处以额度较高的罚款,屡教不改的勒令其退出。

加大处罚力度并不是目的,而只是在目前食品安全形势严峻的情况

① 徐景和:《食品安全综合监督探索研究》,中国医药科技出版社2009年版,第182页。

下，保障食品安全的无奈之举。目前对企业最能产生威慑力的绝不是数额很小的罚款，如《食品安全法》规定的“两千以上五万以下”或“货值金额的两倍以上五倍以下罚款”，对于因制假售假获利颇丰的企业而言，无异于隔靴搔痒，根本起不到威慑作用，最有效的办法就是“退出机制”，剥夺其赚取利润之途径。当然，重罚绝非长久之计，待我国食品安全形势好转，行业规范建立，企业道德自律完善，企业社会责任履行到位之时，也就是行政强制手段让位于市场调节手段之日。

（六）问责制度：“一票否决”与“异体问责”加大问责力度

在服务型政府的话语体系中，“政府向社会公众提供食品安全监管的公共服务，是一种公共物品的供给行为，而‘服务’的核心是‘责任’”[①]。目前，食品安全事故频发也暴露出我国行政问责制存在的问题，如“食品安全追责力度偏小”“政府对食品安全的法律建设暂不健全”“政府食品安全责任意识淡薄”[②]等。因此，加强食品安全问责制度既合理，更是必须而为。

可以从两个方面健全问责制度，加大问责力度。一是在问责主体方面，减少政府内部“同体问责”的比重，充分发挥人大、新闻媒体、社会公众的监督作用，加大“异体问责”力度，实现“同体问责”与“异体问责”相结合的多元主体问责。二是加大问责及追责力度，将“保障食品安全”纳入政绩考核体系，对食品安全实施一票否决制，凡是因食品安全而出现重大伤亡，行政区域内直接主管领导都将被问责，且被问责后若再次任用将慎重考虑。通过政绩考核与职务晋升机制来约束政府官员，使其切实将保障食品安全作为工作重点，将“保障民众生命安全”作为工作中心。

除了以上六个方面的制度建设，政府还需要在多元共治主体设计中注意以下两个机制的完善，一是完善协调机制，主要是要充分发挥国家食品安全委员会的统一协调职能。《食品安全法》虽然对卫生行政管理部门的综合监管职责作了详细规定，但却对作为最高议事协调机构的食品安全委员会的职责语焉不详，在实践中缺乏可操作性，使其协调职能无法有效发挥。因此，国家应尽快出台相关细则，对国家食品安全委员会的职责与运行机制，及其与国务院卫生行政管理部门之间的职责关系作出明确规定。二是加强宣传教育机制建设。政府相关部门，尤其是卫生部门，

---

① 宋衍涛、卫璇：《在食品安全管理中加强我国行政问责制建设》，载《中国行政管理》2012年第12期。

② 同上。

要通过多种形式,充分利用公共媒体,向消费者宣传食品安全知识,并继续举办“食品安全宣传周”活动;此外,教育部门还可以指导相关高校开设食品安全方面的选修课,以加大宣传教育力度。

二、企业:食品安全的第一责任者

从根本上说,政府是食品安全监管的第一责任者,而作为食品产业链的第一个环节,食品的生产、加工、运输、销售者,食品企业则是食品安全的第一责任者。企业最有可能是不安全食品的生产者,也最有可能是食品安全的捍卫者。明确了这一点,食品企业在追求利润的同时,就必须以社会责任的履行,以及食品安全生产保障机制的完善来保障食品安全。

(一) 通过履行企业社会责任来保障食品安全

企业社会责任对于企业良好社会声誉的营造以及优势市场地位的占据,起着非常重要的作用,甚至会在一定程度上影响企业的持续发展,所以既要追求利润,更要密切关注食品安全,恢复业已遭到破坏的我国食品企业形象,“方可既完成企业追求利润最大化之经济目的,又实现承担社会责任之社会目标,并促成二者的和谐有序融合及发展”①。就具体措施而言,主要包括“一点认识、三点行动”,即:

第一,从思想上认识以“保障食品安全”推进企业社会责任履行之重要性。对于食品企业而言,食品质量安全就是其存在的生命线。不安全食品的生产及流入市场,除了会受到政府监管部门的处罚外,最终还会造成消费者“以脚投票”。即使暂时会获得不法收益,但从长远来看,当治理模式创新以后,信息不对称逐渐消失,消费者会给其致命一击,利用手中的“货币选票”将生产不合格食品的企业淘汰出市场。

第二,完善企业信息公开制度,畅通食品安全信息交流渠道。作为食品的第一经手人,食品企业掌握着比政府、公众更多的食品安全信息,占据绝对的信息优势地位。要积极参与前文所述的“信息开放传导机制”,利用公共媒体、公共网络等信息平台,定时发布企业食品生产信息、食品属性信息、食品安全信息等;充分利用现代网络交流工具,在企业官网上开通微博、邮箱、在线交流等,及时回应消费者诉求,实现与消费者的充分互动。

第三,规范问题食品召回机制,减少问题食品对社会造成的危害。在

---

① 周友苏、张虹:《反思与超越:公司社会责任诠释》,载《政法论坛》2009 年第 1 期。

食品风险预警基础上，基于食品信息档案以及可追溯机制，对于出现问题或可能出现问题的食品实施及时的召回。首先，要明确区分召回级别，参考美国的做法，可以根据缺陷食品可能引起的对人的健康影响和损害的不同，将食品召回分为Ⅰ级召回、Ⅱ级召回、Ⅲ级召回三个等级，根据召回级别不同，实施不同规模及范围的召回。其次，要实施多样化的召回，既可以根据消费者反馈召回，也可以依据政府指令与要求召回，还可以是企业自愿召回，并以企业自愿召回为主。以超强的社会责任感保证市场流通中食品的安全。最后，完善缺陷食品召回程序，保证从发现缺陷食品到消除危害整个过程中能够准确而快速地实现召回。可以借鉴美国的做法，按照五环节设计召回程序，即召回启动、召回分级与计划、实施召回计划、监控和审核召回的有效性、终止召回。

第四，设立“食品安全基金”。这一基金不同于前文由政府主导设立的食品安全基金，其资金将全部来自于企业利润的一部分，由企业根据每年度收支盈余情况，从盈利中抽取一部分设立。其资金主要用于几个方面：一是支持食品安全技术研发。二是奖励食品安全举报、投诉，经查证属实者，以及通过建议促进企业食品安全者。这部分人通过正面、正确、属实的举报、投诉及建议，对企业食品安全生产提供了保障，有利于企业长期可持续发展，理应获得奖励。三是补偿、救助因食品安全而陷入困境者。该基金可以由企业下属的非营利机构运营，实行社会化运作，以保证基金会的独立性与自主性。

（二）通过完善食品安全生产保障机制来保障食品安全

在加强食品企业社会责任履行的同时，还必须通过完善食品安全生产保障机制，从源头上消除不安全食品的产生隐患，通过减少直至消灭不安全食品来实现食品安全。具体而言，可以从以下四个方面着手：

第一，加强食品生产者组织化程度，完善利润分配机制。要加快我国食品行业的工业化水平、信息化水平、国际化水平，减少小作坊式食品生产方式，减少小农经济残余，实行规模化生产，目前在初级农产品生产领域，可以大力推广“龙头企业＋农户”或“专业合作组织＋农户”形式，由龙头企业或专业合作组织出资金、出技术、出种子、出种苗、出幼畜禽、出肥饲料，由农户出力、出地，以龙头带农户，实现规模化效应，以统一标准、统一种苗、统一技术等实现农产品的标准化生产，从源头上减少安全隐患。此外，在这两种合作模式内，还应该注意利润分配机制的完善，切实改变目前在乳业领域出现的“利润倒挂”现象，在平等公开的基础上，实行龙头企业、行业协会、农户三方参与的利润分配协商机制，力争最大限度地实现利润分配的公平性。

第二,实施食品冷链物流合作机制。冷链物流(cold chain logistics)①合作有助于"系统主体企业之间实现设施设备资源共享以及优势互补,对提高食品,尤其是生鲜食品的质量安全水平具有重要作用。"②所以,要在结合我国具体国情与世界先进经验的基础上,制定规范的食品冷链物流产业政策;还要建立食品冷链物流安全监控信息网络平台,利用信息通讯技术与现代物流技术,在食品物流企业与相关政府部门、食品供应者之间实现信息交换、共享、集成、协调。而要实现以上这些目标,专业人才的培养与介入是必不可少的,因此,要加大食品冷链物流专业人才的培养力度,为这一合作机制的顺利实施储备人才。

第三,加快 HACCP、ISO 等生产规范在食品企业中的应用。继续强化目前我国强制实施 HACCP 体系的水产品、肉及肉制品等六大类食品生产出口企业的规范程度,并逐步向所有食品企业推广,"推行 HACCP 体系的关键是将其推广至中小企业"③。就具体措施而言,可以实行同类中小企业联合实施,通过规模的扩大追求成本的降低,也可以由企业向相关政府部门申请政策、资金支持,或寻求当地大企业设立的"食品安全基金"资助。

第四,建立并完善食品可追溯体系。要建立综合运用数据库、网络、信息系统、条码等多种信息技术,囊括政府、食品企业、消费者等广大社会主体在内的食品可追溯体系。就具体措施而言,要实行农产品身份证制度,对每一件农产品都悬挂电子身份码,记录其从播种(幼崽),到收割(屠宰)整个生长阶段的所有信息,如产地、品种、用药、用肥饲料、收获、运输等信息,以便于反向追溯,查找问题根源。记录信息一定要保证全面性、精确性、科学性,涵盖生产、加工、运输、销售等各环节,实现针对每一件食品的全过程信息覆盖。具体可追溯体系示意图见图 5-5:

---

① 注:"冷链物流"泛指冷藏冷冻类食品在生产、贮藏运输、销售,到消费前的各个环节中始终处于规定的低温环境下,以保证食品质量,减少食品损耗的一项系统工程。

② 秦利:《基于制度安排的中国食品安全治理研究》,东北林业大学 2010 年博士学位论文,第 141—142 页。

③ 张虹:《食品安全规制——从农田到国家安全的注解》,载《福建论坛(人文社会科学版)》2012 年第 2 期。

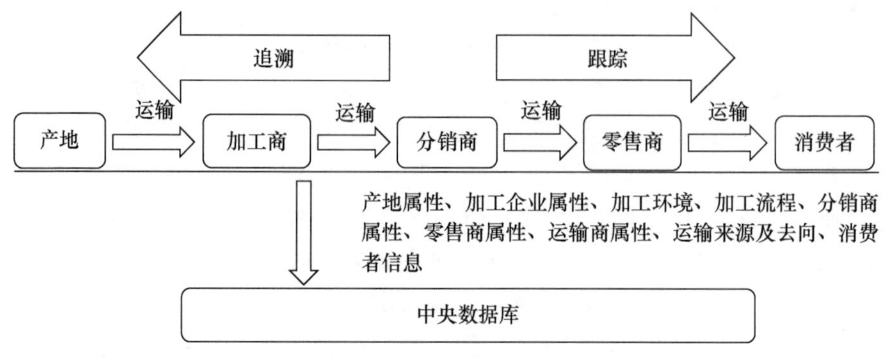

图 5-5　食品质量安全可追溯体系示意图

三、公众:食品安全的直接受益者

作为食品的最终消费者,公众的生命健康与食品安全与否密切相关,可谓是食品安全的直接受益者。公众对于食品安全治理的积极参与、理性参与、有效参与程度,在一定意义上,直接决定着食品安全治理的实效。很难想象,一个缺乏公众这一直接受益者参与的食品安全治理模式会产生实际效果。

(一) 培育公共精神,实现积极参与

受我国传统的"官本位"行政文化以及"政府规制"行政生态的影响,公众对于我国公共事务的参与意识及热情一直不高,公共精神缺乏,公民社会一直无法有效培育与发展。公共精神缺失,将很难在制度及行动层面真正落实并发展多元治理,使其无法摆脱类似政府的官僚化、行政化以及权力滥用等内在局限性。①

要实现公众对于食品安全的积极参与,必须转变并增强几个意识:一是主体意识。目前,公众对于食品安全大多抱持"事不关己,高高挂起"的旁观者心态,总认为只要自己不受到不安全食品的危害,就与己无关,主体意识极度缺乏。如前所述,公众作为食品安全利益相关者的重要一员,与食品安全与否具有极为紧密的联系,又由于食品安全具有的公共性,使其影响极为广泛,任何一位存在于中国社会的公民都被纳入食品安全影响范围,无一例外。在此背景下,公众必须转变传统的"旁观者"心

① 参见孙百亮:《"治理"模式的内在缺陷与政府主导的多元治理模式的构建》,载《武汉理工大学学报(社会科学版)》2010 年第 3 期。

态,明晰“食品安全直接受益者”这一主体定位,实现对于食品安全治理的积极参与。二是维权意识。受我国传统维权意识缺乏,以及当下维权渠道不畅通、维权成本高、维权效果不佳等因素的影响,我国消费者对于食品安全的维权意识普遍缺乏,大多数消费者因为上述原因而放弃对于自己合法权益的维护与伸张,在食品安全危害面前选择忍气吞声,大多以“运气太差”作为搪塞自己的借口,缺乏以申诉维权、监督举报等形式积极参与食品安全治理的动力与勇气。据相关调查显示,14.4%被调查者有食品卫生消费投诉经历,其中49.2%“直接找销售方协商”,29.6%认为维权过程繁琐,26.7%认为维权效果达不到预期,25.5%认为维权成本太高,17.0%认为投诉渠道太少。[①] 三是公民意识。公民意识对于公民积极参与社会治理,对于公共精神的有效培育,对于公民社会的健康发育与成长具有极为重要的作用。作为一名公民,要强化社会主人翁意识,通过合法渠道,以合理形式积极参与包括食品安全在内的社会治理,以自身积极参与之行动推进我国公民社会的构建。

(二)掌握食品安全知识,实现理性参与

缺乏专业知识支撑以及理性思维指导的参与,很有可能丧失理性,演变为“街头暴民政治”。对于公众参与食品安全治理而言,除了要培育公共精神,积极参与之外,还要努力掌握食品安全知识以及合理合法政治参与的相关知识,实现理性参与。

具体而言,要掌握以下三方面知识:首先,要掌握食品安全知识。正如英国学者威尔逊认为的,“与食品欺诈作斗争,最好的办法就是用可靠的知识武装头脑,对真品了如指掌”[②]。作为食品安全的直接受益者,公众必须通过学习、阅读食品安全宣传材料,或利用网络学习,以掌握预防、鉴别、消除食品安全隐患,以及分辨真伪的日常知识或实用的专业理论。其次,要通过风险教育提升风险自救能力。通过政府相助与公民自助相结合的形式,让公民主动接受包括合理饮食结构的建议、对食品安全的简易识别方法、健康饮食习惯的宣传等在内的风险教育,加强公众的选择能力,“充权于公众”[③]。同时,通过风险教育增强公众的食品风险意识,提升危机状态下的自我救助能力。最后,要掌握正确的参与知识。正确参

---

① 参见詹承豫、刘星宇:《食品安全突发事件预警中的社会参与机制》,载《山东社会科学》2011年第5期。

② 〔英〕比尔·威尔逊:《美味欺诈:食品造假与打假的历史》,周继岚译,上海三联书店2010年版,第266页。

③ 刘亚平:《走向监管国家——以食品安全为例》,中央编译出版社2011年版,第178页。

与知识的具备,对于公众选择合法、合理、合适的参与渠道,运用正确的参与形式具有决定作用。面对食品安全治理,公众应该充分利用现有的举报、投诉等渠道,向相关政府监管部门、消费者协会、责任企业寻求帮助或补偿,在法律允许的范围内,充分行使作为一名公民享有的参与权。

那么,公众食品安全知识的掌握应该如何实现呢?笔者认为必须多方共同努力,除了公众自身的学习主动性与积极性以外,政府还必须从制度设计以及政策安排上给予支持,如教育部门可以尝试将食品安全知识教育纳入大、中、小学各教育阶段的课程体系,“使更多有关食品的实用技能成为各个年龄段人的必修课”①。此外,相关监管部门可以继续举办目前业已产生积极效果的“食品安全宣传周”活动,通过形式多样的活动,从小培养公众的食品安全意识,提高其自救能力,增强其对于食品安全理性参与的能力。

(三)通过合适渠道,实现有效参与

对于公众而言,即便拥有了公共精神,具备了专业的食品安全知识与参与知识,如果参与渠道不畅通,或选择了不合适甚至是错误的参与渠道,不仅不会实现对于食品安全的有效参与,甚至会对其自身权益,以及社会稳定带来不利影响。

要寻求合适的参与渠道,可以着眼于以下两个方面:一方面,要在信息公开平台上进行充分的交流沟通。这种交流沟通包括四个维度:一是公众与政府之间的交流沟通。政府通过交流,可以增强其行为的可信性与正当性,增强其合法性基础;公众通过交流,可以了解政府的相关政策法规,以及寻求食品安全救助的渠道,增强其参与的有效性。二是公众与食品企业之间的交流沟通。通过这种交流沟通,可以消除公众的信息不对称,使公众在掌握食品信息的基础上,增强分辨、识别食品安全隐患的能力。三是公众与科研机构的交流沟通。通过这种交流沟通,可以及时了解食品安全风险预警,增强应对食品安全风险的针对性与及时性。“风险愈少为公众所知,愈多的风险就会被制造出来。”②四是公众之间的交流沟通。通过这种交流沟通,可以促进信息传递,结成信息沟通及利益同盟,共同应对食品安全风险。

---

① 〔英〕比尔·威尔逊:《美味欺诈:食品造假与打假的历史》,周继岚译,上海三联书店2010年版,第267页。

② 〔德〕乌尔里希·贝克:《世界风险社会》,吴英姿、孙淑敏译,南京大学出版社2004年版,第185页。

另一方面，通过公共辩论达成改革的共识。由于食品安全领域存在诸多复杂的利益群体，所以，“要应付这种挑战，单打独斗绝对不行。必须有一种新的整合性的、全局性的公共健康视野，连接这些离散的政策领域，从食品生产到消费的管理再到食物的健康性方面进行连续性思维。唯有通过一体化的政策选择，方能使未来的食品经济可以有效地向普罗大众提供食品”[①]。这种新的、整合性的公共健康视野，必须依赖于有公民充分参与的公共讨论。[②] 要通过公共辩论达成改革食品安全治理模式的共识，从而实现对其有效参与，有赖于公众与政府监管部门、食品企业、社会组织之间的开放性对话。通过不断的对话、价值分享，在充分互动的基础上，以“移情”能力的充分发挥，使参与公共辩论的各方均能理解其他参与者的愿望与需求，促进相互理解，从而达成共识。事实上，“复杂情景下的有效监管取决于培育起被监管者自愿服从的规范，取决于监管者与被监管者之间持续的对话”[③]。只有通过公共辩论，方能使作为监管者的政府与作为被监管者的公众达成共识，也才有助于公众找到最正确的参与渠道，实现对于社会问题的有效参与。

综上所述，对于公众参与食品安全治理而言，培育公共精神是实现的前提，掌握专业知识是参与的基础，而找到合适渠道则是参与的保障。唯有满足以上三个条件，作为食品安全直接受益者的公众，才能真正有效、有序、合理、科学、理性地参与食品安全治理过程。

四、社会组织：食品安全治理的积极参与者

面对“政府一元体制内多头混治”局面，社会组织以其“专业性、灵活性、纽带性优势”[④]，以食品安全治理积极参与者身份成为多元共治主体设计不可或缺的重要一环。要充分发挥社会组织的参与作用，首先必须通过一系列制度建设及政策支持，对于其健康可持续发展给予大力支持，在保证其独立性、自主性、专业性的前提下，实现与其他参与主体的和谐

① Lang, Tim and Michael Heasman(2004). *Food Wars: The Global Battle for Mouths, Minds and Markets*. London: Earthscan Publications Ltd, pp. 210—217.

② 参见刘亚平：《走向监管国家——以食品安全为例》，中央编译出版社 2011 年版，第 177 页。

③ Ayres, Ian and John Braithwaite(1992). *Responsive Regulation: Transcending the Deregulation Debate*. Oxford: Oxford University Press, p. 102.

④ 张勤、钱洁：《促进社会组织参与公共危机治理的路径探析》，载《中国行政管理》2010 年第 6 期。

发展。

（一）适当扩大社会组织职能，充分发挥其专业优势

目前，我国社会组织参与社会管理的力度及范围均不尽如人意，究其原因，主要还是制度环境制约其健康有序发展。由于受到传统行政文化以及社会生态的影响，社会组织参与食品安全治理的合法地位有待明确，在发生食品安全危机时，政府大多以加强规制为第一选择，排斥社会组织的有效参与，忽视甚至否定社会组织参与食品安全治理的诉求，使社会组织存在及参与的合法性存疑。同时，社会组织参与食品安全治理的组织基础薄弱。无论是行业协会，还是消费者维权组织，在发展过程中均受到政府政策的诸多限制，官办性质及行政色彩浓厚，缺乏社会组织应有的灵活性与创新性，变相为政府或利益集团的"附庸"，被其"俘获"，独立参与治理的组织基础极为薄弱。再加之社会组织的参与渠道不畅，职能发挥受限。如前所述，在"行政化色彩"浓厚的发展氛围下，社会组织大多在政府行政指令下对食品安全实施极为有限的参与，大多履行认证认定、协商慰问等职能，尚未充分发挥其独特专业优势。

要实现社会组织的充分参与，首要工作是必须在明确政府与社会组织关系的基础上，加大政策扶持力度，对其独立、健康、有序发展提供政策、资金、人员等方面的支持。此外，政府还要加大"放权"力度，将更多与专业相关的职能，如市场准入、检验检测、标准制定、生产许可、商标认定等，下放给资质符合条件的社会组织，以充分发挥其专业优势，同时，将政府从具体管理事务中抽身出来，专门做好政策制定与指导、市场秩序维护等工作，由具体的执行者变为指挥协调者。

（二）加强社会组织的组织体系建设，增强其公信力

目前，我国社会组织大多各行其是，组织体系建设较为滞后，极不利于其形成合力，在与其他参与主体博弈时常常处于下风，不利于利益均衡的实现。一方面，要使处于比较优势地位的安全食品，如绿色食品、有机食品等，实现规模化生产，扩大产业规模，为社会组织的进一步发展提供产业基础；要调整社会组织内部的治理结构，形成多元化会员结构体系，实现社会组织领导人的非官方化，淡化行政色彩，增强其运行的独立性与自主性；要完善社会组织内部的财务、审计、分配等机制，保障其健康发展。

另一方面，对于社会组织而言，失去了公权力的庇佑，其存在与发展的唯一合法性就来自于组织公信力，所以，要不断地通过建设增强组织的公信力。既要加强组织内部管理，规范运作，以提高自我管理、自我约束、

自我发展水平,增强其公信力;又要在组织内部建立均衡机制,通过民主参与及多元监督等方式,约束组织领导和成员的不法行为;还要建立并完善社会组织声誉管理制度,通过制度明确组织成员市场行为规范,奖励合法经营者,处罚不法经营者,以公正、公平、公开的行业规范增强组织的公信力;而对于食品行业内的社会组织则要积极完善质量评估制度和信用评估管理制度,加强食品行业的质量评估及信用管理,通过奖诚罚诈,在推动行业发展的同时,增强自身的公信力。

(三)进行合理组织定位,发挥服务沟通、行业自律职能

对于食品安全而言,最主要的社会组织就是食品行业协会。作为以维护行业利益为基本价值诉求而成立的社会组织,食品行业协会是公共部门与私人部门、私人部门与私人部门、私人部门与公众之间实现交流合作的中介。[①] 正因为如此,其最主要的职能定位就是"服务、沟通"。

就社会组织的服务功能而言,主要包括两个维度:一是为组织成员服务,就食品行业协会而言,也就是为会员企业服务,为其提供信息咨询、技术培训、市场调研等服务;二是为政府服务,为政府公共政策的出台提供行业数据、统计分析,以及发布行业信息、形成行业规范等。在履行服务沟通职能的同时,社会组织还必须完善其规范约束之职能,以行业内达成共识之准则、标准规范约束行业内食品企业的市场行为,以行业内公认之奖惩制度促动食品企业的积极健康行为,通过协调促进行业利益与社会公共利益的一致,提升食品行业的道德自觉,推进食品行业的健康可持续发展。

第四节 本章小结

作为现实问题研究与政策建议设计的学术论著,其逻辑思路以及行文结构的落脚点必然是最终的政策设计或模式创新。本书在进行理论梳理、现状分析、原因探究、经验总结的基础上,从本章开始进入食品安全"多元协同"治理模式的制度设计阶段。本章主要关注于创新模式的主体设计,通过对现行模式主体设计的考察,基于"多元治理"理论,提出了由"政府一元体制内多头混治"转变为"多元共治"的主体设计思路。

第一,本书对现行模式下"政府一元体制内的多头混治"主体设计进

---

① 参见张红凤、陈小军:《我国食品安全问题的政府规制困境与治理模式重构》,载《理论学刊》2011年第7期。

行了剖析，从“政府一元”“多头”“混治”三个维度进行了论述，并阐述这一主体设计的弊端；随后从多个角度提出实施“多元共治”主体设计的现实必要性与切实可行性。

第二，本书从三个方面研究了多元共治的组织结构，一是以不同地方行政区的利益实现作为多元共治的前提；二是建立行政区职能部门之间以及当地监管部门与食品安全事件涉及的其他区域监管机构之间的联动合作；三是食品企业等市场主体、社会公众等社会主体的参与及其与地方政府治理行动实现协商合作。随后，提出了多元共治的动力来源，即存在共同利益条件下的多主体力量的联合。最后，还对“多元共治”这一主体结构进行了模型设计。

第三，本书提出了实现“多元共治”主体设计的具体路径，对政府、企业、公众、社会组织这四大参与主体进行了分别的现实定位，这也是本章的重点。对于食品安全治理的主导者——政府，以食品产业链为主线，对政府参与食品安全治理所主要关注的几项制度设计进行了论述，即市场准入制度方面，要实现由“发证式规制”到“服务式监管”的转变；检验检疫制度方面，要完善现有制度，推动社会参与；食品安全风险管理预警制度方面，要实现动态性与系统性相结合；信息公开制度方面，要实现由封闭式信息传导机制向开放式信息传导机制的转变；市场退出制度方面，要推进食品安全信用体系建设，从重从严处理违规；问责制度方面，要实行“一票否决”与“异体问责”，加大问责力度。对于食品安全的第一责任者——企业，提出一方面要通过履行企业社会责任来保障食品安全；另一方面要通过完善食品安全生产保障机制来保障食品安全。对于食品安全的直接受益者——公众，笔者提出三个观点，即培育公共精神，实现积极参与；掌握食品安全知识，实现理性参与；通过合适渠道，实现有效参与。对于食品安全治理的积极参与者——社会组织，提出首先要适当扩大社会组织职能，充分发挥其专业优势；其次要加强社会组织的组织体系建设，增强其公信力；最后要进行合理组织定位，发挥服务沟通、行业自律职能。

第六章　中国食品安全“多元协同”治理模式的结构设计:由“单向一维监管”到“网络多维治理”

在主体设计方面,我国现行食品安全监管模式坚持以行政命令为基础、以政府为规制唯一提供主体的单中心,以及政府机构之间存在的复杂的利益纠葛,呈现出“多头混治”的乱局。受这一主体设计的影响,我国食品安全监管现行模式在组织结构设计方面,也相应地表现为由政府向市场、社会发布指令实施规制的单向、一维监管架构。为适应“多元共治”的主体设计,我们必须创新组织结构设计,以权力互动网络设计代替权力单向运行模式,以多维治理设计代替一维监管机制,通过多元主体与多维网络的匹配,实现我国食品安全治理模式的创新。

第一节　食品安全网络结构的生成逻辑:理论与现实的契合

20 世纪从事公共服务供给以及实现公共政策目标的主要组织模式,是等级式的政府官僚体制。[①] 因行政命令执行而得以存在的“单向一维规制架构”,在公权力的强力保障下,因规制任务的整齐划一尚能获得较好的效果,赢得喝彩和认可,但进入 21 世纪以后,社会的日益复杂性及风险性,使得食品安全形势不断恶化,依附于行政权力的“单向一维监管”架构面临巨大考验,亟须重构治理模式。

一、网络化治理的兴起

人类社会进入 21 世纪,集权主义被抛弃,组织的边界被打破,社会问题日益复杂化且国际化。随着社会的发展、科技的进步,“地球村”成为

① 参见〔美〕斯蒂芬·戈德史密斯、〔美〕威廉·D. 埃格斯:《网络化治理:公共部门的新形态》,孙迎春译,北京大学出版社 2008 年版,第 6 页。

现实,人口的流动性不断加剧。多元文化融合的背景下,“放之四海而皆准”的真理式的问题解决方式已不复存在,复杂的社会问题已无法通过简单划一的途径得到有效解决,亟须个性化的、针对性强的特定路径。而传统的官僚制强调专业化分工及部门界限,以行政命令与组织管控为主要手段,突出组织内上下级之间的层级节制,注重内向且略显保守的行政文化,必然会因无法应对复杂且现代的跨域问题而被时代无情抛弃。①

为成功应对日益复杂的社会问题,世界上改变公共部门形态的四种有影响的发展趋势,即协同政府、第三方政府、公民选择、数字化革命不断实现融合。而这四种发展趋势的最终集合正是网络化治理,它促进协同政府高超的网络协调技术与第三方政府显著的公私合作能力融合,并以现代科技实现网络连接(图 6-1),通过多样方案的供给,推进公民理性选择的有效实现。②

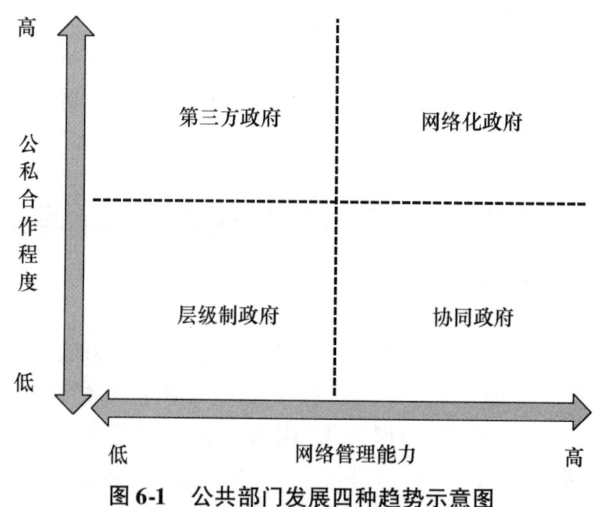

图 6-1　公共部门发展四种趋势示意图

具体而论,公共领域中网络化治理兴起的原因非常复杂。如前所述,政府面临的治理任务日益复杂,无法由政府单一主体完成,而需要社会多元主体的积极参与。在“多元共治”局面下,多个主体已无法在单向一维的架构体系中实现集结,需要进行深入的交流与合作,发生长期性的经常性的互动往来。这些交流诉求,唯有纵横交错、多向多维的网络架构方能

---

① 参见〔美〕斯蒂芬·戈德史密斯、威廉·D. 埃格斯:《网络化治理:公共部门的新形态》,孙迎春译,北京大学出版社 2008 年版,第 6 页。

② 同上书,第 17 页。

满足。此外,治理效果非确定性的增加,也需要网络化治理在公共领域推广。[①] 如食品安全事故的处理,由于其自身具有很强的随机性、突发性,故其治理效果并不仅取决于事前的准备工作,还取决于很多不可控因素。面对复杂而不确定的风险,无论是政府,还是食品企业,抑或社会公众,都无力单独承担。随着风险性以及不确定性的进一步增强,如何实现有效应对,保障民众的食品安全与健康福利?在推进社会治理范式嬗变的过程中,主张责任分担的网络架构,自然就以更强的风险承担能力受到各主体的欢迎,而成为应对食品安全风险的当然之选。在治理需求业已存在且不断增长的同时,网络化组织自身的发展成熟,也使其当仁不让地取代官僚制和市场成为公共领域最主要的治理形式。

在多重因素的共同影响之下,网络化治理模式自诞生之初,就受到各界的欢迎,尤其是在公共领域中,更是凭借其独特价值及特征,逐渐成为治理社会公共问题的主导模式。

二、网络化治理的独特性规范

从本质上说,网络化治理是治理的一种新形式和组织架构,不仅代表一种新的分析视角,更是对于治理架构的实质变化。所以,网络化治理既不同于市场机制,亦与科层制有所区别,具有独特特征及价值。

(一)网络化治理的特性

"网络"是一个模糊的概念,在不同话语体系下,不同学科对其会有不同的界定。如物理学意义上的场网络、信息科学意义上的电子网络,以及生物学意义上的机体网络等。即使是在公共管理学科内,基于不同的研究背景与观察视角,学者们对于网络的认知也存在很大差异。有的学者从网络目标设定、资源及权力分配等视角来认知网络;也有学者从网络主体、开放程度及规范特性等维度来对网络进行界定;还有学者则主要关注网络内部的分工及协作。

正因为网络具有不同特性,所以对其进行明确界定并不简单。正如柯林海伊所言,"网络既体现为一个抽象的专业概念,同时,这一概念还被广泛认知与运用"[②]。他在科学对比市场、官僚制、网络后,发现三者并不

① 参见刘国翰:《公共领域网络化治理的联接模式》,载《东华大学学报(社会科学版)》2011年第4期。

② Hay, C. (1998). *The Tangled Webs We Weave: The Discourse, Strategy and Practice of Networking*. Berkshire: Open University Press, p. 34.

相同,市场、官僚制可以被视为网络最有意义的反义词,而且网络会显示官僚制与市场的特点,三者之间呈现一种互相修补和增强的关系。[①]

通过与市场、官僚制的比较来界定网络的特性,是网络治理流派非常推崇的一种路径。他们认为,"网络意味着自主的行动者进行谈判和协调,并依靠一种单一的正式权威来进行控制和协调;网络是一种水平的、谈判的自我调节;网络有着自我组织、自我管理和自我控制的特点,在结点与结点之间的自我协调过程中,网络达成了稳定的状态;所以,网络代表了在市场和官僚制之外的第三种选择"[②]。至于网络、官僚制、市场之间的特征对比,主要包括以下几个方面:实施目标、垂直一体化程度、界限、张力解决方式、信用程度、决策轨迹、任务基础、联系方式、信息搜集方式、影响模式、激励程度等。[③]

所以,从这个意义上来说,对于网络特性的把握是建立在将其与市场、官僚制比较的基础之上的。一方面,网络与市场存在差异,并非个体化,也不一定完全自愿。网络以一定的共同价值作为中介与桥梁,其间的个体行为与市场中独立的个体行为存在差异。在网络架构内,"对于绩效及结构的考察,并非基于政府和企业层面,而是建立在组织间分析层次上"[④]。故而,网络因为一致协商的达成,而在一定程度上涉及结构耦合,从而使协调具有了现实基础。网络建立在渗透着社会资本的交换之上,而非以市场的合同契约关系为基础,从而使其超越了市场结构下的契约伦理,而具有一定的价值内涵。柯林等人通过比较公共网络与私人网络,进一步论述了这种差异,提出二者在构建背景、依赖性、关注点、张力及关系属性、服务对象定位等方面具有显著差异。

另一方面,网络不同于官僚制,是自我组织的,而非归属于行政指令以及层级节制。不可否认,引导行为同样会出现在网络中,但主要基于共同准则的相互性逻辑,而非正式权威,所以没有官僚制表现形式。"权力并非单向运行,会出现差异性分配,但总体结构体现出明显的相互依赖性"[⑤]。网络中的行动者与市场中的一样,具有很强的自主性,而不同于

---

① See Hay, C. (1998). *The Tangled Webs We Weave: The Discourse, Strategy and Practice of Networking*. Berkshire: Open University Press, p. 39.

② 鄞益奋:《网络治理:公共管理的新框架》,载《公共管理学报》2007 年第 1 期。

③ 参见李维安:《网络组织:组织发展新趋势》,经济科学出版社 2003 年版,第 45—46 页。

④ 〔美〕奥斯特罗姆:《公共服务的制度建构》,毛寿龙译,上海三联书店 2000 年版,第 193 页。

⑤ 〔波〕彼得·史托姆普卡:《信任:一种社会学理论》,程胜利译,中华书局 2005 年版,第 63 页。

官僚制下具有很强依附关系的行动者。此外,网络与官僚制在权力运行方式、存在的问题及优势、治理结构与风格等方面,同样存在巨大差异。[①]

综上所述,作为一种治理结构而存在的网络,既不同于市场,亦有别于官僚制,而是一种"介乎强制与自愿之间的杂糅存在……是官僚制与市场的重叠"[②]。在这种三方比较中,我们可以总结出网络化治理的独特优势:首先,网络化治理实现了治理主体的多中心化,或多元化。在网络中,政府不再是唯一的权威中心,"改变了直接提供公共服务的主体定位,转变为促进公共价值实现的行动主体"[③],"只是承担构建者、管理者、协调者角色,是为各方提供交流的一个通道"[④]。企业、消费者、社会组织等"多元主体对治理责任进行分担","各参与主体基于权力的依赖属性而加强集体行动"。[⑤] 这一网络的主体多元化特性,"在认可传统及文化的悠久性、丰富性、多样性基础上,充分保障思维与行为的自主性,在进行利益协调的基础上促进公共利益的实现,促进多元主体的积极参与,最终促进社会整体和谐的实现。"[⑥]其次,网络化治理推行治理机制的多维化。在各行为主体之间权力上下互动、资源相互依赖、利益彼此共存的网络架构中,政府、公民、社会组织之间实现充分而有效的价值共享,通过多维交流以构建相互合作、相互信任的协调机制,并实现不同参与主体间沟通交流的持续增进。此外,各参与主体平等地分享散布于网络之中的公共权力,在合作基础上推进网络架构的多维度运行。最后,网络化治理推崇治理责任的分散化。网络架构中的各行动者都是具有平等地位的行动者,在相互信任与合作的基础上,通过平等协商、学习合作,伴随对公共权力的平等分享,相应地承担治理责任。"但政府并不因此而摆脱了其'元治理'的角色,而要承担建立指导其他参与者行动准则的基本使命。"[⑦]

(二)网络化治理的价值

网络化治理因其主体多元性、运行机制多维性、治理责任分散性,而

---

① See Niemi-Iilahti, A. (2003). *Will Networks and Hierarchies ever Meet*. Birmingham: ISO Press, p. 62.

② 鄞益奋:《网络治理:公共管理的新框架》,载《公共管理学报》2007年第1期。

③ 〔美〕斯蒂芬·戈德史密斯、威廉·D. 埃格斯:《网络化治理:公共部门的新形态》,孙迎春译,北京大学出版社2008年版,第3—21页。

④ 郑扬波:《网络治理:公共治理的新形态》,载《社科纵横》2010年第11期。

⑤ 参见俞可平:《治理与善治》,社会科学文献出版社2000年版,第34页。

⑥ 〔法〕皮埃尔·卡蓝默:《破碎的民主:试论治理的革命》,高凌瀚译,上海三联书店2005年版,第9页。

⑦ 孙健:《西方国家公共行政范式的演变及其发展趋势》,载《学术界》2009年第6期。

充分体现了民主行政的根本属性，拥有独特的治理优势与实践价值。具体表现如下：

第一，追求网络的整合。网络化治理在纵横交错的网络组织内部，追求着组织的整合、过程的整合、资源的整合。那么，网络化结构究竟如何追求组织的整合呢？“在网络组织形态中，个体与群体的关系或纽带形成社会网络(Social Network)，成为网络治理的基础网络组织。”[①]通过研究我们发现，基于“社会网络”这一范畴，网络化治理的要义就是要打破单向一维线性架构中政府包揽的权力运行结构，充分发挥企业、公众、社会组织等的效力，以嵌入(embeddedness)为主要方式，通过双边或多边交易(dyadic or multilateral exchange)的质量与深度来实现多元合作，促进社会资本嵌入网络组织，并在其间流动、链接、定位。在社会资本扩散与多元交流过程中，社会关系与市场原则及组织准则和谐共存、互相渗透，从而产生了以多元参与主体间关系联结为特征的网络治理组织。此外，在治理过程的整合方面，网络化结构同样具有独到之处。一般认为，网络以两种嵌入的方式影响经济的活动和结果：关系嵌入(relational embeddedness)，即基于双方彼此需要的重视程度，及在信任、信用、信息共享基础上开展的行动；结构嵌入(structural embeddedness)，可视为双边共同合约的扩展，是多元参与主体的互动函数。在网络运行过程中，各参与主体通过关系与结构的双重嵌入，基于网络复杂多样的制度安排，在网络组织统一目标的指引下，实现治理行为全过程整合。至于网络化结构对于资源整合的追求，则更为明显。要实现有效治理，最基本的是要有效整合人、财、物、信息等资源。但随着复杂性与风险性的不断增加，无论政府、企业，还是公众个人、社会组织，都无法单独实现治理所需资源的充足供给。必须由这些主体参与网络架构，并在网络内互通有无，通力合作，方能弥补资源匮乏之缺陷。

第二，追求行政效率及效度的切实提高。网络化治理模式有效整合了新公共管理追求的治理效率以及新公共服务倡导的治理效度。[②] 在网络架构中，各参与主体同时也是围绕共同目标形成的利益共同体，相互之间交流沟通，通力合作，既有利于共同治理目标的实现，亦有助于治理过程中阻力及困难的消除。此外，在多维网络架构内，信息传递向度及速率急剧提高，上下级政府、各职能部门之间、政府与企业以及政府与社会、企

---

① 彭正银：《网络治理：理论的发展与实践的效用》，载《经济管理》2002 年第 8 期。

② 参见田星亮：《网络化治理：从理论基础到实践价值》，载《兰州学刊》2012 年第 8 期。

业与社会之间实现信息的充分共享与交流,将极大缩短政策执行时间,从而有效提高政策执行效率。这些优势是官僚制无法比拟的,在传统官僚制下,各层级之间因为权力拥有不同而体现出明显的层级节制,上下级之间更多地体现为命令与执行,缺乏组织良性运转所必需的协调与沟通;而横向结构方面,由于部门利益的存在与纠葛,各部门之间大多关注于各自的权限范围,而且由于部际交流的缺失,使得政策在执行过程中面临着执行不到位或执行走样的危险。此外,信息充分交流与共享在官僚体制以及市场中也是难以实现的,由于信息在现代社会中的重要地位及其对于资源分配的决定性意义,使得政府与企业大多不愿意实现信息公开,以信息资源优势的保障来夺取资源分配中的强势地位,从而导致信息不对称的产生并一直存在。

第三,通过有效回应民众诉求,追求公民合法权益的保障。视民众为"顾客",并对其诉求进行及时回应,真正做到"以人为本",是现代政府合法性的源泉。但由于科层组织结构内行政效率低下,往往对于民众诉求回应迟滞或干脆无回应。同时,由于传统官僚制中的权力运行向度是由上至下、由行政体制内部向行政体制外的单向运行,民众缺乏对于行政机构以及行政人员的有效监督与制约,使得权力的反向运行,即政府机构对民众诉求的回应严重缺乏,政府与民众之间的交流合作也在这一权力单向运行架构内逐渐消失。当民众与政府之间形成巨大的沟通鸿沟后,政府的公共利益代表性将逐渐丧失,其执政的合法性基础也会随之而削弱。但是在网络化治理架构中,由于多元主体的有效参与,各主体剥离了权力的身份属性,均以平等的参与主体角色,通过利益表达、利益综合与利益实现,最大限度地提高政府回应公众诉求的时效,通过有效回应诉求来保障公民合法权益。

所以,作为西方国家公共行政理论嬗变的全新范式,网络化治理以其全新的组织架构,以及追求整合、效率提高、权益保障、价值实现的独特价值,"既坚持了治理的多元参与和分权理念,又从技术进步和顾客(公民)选择角度说明了网络化治理的必然性"①。

三、现行"单向一维结构"的失败

就组织结构而言,我国食品安全监管现行模式表现出明显的"单向一

① 姚引良、刘波、汪应洛:《网络治理理论在地方政府公共管理实践中的运用及其对行政体制改革的启示》,载《人文杂志》2010 年第 1 期。

维结构”的特征。当然,这种结构主要是由主体结构以及权力分配制度及运行机制所决定的。在传统官僚体制下,政府完全垄断公共权力,对社会公共事务实行完全独断管理,其他存在主体均被排斥在权力范畴之外,被动接受管理或规制。在这一主体设计下,组织架构以及权力运行自然呈现出明显的单向一维特性。

所谓“单向一维结构”可以从两个维度加以理解:一是“一维”,即指权威来源是一维的。现行食品安全监管模式以政府规制为主,权威必然来自于政府,实施统治的主体一定是社会的公共机构,在食品安全领域实行的是监督,而不是合同包工;是中央集权,而不是权力分散;是国家直接介入进行分配,而不是只负责管理;是由国家直接指导,而排斥国家与私营部门的合作。由于权威被政府所垄断,公众、市场、社会组织被排斥在外,所以,权威呈现一维性,而非层次性、多元性、网络性。二是“单向”,即指权力运行的向度是单向的。传统食品安全管理架构下,权力习惯以“上→下”“体制内→体制外”的路径单向运行,“它充分利用公共部门的法定权威,专注于权力的单一向度,以行政命令、政策规制等手段,对社会公共事务施以规制”①。目前,我国实行的是“以分段监管为主”的管理模式,无论政府职能如何调整,政府机构如何设置,其管理方式都是以规制为主,权力运行方向都是体制内的自上而下,以及由体制内向体制外运行,政府与其他主体之间合作、协商以及伙伴关系的缺失,导致治理绩效完全取决于政府权威及运作,缺乏权力之间的双向,乃至多向互动交流,权力运行网络无法构建。

面对复杂性与风险性日渐增强的现代社会,这一“单向一维结构”在实践中必然会因为无法及时有效应对治理困境而导致失败。第一,“单向一维结构”导致管理组织回应性差。在这一架构中,政府是唯一的权威来源,而在层级节制的官僚体制中,由于官僚制之固有弊端,民众诉求往往得不到回应。与此同时,由于其他参与主体的缺失,使得对于民众回应尚无其他补救途径。第二,“单向一维结构”导致管理组织灵活性、机动性、主动性较差。在这一组织架构中,由于权威来源单一,权力运行方式单向,任何管理活动都取决于政府通过决策而发布的行政命令或指令,管理活动的开展都来自于政府权力的运行。而由于众所周知的原因,官僚体制下,层级节制明显,任何诉求都需要层层上报,形成决议后,再通过官僚组织层层往下传达,在线性的运行过程中,缺乏对于突发情况的有效应

① 俞可平:《治理与善治》,社会科学文献出版社2004年版,第6页。

对,致使组织的灵活性以及机动性较差。此外,在传统权力架构下,由于政府的绝对权威地位,使其在缺乏外部压力的情况下,少有动力去进行规制完善与绩效提高,致使其提高管理水平的主动性不强。第三,“单向一维结构”导致管理效率低下。由于缺乏多元主体参与及合作,所有规制活动均要由政府实施,且如前所述的管理灵活性、机动性、主动性严重不足,导致管理效率不高。此外,在现行这一模式下,政府占据绝对主导地位,缺乏其他主体对其有效监督与约束,使其在规制过程中经常造成人、财、物、时间的浪费而有恃无恐,效率低下也无所顾忌。

总之,正因为现行“单向一维结构”在权威来源以及权力运行方面存在的这些弊端,导致了我国食品安全治理绩效不高,无法适应当下的形势需要,所以,必须适时对其进行架构的重新设计与创新。

第二节　食品安全治理网络的构成域

网络化治理是包括所有参与网络的行动者基于其相互依赖的共同利益,在集中而非官僚层级结构中,以集体行动努力寻求难题解决的一种新的治理方式。故而,它既是不同于传统的、具有创新性的组织架构,更是对传统官僚制提出严峻挑战的一种治理范式,是一种包含治理主体、结构、机制、工具在内的综合性的整体创新。本节将从上述四个维度来分析我国创新食品安全治理网络的构成要素。

一、网络治理主体:平等赋权的多元存在

如前文所述,现代社会中,无论是政府组织,还是企业,抑或公众个人及社会组织,都只能在其熟悉的领域内以比较优势发挥其最佳治理能力,没有任何一个拥有足够资源能够单独承担治理任务。“网络化治理既在公共部门与私人部门之间构建合作网络,还对这一网络实施强有力的监管。”[①]也就是说,现代意义上的治理,仅实现治理主体的多元化是远远不够的,并不能保证各主体独立地位及充足权力的享有,还必须对各主体实现平等赋权,实现权力结构的多元化。

在食品安全创新治理模式的组织架构内,各参与主体之间形成了网

① 何植民、齐明山:《网络化治理:公共管理现代发展的新趋势》,载《甘肃理论学刊》2009年第3期。

络结构，以多元权力中心取代了政府单一权力中心，而呈现出明显的网络化。此外，“网络是开放的、多维延伸的、非等级化排列的，没有固定的权力中心，网络的任何一个节点（单个组织）都有可能成为一个中心。”[①]

（一）网络的核心主体及协调者：政府

一个国家的食品安全是本国人民生存与发展的物质基础，是本国食品行业企业良性竞争、行业健康发展的决定性因素，与民众切身利益以及社会公共利益密切相关。试想如果一个政府连基本的食品安全尚无法保障，那还谈何实现政府其他职能呢？还怎能奢望其作为社会资源的公正分配者与公众利益的有力维护者而存在呢？正因为如此，在食品安全的治理网络中，政府绝不会也不能缺席。在网络化治理模式中，政府与其他各参与主体共同构成了相互依存的网络体系，以平等的合作关系实现共存。只是由于政府执掌着公共权力、分配着公共资源、承担着公共治理目标，才使其并不局限于参与者角色，而成为网络的核心主体，承担着网络协调及维护的责任与义务，扮演着积极主动的引导者、协调者、维护者角色。

所以，创新的食品安全治理网络中的政府不应该还是传统管理模式下的统治者、规制者，而应该转型为引导者，其作用的发挥主要体现为两个方面：一是政府需要充分发挥在食品安全治理结构中的引导功能，推动构建企业、公众、社会组织等多元主体参与的共治模式；二是在参与主体的多元共治下，政府要努力追求“元治理”功能的充分发挥，制度层面要通过相关机制的有效供给，推动多元主体实现资源及功能在不同地域之间的依存与共享；战略层面要激励创新机制与行动实践，推动共识的达成，努力追求共同利益，从而弥补现行治理模式的缺陷，[②]进而对食品安全治理全过程实现总体引导。

在网络中，由于实现了权威的多来源以及多中心化，政府已不再因垄断权力而具有最高的绝对权威，而只是由于其公共组织之特性而承担着制定规则以及组织修改相关规范的责任，被视为“同辈中的长者”[③]，在一些基础性工作中，以及治理过程的风险与冲突化解中，仍然扮演着重要角色，去引导、规范、控制、协调各参与主体的行动，最大限度地增进公共利益。

---

① 何植民、齐明山：《网络化治理：公共管理现代发展的新趋势》，载《甘肃理论学刊》2009年第3期。

② 参见俞可平：《全球化：全球治理》，社会科学文献出版社2003年版，第79页。

③ 田星亮：《论网络化治理的主体及其相互关系》，载《学术界》2011年第2期。

（二）网络的参与治理主体：企业

英国在20世纪90年代率先提出了“公私伙伴关系”（Public-Private Partnership，简称PPP）概念，并积极推进公共服务民营化，随后，公共部门与私营部门之间的伙伴关系构建逐渐推广应用于美、日、法、德等西方国家。由世界银行相关数据可知，“1984至2002年间，世界上有近一成的能源项目的投资方式是公私伙伴关系，另有超过九成的道路交通项目及超过八成的供水项目以形式各异的公私伙伴模式进行建设”①。

对于公私伙伴关系的界定，著名经济学家萨瓦斯提出，“公私伙伴关系实际上是公共部门与私人部门之间关系的特殊表现，这一特殊关系要求私人部门完全或部分承接传统由公共部门完成的公共活动”②。所以，在这一意义上，企业等私营部门参与治理是公私领域充分合作的新表现，要求创建公私合作的、全新的、追求治理绩效提升的治理架构，以实现多元主体对于公共活动的有效参与。③ 通过企业积极参与治理网络，能够培育新的社会公德，实现权力共享与责任共担，促进公共管理方式的改进，最终实现社会问题的妥善解决。④

在食品安全治理过程中，食品生产、加工、运输、销售企业作为食品安全的第一责任者而存在，其生产行为的规范性、科学性、有序性、合理性程度，将直接影响食品的安全状况，所以，如果没有食品企业的参与，那么，这个治理网络将是极不完整的，将拥有先天性的结构缺陷。在治理网络中，食品企业将根据网络成员在平等协商基础上达成的契约性规范，以自身市场行为的规范来保障食品的安全；此外，企业还可从直接责任方与生产者角度出发，对政府的食品安全规制政策提出合理建议，促使政策的科学、合理、有效。

（三）网络的重要成员：公众

网络在社会问题治理中有效性的发挥，不仅取决于掌握公共权力的政府以及参与市场竞争的企业的多元参与，更受制于公众的有序参与。公众因其个体形式无可避免地成为网络中的最小组成单元，但广泛性却使其成为网络结构中数量最多的组成单元。尤其是在食品安全治理网络

---

① 世界银行统计材料，http://rru.worldbank.org/PPIbook/.

② 〔美〕E. S. 萨瓦斯：《民营化与公私部门的伙伴关系》，周志忍等译，中国人民大学出版社2002年版，第4页。

③ 参见田星亮：《论网络化治理的主体及其相互关系》，载《学术界》2011年第2期。

④ 参见李丹阳：《当代全球行政改革视野中的公私伙伴关系》，载《社会科学战线》2008年第6期。

中,很难想象没有作为食品安全直接受益者的公众的参与,这一治理网络将如何运转。

在食品安全治理网络中,公众是食品安全信息及治理信息的主要传播渠道,作为消费者而存在的公众既是信息的需求者,也是信息的传播者,能够通过积极参与和政府的互动沟通,迅速而广泛地传播信息,并通过信息连接网络中的其他各成员,维持治理网络的稳定性。此外,"网络治理的绩效在很大程度上取决于'信任'"[①],而公众的参与可以多方弥补政府规制下信任缺失的困境,通过自主积极参与,增加社会资本,营造食品安全治理的"信任"氛围,提高治理绩效。

所以说,在某种程度上,治理网络中的公众完全可以摆脱传统规制模式下"被动接受的受害者"角色,充当市场与社会、政府与社会之间在食品领域中的沟通者角色。具体而言,公众可以通过"货币选票"向企业反馈社会对于食品的接受或排斥情况,以促使企业通过生产工艺的改进提高食品质量安全;同时,公众也可以通过"政策反馈"等形式,针对食品规制政策,向政府进行充分的利益表达与利益综合,以促使政府进一步完善食品安全政策。在这些反馈的过程中,公众以协调者、沟通者的身份实现了对于食品安全治理网络的参与。

(四)网络治理的第三方力量:社会组织

以非政府组织、非营利组织为代表的社会组织,是应对"市场失灵"和"政府失灵"的重要力量,其与政府及市场之间在行动方式、目标诉求、价值定位等方面,既相互合作、充分交流、有效协调,又会产生无可避免的张力与矛盾,[②]三者之间的关系本身就是一种矛盾集合体。所以,三方唯有以依赖、支持、信任为基础,强化契约性、制度性合作,"建立长期稳定的良性互动关系才能最终实现善治"[③]。

拥有共同的价值理念,是政府与非政府组织之间实现良性互动的基础。[④] 从根本上说,政府基于"社会契约"而产生,政府行政权之合法性正是基于选举的公平性与民主性,正因为此,政府产生于公民的权力让渡,

---

① 经戈、锁利铭:《公共危机的网络治理:NAO 模式的应用分析》,载《软科学》2012 年第 26 卷第 3 期。

② 参见田星亮:《论网络化治理的主体及其相互关系》,载《学术界》2011 年第 2 期。

③ 同上。

④ 参见苏大林、周巍、审永丰:《走向良性互动:政府与非政府组织合作关系探讨》,载《甘肃社会科学》2006 年第 4 期。

必须为公民服务且对其负责。[①] 所以,政府理应以最大限度地满足公共利益作为其存在的最终价值取向以及合法性理由,也就是说,政府不得纠缠于各类私人利益,必须以公共利益为价值导向,创设有利于各利益主体充分实现利益表达与利用综合的政策氛围,坚持政治权利的公共属性,致力于多元利益诉求的有效整合。[②] 而非政府组织等社会组织也可以集中并表达公民的利益诉求,通过监督和评估政策来保障自己的合法权益,加深公民之间的理解与信任,促进公民社会的发育成熟,为实现公共利益最大化提供组织和制度保障。所以,社会组织与政府拥有共同的服务对象,即公众;拥有共同的追求和任务,即实现公共利益最大化;拥有良性互动的基础,即共同的价值理念。有鉴于此,非政府组织、非营利组织等社会组织作为治理的第三方力量,积极参与治理网络,就成为一种历史的必然。

二、网络治理架构:独特性的自我存在

网络治理作为一种新的治理模式,需要建构参与者联合决策与合作的组织结构,即谁来决策、如何决策和实现合作、需要何种信息及成本收益如何分担等。学者 K. G. Provan & P. Kenis 提出了“网络行政组织、领导组织、共享治理三种基本的网络治理模式”[③]。这一分类法引起了学界关注,学者比尔纳等在对危地马拉森林治理的研究时,以 Instituto Nacional de Bosque 组织为蓝本,认为这一组织就是一种网络治理结构,形成由公共、私人、第三部门组成的伙伴关系,其典型的制度特征就是授权与合作。[④]

究竟如何来界定以及认知网络治理的结构呢?不同的学者从不同的学术背景以及研究志趣出发,总结了诸多不同的结构类型。但总的来说,大多数学者还是将网络治理与市场和官僚制进行比较,通过比较性研究,

---

① 参见[英]B. 盖伊·彼得斯:《政府未来的治理模式》,吴爱明等译,中国人民大学出版社 2001 年版,第 125 页。

② 参见张勤:《行政体制改革的价值理念:公共性和服务性》,载《广东行政学院学报》2004 年第 2 期。

③ Provan, K. G., Kenis, P. (2008). Modes of Network Governance: Structure, Management and Effectiveness. *Journal of Public Administration Research and Theory*, Vol. 18, No. 2, pp. 229—252.

④ See Birner, R., Wittmer, H. (2006). Better Public Sector Governance Through Partnership with the Privator Sector and Civil Society. *International Review of Administrative Sciences*, No. 4, pp. 459—472.

从而得出网络治理的结构特征。从实践看,网络这种全新的治理范式无论是在规范基础、组织形式、弹性程度等方面,还是在行动基调、自由度和偏好方面,抑或在沟通工具、参与态度、凝聚基础以及冲突解决途径等方面,均明显不同于传统的市场治理及科层治理,是一种新型的、独具特色的、独特性的自我存在(详见表 6-1)。

表 6-1　网络治理结构与市场治理及科层治理结构之比较一览表

参数 范式	市场治理结构	网络治理结构	科层治理结构
规范基础	契约—财产	互补关系	雇佣关系
组织形式	分散、独立正式与非正式组织	正式与非正式组织、负责网络	正式组织、权威结构
弹性程度	低度	中度	高度
行动基调与氛围	精确计算与(或)怀疑的	开放的、相互有利的	正式的、官僚体制的
行动者的自由度	高度	中度	低度
行动者的偏好	独立的	相互依赖的	依从的
沟通工具	价格	关系	例行惯例
参与态度	计较	积极	疏离
参与者的自愿度	中度	高度	低度
相互间的承诺程度	低度	高度	中度
信息分析的程度	中度	高度	低度
凝聚力量的基础	管理要求	满足信任	奖惩制度
解决冲突的方法	争论议价—诉诸法庭	互惠的规范—信誉的考量	行政命令—管理监督

资料来源:何植民、齐明山:《网络化治理:公共管理现代发展的新趋势》,载《甘肃理论学刊》2009 年第 3 期。

从上表中可以看出,网络治理范式是人类社会"在网络信息时代跃迁的新走向,契合了网络社会治理的新要求"①。作为一种治理范式,网络治理结构为何能够被称为"独特性的自我存在"?其独特性以及自我性或谓之自治性何以体现呢?通过分析可以发现,在网络结构中,治理主体

① 何植民、齐明山:《网络化治理:公共管理现代发展的新趋势》,载《甘肃理论学刊》2009 年第 3 期。

实现了多元化,包括公共组织、经济组织、社会组织等,都能够充分参与治理网络,在平等协商基础上形成制衡共生的权力中心,这一点可谓不同于官僚制与市场的"独特性"表现;除此之外,各参与主体之间还在网络内部通过交流互动合作,为借鉴彼此的优势资源而相互依赖,完成单一主体无法完成之目标。至于网络结构的"自我存在",抑或自治性,则体现为网络的运行纯粹依赖于各成员审议协商一致基础上所进行的决策、执行、监督,正是网络内部成员的共同行动以及网络的自组织行为推进着网络组织共同目标之实现,同时也推动着网络不断完善与发展。

三、网络治理机制:信任协商的实践

网络治理的运行机制不同于传统公共行政模式下的官僚机制,亦有别于新公共管理模式下的市场机制,具有独特性。

(一) 信任机制

作为人类社会最基本的要素,信任关系对于组织关系同样重要。洛克(Locke)等西方学者认为,作为社会秩序的主要原则基础以及民主的前提之一,信任极为重要;而迪尔凯姆(Durkheim)、韦伯(Weber)等社会学界的大师们则将信任视为"社会凝聚力的基础、社会组织的黏合剂以及社会系统动力"①。

同样,信任"在公共组织体系的功能发挥中起着黏合剂的作用,是网络治理持续良性发展的前提"②。J. Edelenbos & E-H. Klijin 认为"复杂网络治理中的信任机制,存在三种特性:风险性、自愿性、期望性"③。网络架构内,人与人之间、个人与组织之间、组织与组织之间通过交流与合作,建立起了全方位的信任体系,各治理主体通过信任关系的建立以及进一步生产,以共同的治理目标为价值取向,推动网络中的资源要素合理配置并有效运转,实现公共政策的具体执行。

随着我国不安全食品事件的不断曝光,"速生鸡""塑化剂酒""瘦肉精猪""地沟油""毒大米"等问题食品在不断冲击民众眼球的同时也摧残着民众的信任,在"我们还能吃什么?还能相信什么"的近乎绝望的质疑

---

① 〔美〕安妮·博格:《质量管理模式:提高政府的责任、效率与信任度》,载《新华文摘》2000年第12期。

② 黎群:《公共管理理论范式的嬗变:从官僚制到网络治理》,载《上海行政学院学报》2012年第4期。

③ Edelenbos, J., Klijin, E-H. (2007). Trust in Complex Decision-making Networks: A Theoretical and Empirical Exploration. *Administration & Society*, No. 1, pp. 25—49.

声中，民众对政府以及食品企业的信任已降至冰点，对于企业的广告，甚至是对政府的规制政策，以及专家辟谣普遍抱持怀疑态度。在尚可进行消费选择时，民众还可以抛弃怀疑食品，转而消费其他同类或替代产品，但是，如果整个食品市场都陷入信任危机，消费者的唯一选择将是“抛弃整个市场”，当下出现的“国外奶粉抢购潮”就是民众在信任机制缺失状态下做出的无奈之举。所以，在研究我国食品安全网络治理机制时，有三个问题必须考虑：在我国食品安全形势并未见好转的情况下，食品安全领域内的信任是否还能重建？如果可以，将如何有效重建？重建后的信任机制又将如何在治理网络中充分发挥其应有的作用？

信任，是人类交往的基本条件，也是人类社会赖以存在与发展的基础。如果没有消费者的信任，食品企业将会因失去消费者支持而无法立足于市场，政府也将失去合法性基础而无法继续存在。

（二）充分协商机制

协商可以被理解为“一种民主决策的程序与机制，一种国家和社会的治理结构与形式。”①由于参与治理网络的主体众多，且单靠某一主体根本不可能达成组织目标，所以急需充分协商机制发挥作用，以实现风险、责任的分担。登哈特夫妇指出：“供给公共服务的关键是公民充分参与的商议机制。”②库珀等通过对公民中心导向的公共治理的研究提出，“协商机制的实效性比信息共享及民主选举更强，此外，协商对于提高政府对公民诉求的回应性以及增强公民信任大有裨益”③。达尔和林德布洛姆还曾进一步将“科层、市场、协商、多头政治”归纳为四种协商形式。④

网络治理结构中充分协商机制的运行，需要各主体之间在权利与机会平等的基础上，实现存在主体自我意识充分而独立地表达，在表达与倾听的基础上，实现个体目标策略的转换及个人偏好的转移，以达成共识。在治理网络中，“各网络成员基于资源互补效应实现充分合作，但合作成功的前提则是商议机制的有效运行”⑤。所以，充分协商机制要求所有与

---

① 黎群：《公共管理理论范式的嬗变：从官僚制到网络治理》，载《上海行政学院学报》2012年第4期。

② Robert, B. D., Vinzant, J. (2000). The New Public Management: Serving Rather Than Steering. *Public Administration Review*, No.6, pp. 549—559.

③ Cooper, T. L., Bryer, T. A., Meek, J. W. (2006). Citizen-centered Collaborative Public Management. *Public Administration Review*, No.12, pp.76—87.

④ 参见鄞益奋：《网络治理：公共管理的新框架》，载《公共管理学报》2007年第4期。

⑤ 王欢明、诸大建：《国外公共服务网络治理研究述评及启示》，载《东北大学学报（社会科学版）》2011年第6期。

食品安全相关的主体都要参与协商及讨论，在凝聚共识的同时为政府公共决策提供民意支撑。

（三）信息共享及整合机制

政府行政改革的重要技术支持是多维信息及知识共享平台。① 食品安全治理网络的构建，不仅要在知识、信息方面实现各级政府间、同级跨域政府间、各政府部门间的交流、整合与分享，更要建立起政府与企业、公众、社会组织之间的链接。

在面对治理需求的不确定性以及治理任务的复杂性要求时，治理网络结构必然要求通过信息等资源的整合来实现网络主体之间的联合与协作，而网络中非常重要的社会关系的嵌入则更需要整合机制来建立具有可靠性的信任与互惠关系网络。此外，信息共享与整合机制为网络成员的实践活动提供服务，“通过非有序重组关系序列”②，将其迅速与组织融为一体，并与其他主体一道为共同目标而行动。

如前所述，信息在现代社会具有极端重要的作用，在某种意义上，信息甚至可以决定权力的享有以及公共资源的分配。而目前我国食品安全领域，信息不对称现象普遍存在，企业与政府始终处于信息优势地位，而消费者则处于信息劣势地位。这一现象将不利于消费者作出合理的消费选择，也不利于政府实施有效的规制，同样还会使企业因市场反馈的缺乏而无法更好迎合消费者需求。由此可见，信息共享及整合机制对于食品安全治理网络的构建无比重要。但是，究竟该如何建立并完善信息共享及整合机制？如何以制度规范来激励企业、政府等信息优势主体在网络内主动地或被动地共享其占有的信息？如何保障消费者对于共享信息的有效获取？这些问题都关乎这一机制能否真正发挥作用，是建立并完善这一机制的关键。本书将在后文的“机制设计”中进行深入研究。

四、网络治理工具：契约合作的替代

在网络治理模式中，以契约、激励、沟通工具为主要表现形式的第二代治理工具已经完全取代了以强制性与规制性工具为代表的第一代治理

---

① 参见黎群：《公共管理理论范式的嬗变：从官僚制到网络治理》，载《上海行政学院学报》2012 年第 4 期。

② 彭正银：《网络治理理论探析》，载《中国软科学》2002 年第 3 期。

工具。[1] 如前所述,现行食品安全监管模式大多是运用政府行政权力,以公共权威的强制保障,运用行政命令以及公共政策的制定、实行,对食品安全施以单一向度的规制。

创新食品安全治理模式在组织架构方面实现了由"单向一维"向"网络多维"的转型,在治理工具方面主要通过确认网络组织的共同价值取向及行动目标,建立起协商合作的伙伴关系,并以此推动食品安全有效治理的成功实现。作为政策网络中的核心主体及协调者,政府综合运用各种治理工具,引导并规范各参与主体的行为,充分发挥公共组织的"驾驭"及"领航"作用,改变目标群体的行为,促成组织预期目标的实现。

根据西方发达国家的经验,社会组织与公共组织、市场组织之间建立合作伙伴关系的方式很多,如"社会主办,公市共助""市场主办,公社共助""政府主办,市社共助"等。以方式的多样化积极鼓励企业与社会组织共同参与食品安全治理,以"承接合同外包"等形式从政府手中接过以前直接由政府提供的公共服务,通过有效整合,凝聚成一股更为强大而有效的力量实现责任共担。

综上所述,以食品安全治理为例,作为一种全新的治理模式,网络治理实现了政府、企业、公众、社会组织对食品安全治理的多元参与,而且各参与主体在共同目标——保障食品安全的指引下,依据其组织特性各归其位,各尽其能。此外,各主体在独特网络结构中,充分发挥信任机制、充分协商机制、信息共享及整合机制的作用,交叉运用交流、合作、协商、沟通、伙伴等治理工具,为实现网络组织之共同目标而协同运作。

第三节 大部制视域下的食品安全治理网络设计

如前所述,食品安全网络化治理主要包括两个维度:一是治理主体之间多维网络的构建,二是治理全过程多维网络的构建。对于第一个维度,必须在明确各参与主体定位的基础上,重新设计主体之间的关系,充分发挥协调机构——国家食品安全委员会之功能,推进主体网络的建构;而对于第二个维度,唯有完善治理机制设计,方能充分发挥各主体以及诸如HACCP等各种食品安全生产规范在食品生产、加工、运输、销售、消费等全过程中的治理作用,实现治理全过程的网络建构。

---

① 参见何植民、齐明山:《网络化治理:公共管理现代发展的新趋势》,载《甘肃理论学刊》2009年第3期。

一、治理网络主体间关系设计

在食品安全治理网络架构中，参与主体摆脱了传统官僚体制下“政府独大”的权力“一维单向”运行格局，而是在平等协商的基础上实现了充分参与。尽管如此，要想切实发挥各主体之功能，就必须首先明确各自定位，而后探究各主体与其他主体之关系，最后实现网络组织内部主体间关系的重构。

(一) 政府与其他主体间的关系建构

作为食品安全网络治理的核心参与者与协调者，政府已褪去传统官僚体制内部统治者、发号施令者的光环，开始对其责任类型、责任规范，以及与其他主体之间的关系进行重新定位。

1. 政府的责任类型

对于网络化治理而言，责任问题是其所面临的最艰巨的挑战之一。在传统行政模式下，政府被赋予政治与行政两类责任，前者主要依靠法律形式加以规范与保障，后者则依靠行政自律机制加以实现。① 贝恩则将政府责任划分为“公平、财务、绩效责任”三种不同类型，他认为，公平责任能确保政府与社会之间的公平正义，并规范合理地运用权力；财务责任要求政府履行合理使用税收的责任；绩效责任则是以公共价值的实现为目标。②

对于政府在食品安全治理网络中的责任，主要是通过食品安全公共政策及各方面的规制行为去引导参与网络的各社会力量积极合作，通过协商合作建构食品安全有效治理的机制，追求多元合作、和谐共治秩序的建立。在网络治理模式中，政府所要承担的责任完全不同于传统模式以及混合模式，具体区别见表 6-2：③

---

① 参见田星亮：《论网络化治理的主体及其相互关系》，载《学术界》2011 年第 2 期。

② See Behn, Robert, D. (2001). *Rethinking Democratic Accountability*. Washington, D. C.: Brookings Institution Press, pp. 6—10.

③ 参见〔美〕斯蒂芬·戈德史密斯、威廉·D. 埃格斯：《网络化治理：公共部门的新形态》，孙迎春译，北京大学出版社 2008 年版，第 106 页。

表 6-2 政府在不同模式下的责任类型一览表

责任类型	财政	公平/质量	绩效	信任度	激励机制
传统模式	标准、惯例、保留记录	服从项目条例	服从投入并保持记录	低	在成本外加一定费用
混合模式/转型模式	只保证承包服务的经费	条例重视公平与公正	各项活动	中	固定价格
灵活的网络模式	保证绩效	服务分级协议	成效	高	根据结果实行处罚与奖励

因为“网络的目标是针对一个公共问题提供分权化的、灵活的、个性化的和富有创意的回应”①,所以,在治理网络中,政府所承担的主要责任将是引导与协调。

2. 政府的责任规范

在食品安全领域实行网络化治理,模糊了公、私领域之间的界限,无形中增加了认定责任的难度,也为政府监管部门推诿扯皮、推脱责任提供了可能。在此情况下,进一步规范政府的责任就显得尤为重要。具体而言,在食品安全治理网络中,政府主要具有以下三方面的责任:

第一,确立组织合意,增进网络内部信任关系。由于主体特性不一,所以食品安全治理网络中的不同主体享有各异的话语权,且因行为能力的不同而占据各异的资源优势。要追求食品安全的有效治理,政府必须在治理全过程中坚持法治原则,并完善监督机制,保障有效监控企业、公众、社会组织等多元主体的权力行使。相应地,企业、公众、社会组织也需要参与有效监督,合理限制政府公权力的运用,并规范政府行为。所以,政府在食品安全治理网络中的重要职能就必然包括对组织合意的明确,以及多元主体信任度的强化。

第二,培育行政道德文化,普及职业伦理。如前所述,目前政府各监管部门及行政人员基于利益纠葛以及考核升迁机制,大多以职业道德操守作为成本换取利益。在食品安全治理网络架构中,职业操守将起到重要作用,必须在公务员系统中充分孕育忠诚、奉献、负责、守法等职业操守,保证监管部门公务员为“保障食品安全”这一公共利益而服务,进而提升政府合法性以及规制能力。

第三,完善公共责任机制,确保充分实现公民的合法权益。在食品

① 参见〔美〕斯蒂芬·戈德史密斯、威廉·D. 埃格斯:《网络化治理:公共部门的新形态》,孙迎春译,北京大学出版社 2008 年版,第 106 页。

安全治理过程中,基于多元主体参与的网络设计,政府将一些职责转交给企业、公众、社会组织之后,还必须强制其遵守必要的公共道德,并将其纳入政府的诚信建设体系,以减少公、私利益之间的矛盾,缓和全局利益与局部利益、长远利益与现实利益的冲突。此外,对于公共服务被外包,政府还应该相应地扩展公共审计与质量认证职能,使企业以及社会组织更具公共责任意识,以保障公民公共服务的获取。

3. 政府与其他主体的关系

由于“治理同时涉及公、私部门的行动者”以及“治理有赖于持续的互动”①,故而,政府在构建新型网络主体关系,推进多元参与,塑造多元文化的过程中,肩负极其重要的职责。

第一,政府与企业之间的利益与道德博弈关系。双方关系可以总结为:“特点的双轨博弈,手段的利益联盟,格局的多头博弈。”②更有学者进一步提出二者之间存在“博弈手段的道德性与博弈目的的道德性”③。所以,在食品安全治理网络中,政府与企业之间的利益博弈在伦理及经济目标上存在冲突,掌握公权力的政府组织以行政道德为导向的伦理冲动,与追求利润最大化的企业以现实利益为取向的经济冲动之间的“文化矛盾”,就成为治理网络架构下二者关系的真实写照。

在建构政府与企业之间的关系时,有一个现实问题必须面对,那就是如何打破目前在食品安全领域业已形成且日益固化的政府与食品企业之间的利益同盟,使政府与企业在充分的利益博弈基础上实现各自的准确定位?在食品安全治理网络中,政府必须坚持自身的公共利益代表者与维护者,以及正常市场秩序规范者的角色定位。而要实现这一点,可以从对内与对外两个维度来考察。对内即政府自身的行为约束,无非是通过公共道德教育、问责制度约束、行政绩效考核等制度的供给来实现,以避免被“俘获”,对于这一点前文已述,此处不再赘述;对外即政府对食品企业的约束与规范,可以尝试建立食品安全信用档案,通过企业市场声誉机制的运行来约束企业的市场行为。

在现代社会,声誉实际上是一种拥有很强信号功能的公共舆论,消费者在声誉机制建立并保证信息无误的前提下,更乐于将声誉机制视为应

① 常庆欣:《治理、组织能力和非营利组织》,载《中国行政管理》2006 年第 11 期。
② 杨华锋:《论环境协同治理》,南京农业大学 2011 年博士学位论文,第 139 页。
③ 刘祖云:《行政伦理关系研究》,人民出版社 2007 年版,第 120—131 页。

对信息不对称的手段。[①] 政府可以建立食品企业安全信用档案，通过市场信誉机制引导消费者理性地“用脚投票”。就具体做法而言，政府可以在全国食品行业建立统一的信誉评价体系，规范同类食品安全标准，并在全国强制推行食品安全信息公示制度，要求各食品企业定期将食品安全信息，包括原料、加工工艺、添加剂等信息上报至当地的相关部门。此外，政府监管部门还要加大监管力度，对食品企业进行信用评级与违法公示，将相关评级及处罚信息交由相关部门向社会公示。至于如何界定“相关部门”，笔者认为可以有两种尝试，一种是“政府主导”，充分发挥各地食品安全委员会的作用，由其在网站发布当地企业上报及委员会自己搜集到的食品安全以及信誉评级、违法处罚等信息；第二种尝试则是“社会主导”，即将这一重任交付给行业协会等社会组织，由第三部门中立地进行信息发布。

对于声誉机制的构建有一个问题值得商榷探讨，即食品企业的信誉评价究竟是由政府实施，还是由行业协会实施更为合适。如果由政府来实施信誉评价，则难以保证政府不会在此问题上“寻租”，影响信誉评价的可信度；而如果由行业协会实施，在目前社会组织独立性欠缺，发展尚不健全之际，评价的权威性又值得怀疑。对于这一问题的回答，关涉政府与社会的关系界定，本书将在后面详述。

第二，政府与公众之间的双向互动关系。随着社会的发展进步，以及公民意识的觉醒，政府与公众之间的双向互动关系成为社会发展模式的必然选择和现实需要。民众与公共部门之间的直接沟通将公众与政府官员看作是相互参与的个体，他们聚集起来围绕各自利益开展理性对话，以充分参与实现相互关系的融洽。[②] 在食品安全治理网络中，政府与公众将基于相互之间的信任，实现双向互动。

那么，究竟该如何有效推进政府与公众之间的双向互动呢？笔者认为主要应该解决几个关键问题。一是政府公信力的重塑，以及社会资本的再培育。此处之所以强调“重塑”与“再培育”，主要是基于目前的现实而言。如前所述，由于食品安全事故一再爆发，致使民众对政府规制的信任大减，政府公信力在食品安全领域严重缺失。要解决这一困境，除了信

---

① 参见吴元元：《信息基础、声誉机制与执法优化——食品安全治理的新视野》，载《中国社会科学》2012 年第 6 期。

② 参见〔美〕珍妮特·V. 登哈特、〔美〕罗伯特·B. 登哈特：《新公共服务——服务，而不是掌舵》，丁煌译，中国人民大学出版社 2004 年版，第 39 页。

息公开、加大处罚力度、切实保障食品安全以挽回消费者信任之外,别无他法。

二是如何改变政府与公众之间长期存在的单向一维关系,实现有效的“双向互动”?政府必须畅通已有的公众参与渠道,如地方首长热线,使其不再成为“摆设”,真正发挥其畅通民意、集中民智的功能;再如,举报制度的完善,要加大宣传力度,扩大食品安全举报制度的影响面,使更多的民众知晓举报的途径方式、内容等,增强公众的自我保护意识与能力。除此之外,政府更要为公众积极参与食品安全治理开拓新的渠道,比如通过举办“食品安全宣传月”,组织安排当地政府食品安全主管领导以及食品企业、行业协会人员与公众面对面交流,了解公众诉求,同时对其进行食品安全教育。此外,政府还要适当引导媒体理性地进行食品安全宣传。目前,我国的新闻媒体大多集中于食品安全事件的曝光及后续处理,而相对忽视食品安全风险识别与防范等安全知识的宣传与教育,政府可以通过政策工具引导媒体在客观真实报道食品安全事件的同时,加大食品安全知识教育。诚然,为保障新闻的独立、自由,政府着实不应该干预媒体运作,但是,在食品安全教育方面,在目前我国食品安全形势严峻的特殊时期,广电局等机构还是应该坚持在食品安全教育领域对媒体施以适当的价值导向。

第三个需要解决的关键问题则是政府监管规制措施的实效性,或者说是公众对于政府监管措施的习得程度。目前,我国政府在实施食品安全监管以及食品安全知识的普及方面,专业性太强,大多是请几位专家从专业角度、以专业术语来加以表述,此外,政府发布的食品安全教育材料也大多充斥着专业词汇,极不利于普通消费者的有效习得。所以,要切实加强政府与公众在食品安全领域的双向互动,就必须使公众能够理解政府的真实意思标识,比如可以实行食品安全标识大众化,淡化专业色彩。昆明市目前实行了全市餐饮行业的“笑脸评级”制度,根据食品安全、卫生情况等,对不同的餐饮场所粘贴不同的“笑脸”标识,以标识脸谱的开心度来表示该餐饮场所的食品安全评级,通俗易懂,便于消费者准确快速地作出消费选择,无形中实现了政府与公众之间的交流互动。

第三,政府与社会组织之间的伙伴关系。我国的社会组织大多坚持政府主导,带有明显的行政色彩,故而无法从根源上消除其依附性,发展的独立性无法保障。“众多非政府组织通过要素互嵌的方式,以其高度的灵活性来认知与应对社会的复杂性与不确定性,并与核心位置的政府组织共同实现社会管理的价值创新。”[①]随着社会的不断变化,社会问题日益复杂,风险性与突发性导致社会的不确定性及复杂性急剧增加。面对这一背景,政府日益陷入规制失灵的境地,不得不寻求与社会组织建立伙伴关系,以共同应对复杂性危机。

如何构建政府与社会组织之间的伙伴关系?关键还在于"伙伴"之间的关系界定。政府必须完全保障社会组织的独立性,通过制度供给与政策支持,为食品企业行业协会、消费者联合自治组织等社会组织的独立有序发展创设有利的社会及政策环境。在保障社会组织独立性的前提下,政府则要切实地向社会组织放权。目前,虽然各级政府、各类文件都在宣扬支持社会组织发展,向其放权,但实际效果不甚理想。原因何在?是中央及地方政府不重视,社会组织自身的发展诉求不强烈,还是社会对社会组织独立发展的需求不旺盛?都不尽然。笔者认为,关键问题还是无权可放,或不知何权该放。在政府职能转变不彻底的情形下,政府连自己的本职工作范围尚未清楚界定,又如何知晓哪些属于政府该管的,哪些属于政府该外包给社会组织的事务范围呢。所以,要构建政府与社会组织之间的伙伴关系,在保障其独立发展的基础上,政府必须转变职能,将一些技术性、专业性事务,如食品安全标准的制定、食品行业发展目标,甚至是食品行业企业的评价等,通过合同外包给社会组织去处理,而政府则从宏观层面专注于市场秩序的维护以及公众利益的保障。

唯有对政府与社会组织进行合理定位,使政府关注宏观层面,社会组织着眼中观与微观事务;使政府关注市场秩序维护,社会组织立足行业有序发展;使政府彰显公共情怀,社会组织展现专业技术优势;使双方各司其职,各尽其能,方能在平等协商的基础上构建并推进伙伴关系。

(二)企业与其他主体间的关系建构

企业通过与政府之间利益及道德博弈实现对于食品安全治理的参与,真正体现了网络化治理多元参与的理念。建立企业与政府之间基于博弈的伙伴关系并非易事,因为无论是政府,抑或企业,其对于公共服务的供给都拥有各自特色,而所谓"好的制度",就必须充分发挥这些特色及优势,并促进相互之间取长补短。[②]

具体而言,要重构企业与政府之间的关系,于企业而言,主要还是对于政府规制政策的遵守以及相关安全生产规范的履行。如前所述,目前

---

① 刘祖云:《行政伦理关系研究》,人民出版社2007年版,第143页。

② 参见张成福:《论公共部门和私营部门的伙伴关系》,载《中国机构》2003年第3期。

我国的食品企业大多与当地政府结成了利益同盟,在缺乏有效外部监管的环境中,为了追求利润最大化而无视食品质量安全,以致食品安全事件频发。要改变这一现状,在政府坚持价值中立与利益超然的基础上,企业必须以超强的社会责任感,严格遵守安全生产规范。此外,在网络治理结构中,企业还需要加强与政府的交流与沟通,将生产加工及销售过程中所遇到的困难及时反馈给政府监管部门,以寻求其政策支持。也就是说,在食品安全治理网络中,一定要改变传统官僚制下权力的单向运行,加强企业对政府规制政策的反馈与互动,实现网络架构中权力运行的双向互动。从一定意义上说,企业与政府之间博弈基础上的协作关系,既有助于转换政府监管职能,减轻公共财政负担,又可以优化社会资源配置,有效提高食品安全治理绩效,还可以通过提高食品质量来改善社会福利。

作为食品的直接生产者与消费者,企业与公众是食品安全问题中最关键的两个主体,故而,二者之间的关系构建亦十分重要。那么,该以何种关系保障安全食品的生产以及有效获得呢?本书认为,关键要素还是企业社会责任。企业社会责任是企业在追求利润最大化等经济效益,实现企业存在之经济责任的同时,必须履行的针对消费者、员工、环境的相关责任。"食品行业是良心产业,做食品就是做良心。"①对食品企业而言,最重要的社会责任无疑是其承担的对于消费者的食品质量安全。所以,在食品安全治理网络中,企业与消费者已经不再是单纯的买卖关系,而是复杂的责任关系,更进一步说,主要是企业对于公众的责任,是一种道德责任与制度责任的融合。具体而言,这两种责任融合如何实现呢?一方面,企业必须在严格生产规范的约束下,生产出符合安全标准的食品,并在出现安全隐患或风险时,及时实施问题食品的召回;另一方面,食品企业要坚持并践行"顾客是上帝"的准则,关注并回应公众对于食品安全的诉求,如可通过设立企业微信、微博、QQ、热线等,充分利用现代科技,畅通企业与公众之间沟通的渠道,以及时回应公众之诉求、保障生产食品之安全来履行其社会责任。

从某种意义上来说,在网络架构的关系构建中,作为食品直接生产加工者的企业,无论是与政府之间的关系,抑或与公众之间的关系构建,主要承担的都是责任者的角色,必须履行对于政府的合规制性责任,更需要履行对于公众的安全生产的合道德性责任。唯有责任的履行,企业方能

---

① 包德贵:《做食品就是做良心》,载人民网,http://www.people.com.cn/h/2011/0913/c25408-2383737092.html。

在食品安全治理网络中找寻到属于自己的角色定位,亦才能实现其与政府及公众之间新型网络治理关系的构建。

(三)社会组织与其他主体间的关系建构

与企业相似,社会组织在网络中的重要双边关系同样是与政府之间关系的构建。我们可以从六个不同向度来概括政府与社会组织的关系:一是制度向度,即政府是否对社会组织生存发展的空间与权利予以保障;二是理念向度,即政府是否平等对待社会组织,并尊重其存在与价值;三是政治向度,即政府是否保障社会组织独立自主地发展;四是资源向度,即政府是否对社会组织发展提供经济援助;五是体制向度,即政府是否对社会组织的发展施以有效的政策规范;六是机制向度,即政府能否与社会组织实现良性互动。[①] 在现实中,社会组织可以在很多领域发挥重要作用,弥补政府与市场之不足,承接政府与市场无需为之、无心为之或无力为之的一些工作,[②]可以"运用公共部门的特性进行资源筹措,通过民主程序设定社会需要的优先目标,并利用私人部门的特长,进行商品及服务的生产与供给"[③]。社会组织在食品安全治理网络中,基于平等地位与政府构建新型的合作关系,并且利用其独特优势,填补食品安全领域政府权力回撤后形成的"治理真空",如资源动员、公共服务、政策倡导等。

在食品安全治理网络中,社会组织与企业之间大多是以行业协会的形式发生交互关系,以行业协会这一自治组织,企业实现联合基础上的行业自律。至于网络架构内的关系构建,则主要是发挥社会组织专业性与灵活性优势,将行业规范、标准制定、评奖评优等涉及整个食品行业发展的专业性事务从政府部门接管过来,通过企业的自愿联合,对行业发展实施规范性管理。此外,社会组织还可以利用其灵活性充当媒介,既可以成为企业与消费者沟通的媒介,反映消费者诉求,宣传企业规范;又可以充当企业与政府沟通的媒介,代表企业反馈其对政府规制政策的建议,以利益整合体身份参与行业和政府之间的博弈。

社会组织与公众之间的关系则更多体现为"参与媒介",公众大多通过社会组织积极参与食品安全治理及自身合法权益的维护。具体而言,社会组织在政府、企业、公众三角关系中担负着极为重要的桥梁作用,促

---

① 参见田星亮:《论网络化治理的主体及其相互关系》,载《学术界》2011年第2期。

② 参见〔美〕戴维·奥斯本、特德·盖布勒:《改革政府:企业家精神如何改革着公共部门》,周敦仁等译,上海译文出版社2006年版,第22页。

③ 陈昌柏:《非营利机构管理》,团结出版社2000年版,第6页。

进三方充分交流、互动、合作。在公众与政府交流方面,作为公众权益维护者的消费者协会可以在集中消费者诉求的基础上,与政府就保障食品安全进行充分的反馈交流,以集体行动对政府施加压力,促使其公共政策更多地体现民众诉求。在这一过程中,有一个现实问题值得关注,那就是前文所述的,在与强势政府交往过程中,如何保证社会组织的独立性以及充分的民意代表性?要解决这一难题,必须从制度层面实现有效的社会赋权,从制度、机制、政策维度营造社会组织健康、有序、独立发展的环境,实现政府充分放权与社会组织有效赋权相结合,使社会组织成为网络架构中与政府平等的参与主体。在公众与企业交流方面,起主导作用的仍应该是消费者协会。正因为信息不对称的存在,消费者在与企业交往过程中明显处于弱势地位,所以要发挥集体行动之优势,由消费者的集体联合——消费者协会代表群体维护自身权益。在企业与政府交流方面,行业协会则当仁不让地成为企业与政府博弈的代表。一方面,协会组织同行业企业就行业发展规范、生产规范等行业性、专业性、技术性事务充分协商,在取得共识的基础上加以制度化,并报政府监管部门备案;另一方面,协会代表行业企业就食品规制政策进行交流、沟通、博弈,以促进规制政策兼顾行业发展与公共利益。

需要明确的是,正因为各参与主体在共同目标指引下都具有各自不同的具体利益,所以,要使其在各归其位、各行其职的基础上,实现相互之间的良性互动,就必须有一个组织或机构来充分发挥协调作用。在我国食品安全治理领域,这个机构就是国家食品安全委员会,必须进一步明确其职责、规范其运作,界定清楚其与企业、公众、社会组织,尤其是与政府其他部门的关系,切实发挥其作为国务院最高议事协调机构的作用。

二、网络治理机制设计

在食品安全治理网络中,各主体平等地参与协商合作,已没有一个行动者有权支配其他主体的行动,传统治理模式下具有绝对性的支配力量已然丧失。此外,虽然网络架构有一个共同价值目标,但各参与主体的理性和具体利益,以及参与策略不尽相同,且常常发生冲突。正因为此,网络的运行将主要着眼于各参与主体进行充分的信息共享,并在此基础上实现有序的利益博弈与利益综合。[①] 如前所述,食品安全网络治理追求

① 参见鄞益奋:《网络治理:公共管理的新框架》,载《公共管理学报》2007 年第 4 期。

合作、交流、互动、协调,而要使其变为现实,取决于信任机制、协调机制的设计和培育。

（一）信任机制设计

与传统官僚体制不同,治理网络并不是建立在合法权威之上,而是多个平等的主体之间相互依赖的组织。这些不同主体虽未受到强制规约,却仍能够以集体行动来解决问题的重要原因就是信任机制。“合作治理必须基于一种全新的信任关系,这种信任关系首先是理性的,其次是实质性信任,这就是合作型信任。”①

食品安全治理过程中,各主体都面对着许多其他主体并与他们联合共同行动,为了共同目标——保障食品安全而合作,这一目标是任何一个主体单独无法或不能很好完成的。当众多主体参与合作时,由于每一个主体都是自由而不可预测的,这就使得食品安全治理过程中的风险性与不确定性急剧上升。在此情况下,信任就显得尤为重要,成为治理网络各主体间合作关系构建以及维系的黏合剂。唯有在政府、企业、公众、社会组织之间建立起真正的信任,食品安全的网络化治理才能得以建立并发挥实质性功效。

可以说,信任之于治理网络,就等同于权威之于科层制。在食品安全治理网络中,各参与主体能否通过紧密合作而摆脱集体行动的困境,主要还是取决于他们之间信任关系的联系度及依存度。正如鲍威尔所言:“让信任充分发挥作用,就像在经济交换中合作功效卓著的润滑剂,通过它化解复杂问题,比利用预测预报、运用权威、讨价还价等手段,快速且省力得多”②。

所以,信任机制的设计以及信任关系的培育,对于治理网络的有效运转就显得尤为重要。那么,该如何通过机制设计培育治理网络架构中的信任呢？就食品安全治理网络而言,一方面要以机制约束参与主体自利的一面,而去弘扬利他的一面,以相互利益的让渡推进公共利益的实现,从而推进网络参与主体之间相互信任关系的建构。如政府及企业要建立并完善各种食品安全信息公开及披露机制、监督机制以及评估机制。对处于信息弱势地位的消费者而言,信息获取不足以及大量负面信息的涌现极大地磨损其对于政府及食品企业的信任,尤其是在政府三令五申强

---

① 张康之:《行政伦理的观念与和视野》,中国人民大学出版社2008年版,第357页。

② 〔美〕罗德里克·M.克雷默、汤姆·R.泰勒:《组织中的信任》,中国城市出版社2003年版,第263页。

调食品安全的背景下，食品安全事件仍不断曝光，这将严重冲击公众的信任底线。而食品问题出现后，所谓“专家”们以无法令人信服的“理论”搪塞世人、为政府企业“辟谣”，又进一步加深了公众的不信任感。在食品安全治理网络中，大部分公众都是理性主体，如果对其进行适当、正确、合理、科学的引导，他们能够进行合理的消费选择，但实现理性消费的必备前提则是充分信息的获取。正因为此，作为食品生产者的企业必须公布相应的食品安全信息，而作为监管者的政府也必须完善监督机制，督促企业公布信息。至于具体的信息公布方式，前文述及的网络、报纸、电视等公共媒体都是可行路径。此外，政府还可以联合行业协会等专业性的社会组织，对食品行业开展评估，并将评估结果公示于大众，使其更好地进行消费选择。

对于信任关系的构建，主体之间充分的利益表达与利益交流、利益综合尤为重要。试想如果彼此不知道对方真正的利益诉求，则相互之间的信任关系必然无法构建。所以，在治理网络的信任关系构建中，政府还要畅通利益表达和利益综合渠道，如可以组织、召集食品企业代表、消费者代表、行业协会代表以公开座谈会的形式，鼓励各参与主体进行充分的利益表达，并以公共利益为导向实现有效的利益综合。此外，作为公共权力的执掌者以及公共资源的权威分配者，政府还需要通过监管行为来约束食品企业的生产加工、运输销售行为，约束公众的理性消费及利益表达行为，约束社会组织有效规范与引导行业发展的行为，并以平等伙伴身份与三者进行充分的交流、合作、协商，以构建政府同企业、公众、社会组织之间的信任关系。

另一方面，要依托于伦理道德建设，通过机制建设从思想文化上对政府行政人员、企业职员、社会组织成员进行教育，重塑其职业道德素养，使其行为能够坚持公共利益优先，遵循公共价值。具体而言，一是要加强公共道德建设。目前，在急剧的社会转型背景下，我国的公共道德受到严重冲击，制假售假以及欺诈等不诚信行为比比皆是，普遍存在于社会的各个领域，严重冲击社会的道德底线。所以，必须通过大力宣传、正确引导，培育公众的公共道德意识，重建我国社会公共道德体系。二是要加强职业道德教育。职业道德是每个行业所必须遵守的伦理规范，是行业健康有序发展的合伦理性约束。要通过宣讲、宣传、学习等形式建构政府公务人员基于公共利益与公共价值导向的行政职业道德，以及企业管理者及一线从业人员基于社会良心的经济职业道德。三是要强化公平、正义等普适价值观的宣传教育，以普适价值的树立推进食品安全领域公共利益——保障食品安全的实现。本书认为,无论是何种历史文化传统、何种社会生态、何种政治制度,公平和正义等价值导向都是全人类所必须崇尚、追求的理想与行为目标。具体到食品安全领域,则是要追求实现食品生产的正义,即杜绝为经济利益而危害消费者合法权益的不安全食品;更要追求安全食品的平等获得,使安全食品惠及所有民众,成为普惠型基本福利的重要构成要素,而非极少数权贵阶层的专属品。

唯有通过上述两方面的机制建设,使个体利益让渡、公共利益构建,权威信息发布、信息不对称消除,伦理道德规范建设、公共道德体系重塑,方能使各参与主体之间的信任关系顺利建立并持续发挥效用,从而推进食品安全治理网络的有效运转。

（二）协调机制设计

如前所述,信任对于网络的有效运行极为重要,而要培育治理网络的信任关系,单靠政府管制并不能实现,必须构建协调机制。从某种意义上讲,“集体行动”是网络中合作关系的本质体现,而“集体无行动”和“集体行动”的困惑一直是集体行动议题的核心。如集体无行动的代表“公地悲剧”就是一种典型的非合作博弈,行动者基于自利考虑不愿为集体贡献力量,致使集体行动缺位。而集体行动则是以制度或机制激励,促使民众为集体、为公共利益做出自己的贡献。这即为协调机制的具体表现。

参与各方在合作关系中,均可从共担风险、知识、责任中互利互惠,政府可以通过合作增强其合法性,企业可以通过合作履行社会责任并实现长远利益,公众可以通过合作获取更为健康的食品,社会组织则可以通过合作实现对于公共事务更为有效的参与,整个网络组织则可以通过合作提高食品安全治理的绩效。正因为此,在具体争端上,合作各方就乐意以协商谈判方式加以解决,而不是像官僚制下通过对抗、竞争来解决纠纷。所以,协调就是通过共同协商、共同筹划,以及对话方式来协调参与主体间的关系。在这一关系中,参与主体交流共享彼此的信息,照顾彼此利益关切,在共同利益基础上以对话协商,而非强力规制来维护集体行动。

因此,在网络管理中,“管理者必须成为能正确感知及推动发展的指挥者、谈判高手及专家。在复杂系统中,控制往往有赖于重要参与主体间的关系系统,而非个人力量。非正式联盟及对共享的理解,包括正规互动及交换模式正变得非常关键……认识到不同利益相关者之间合作依赖的能力,是网络管理的核心"[①]。具体而言,协调机制既是针对参与主体间利益关系的协调,也是针对其与合作网络间关系的协调,主要涉及三方面的设计:

第一,价值协同的协调机制设计。在食品安全治理网络中,参与主体众多,网络内部权力分配以及制度环境不同,也决定了合作的动力及阻力相异。协调机制设计必须立足正和博弈与双赢的实现,促进集体行动,形成并维系网络合作关系,"在组织间的关系框架内,促成不同目标的行动者为解决问题而相互调适"[②]。在合作网络中,基于不同的组织特性及利益诉求,各参与主体对于食品安全治理可能有不同看法,实现目标的路径各异,所以,网络必须创设一种协调对话机制,致力于缓解政府与企业、政府与公众、政府与社会组织、企业与公众、政府与政府之间的矛盾,提升网络的向心力,追求 1 +1 >2 的协同效应的达成。资源互补会产生互补效应,而协同效应则是因合作导致总体效应大于各部分效应之和,所以,二者并不相同。[③] 这样,通过网络组织内部价值协同的协调机制设计,整体的系统优势得以构建,相互依赖所带来的不确定性得以减少,完成共同目标的合力得以增强。

至于具体的协商路径,则需要充分发挥政府在网络中的主导者作用,通过恳谈会、交流会、网络互动平台等多种途径,推进政府的规制政策、企业的食品安全信息、公众的利益诉求、社会组织的专业信息在治理网络中充分交流、互动,并在公共利益价值导向下,由政府主导各参与主体实现充分的协商,从而达成治理共识、形成治理合力。

第二,信息共享的协调机制设计。食品安全治理网络的显著特性就在于各参与主体之间实现了多向多维的交流,而参与主体的个体目标、信息资源及其分配方式等都能够在一定程度上影响交流互动频率的高低。所以,加强信息交流、沟通、共享,将有助于强化互动频率。在食品安全领域,各利益相关者之间占有的信息数量及质量存在巨大差异,如企业和政府就处于信息优势地位,而公众则处于信息劣势地位,存在明显的信息不

---

① 〔加〕加里斯·摩根:《驾驭变革的浪潮开发动荡时代的管理潜能》,中国人民大学出版社 2002 年版,第 188 页。

② Klijin, E. (1996). Analyzing and Managing Policy Processes in Complex Networks: A Theoretical Examination of the Concept Policy Network and Its Problems. *Administration & Society*, No. 28, p. 1.

③ See Klijin, E. H. (2003). *Networks and Governance: A Perspective on Public Policy and Public Administration*. Birmingham: IOS Press, pp. 29—38.

对称,这就必然导致不平等的存在。在现代信息社会,权力大多来自于知识,且与信息密切相关,所以大部分社会成员分享信息的主动性与积极性缺失,以维系权力基础。此时,合作网络极易出现“沟通堵塞”。所以,要通过信息共享的协调机制设计,推进知识创新,完善信息公开及披露机制,畅通信息获取及交流渠道,促进网络中的有利信息实现充分交流与共享。

在这一机制的设计过程中,有两个问题是需要关注的:信息规范与信息公开。对于目前我国的食品安全问题,笔者认为主要体现为两个层面,一是事实层面的食品不安全,即由于一些不法企业为追求利润最大化而丧失职业道德制假售假,这是客观存在的事实;第二个则是心理层面的食品不安全,即随着新闻媒体的不断曝光,社会舆论的营造,使得公众对于食品的不安全感急剧上升,即便问题并未如此严重。造成心理层面食品不安全的主要原因,既有严峻的客观现实,还有不正确信息或食品安全信息的不规范发布。由于现代社会“职业活动的集约化与分工程度大大增加,人们的精力大多被约束在职业范围内,在各种信息潮令人目不暇接之时,路径依赖就会起作用”[①],也就是说在信息接收方面,由于专业知识有限,消费者往往处于被动地位而出现“从众”行为,容易受舆论支配。而部分媒体为追求新闻的新奇性、刺激性,在缺乏食品安全专业知识的情况下,通常会以夸大的事实甚至是编造的事实来吸引公众的眼球,如一些媒体在未完全核实的情况下就抢先报道“红药水西瓜”“纸箱馅包子”等,[②]引起消费者恐慌,最后经调查,实为自编自导、彻头彻尾的假新闻。如果任由假新闻泛滥,将既不利于我国食品行业的健康发展,亦不利于食品安全的有效治理,更会带来社会的不稳定。所以,在强调信息公开与充足信息获取的同时,必须注重信息的真实性与公开的规范性。要做到这一点,一方面,新闻媒体要强化职业道德,坚持媒体人的职业操守与价值导向,为公众提供正确科学的食品信息;另一方面,包括政府、公众、企业、社会在内的多元主体则要加强对于新闻的监督,从外部来约束假新闻的出现,通过自律与他律的结合,规范信息发布。

在信息公开方面,除了强调足量发布以外,还要注意公开及传播的方

---

① 吴元元:《信息基础、声誉机制与执法优化——食品安全治理的新视野》,载《中国社会科学》2012 年第 6 期。

② 参见曾理、叶慧珏:《尴尬的食品安全报道——从不规范的媒体行为到不健全的信息传播体系》,载《新闻记者》2008 年第 1 期。

式。“如果信息的接受需要人们特意改变自己的浏览、阅读等信息获取习惯,则无异于从一开始就埋下了传播失败的种子。”①所以,信息公开及传播主体要根据公众的信息获取习惯,有针对性地选择有效的公开传播路径。何为现代社会最合适的信息传播路径呢?在信息社会,网络无疑是最佳选择。正因为此,政府、企业、社会组织等信息发布方要充分利用新浪、搜狐、网易等拥有巨大而稳定访问量的门户网站,发布相关食品信息、开展食品安全教育,还可以利用微信、微博、QQ空间等搭建互动交流的平台;而对于地方性的信息发布而言,则可以利用当地颇具影响力的时报、晚报等,扩大信息的影响力;此外,还可以借鉴欧美一些国家的做法,将食品安全检查、评估结果直接粘贴于经营场所的显著位置,便于消费者知悉,以保证信息的易接近性与可得性。通过这种“门板得分”的惩罚激励经营者改善食品安全。唯有通过以上两方面的努力,在规范信息发布的同时增强信息的可及性,方能避免“信息独白”,实现信息的有效共享。

第三,诱导及动员的协调机制设计。诱导及动员各参与主体对治理网络的共同事业——保障食品安全,作出庄严承诺,成为网络组织协调机制运行的关键一环。在诱导及动员协调机制设计中,要遴选合适的参与者,动员相关资源参与进入网络,如专业人员、信息、金钱等。如政府可以对检举生产不安全食品的企业的公众进行奖励,企业也可以对及时发现食品安全隐患并提出建议以使企业减少损失的组织和个人进行奖励等等。动员是治理网络有效运转的重要一环,因为“信息、技术、财富、资源可以有效整合网络”②。

如何完善诱导及动员的协调机制?笔者认为,可以尝试引入“激励性治理”的理念。参与治理者,尤其是主导者——政府,在准确认定其他各方的利益诉求的基础上,对其进行有效激励,以诱导其积极参与治理。以政府动员企业为例,首先,政府要为食品企业明确一个生产技术与安全标准,并向其推荐,供其自由选择;其次,政府需要依据技术标准设立激励机制,并将激励机制信息准确传递给食品企业,予以宣传、建议。在激励机制确立后,则要推进其发挥作用,政府可以灵活运用肯定性奖励与否定性处罚两种手段来实现诱导与动员。至于前者,政府可以对符合激励机制

---

① 吴元元:《信息基础、声誉机制与执法优化——食品安全治理的新视野》,载《中国社会科学》2012年第6期。

② Agranoff, R., Mcguire, M.(2001). *After the Network is formed: Process, Power, and Performance*. London: Quorum Books, p.13.

的企业施以“税收优惠、财政补贴、金融扶持、投资倾斜、技术开发支持、产品定价优惠、市场准入优先、优先采购、优先立项”①等物质奖励；还可以给予信用评级、表彰性宣传及品牌权威推荐等精神鼓励。至于后者，则要通过立法等手段，提高食品企业的违法成本。现行《食品安全法》对于企业处罚的金额过低，措施过松，明显无助于威慑力的建立。所以，必须加大处罚力度，从罚款金额、处罚手段，以及前文述及的退出机制等方面入手，增加企业的违法成本，使其不愿、不想、不敢再从事不法行为，而主动加入治理网络，主动自愿地发挥其治理食品安全的责任与作用。

三、网络治理迷思：治理实效何以保障？

作为一种全新的治理范式，网络治理具有传统官僚制与市场所无法比拟的优势，能够更好地契合时代的发展需要。但以历史的眼光考察，这一治理范式并非“包治百病”的良方，同样具有其无法避免的先天性缺陷。在进行我国食品安全治理网络架构设计时，有几大挑战是我们必须应对的，这也将直接关系到我国食品安全治理的实效。

网络架构内的目标一致性何以达成？在传统官僚体制内，由于严格的层级节制，体制内部从中央到地方，各级组织坚持统一的使命，目标的一致性能够得到很好的保障。但在网络架构内，这一任务将变得非常艰巨。因为这里所谓的目标一致，是指“成果而非过程上的一致”②，但鉴于食品安全问题复杂而严峻，以政府为主导的食品安全治理网络所实施的治理成效有时并不明确，且难以精确测量。在此背景下，就难以确保各参与主体使命的一致，从而影响网络目标的一致性。此外，网络各参与成员都拥有着不尽一致的利益诉求以及实现自身利益最大化的现实冲动，虽然“政府鼓励网络伙伴将其个人利益升华为公共利益”③，但对食品安全治理网络而言，由于各参与主体截然不同的组织性质，使得各自的具体利益诉求分歧巨大。比如，作为公共组织存在的政府寻求公共利益最大化，而作为经济组织存在的企业则会追求利润最大化，且不同企业之间的诉求也不尽相同。在市场利润总体固定的前提下，各企业为争夺更多市场份额，很可能会寻求与政府组织结盟，以满足政府寻租来实现更大市场份

---

① 宋慧宇：《食品安全激励性监管方式研究》，载《长白学刊》2013 年第 1 期。

② 〔美〕斯蒂芬·戈德史密斯、〔美〕威廉·D. 埃格斯：《网络化治理：公共部门的新形态》，孙迎春译，北京大学出版社 2008 年版，第 37 页。

③ 同上书，第 39 页。

额的占有,从而导致腐败与寻租在网络中盛行。面对这一现实可能,如何规范各参与主体的行为?如何以网络架构的完善来减少这些破坏网络的行为?如何推进网络架构整体目标的一致性,并以一致性目标促进治理行动的协调?这些都是笔者在设计食品安全治理网络时的担忧。

网络架构内的监督管理何以有效实施?网络治理废除了传统官僚制下政府权威的唯一性,推崇各主体的平等参与。但是需要明确的是,网络治理并非一味强调公私伙伴关系的营造与对外承包的推行,而完全排斥网络内部及外部的监督与管理。在构建食品安全治理网络时,我们一定要注意政府在其中的准确定位,它既非网络的唯一权力中心而垄断权力,亦非完全放弃所有权力,而是肩负监督管理权限的主导者。政府要对食品企业的生产加工、食品安全事件处理措施等进行监管,要对公众合理消费与有效参与行为进行监管,还要对社会组织健康发展与有效规范行为进行监管。对于网络中的政府,千万要避免出现平时疏于监管,在出现问题后又反应过度的极端情况。这就出现了一个现实问题,即如何合理界定政府的监管职责?如何既避免监管过度而重回官僚体制的老路,使治理网络丧失活力,又能避免完全退出从而实施有效的监管?这也就是如何界定政府监管的"度"的问题。此外,在网络中,除了政府对其他主体的监管,如何实现其他主体对于政府的监管,以及各自之间有效的相互监管,同样是值得注意的挑战。

网络架构内的沟通、协调何以顺畅?非正式组织在某种情况下会极大地增加正式组织交流沟通的频次,且会实现信息扩容。但在网络治理架构中,这些交流渠道则会严重阻碍网络的权力配置及分享,扰乱信息传播路径,导致沟通困难。所以,必然受到网络架构的排斥。[①] 在食品安全治理网络中,各合作伙伴基于不同的利益考量,大多使用各自不同的信息系统,这些信息系统独立而不兼容,尽管存在着信息公开及共享机制,但并不能奢望可以实现所有信息的完全公开共享。在此情况下,沟通不畅、协作不顺必然存在。此外,网络组织一般需要在不同层级的政府部门、食品企业、社会组织、公众之间进行充分的协调,但每一方都有各自的利益诉求及支持者,面对着高度复杂的食品安全问题,分割式协调将严重阻碍网络的有效运转。而网络的整体绩效与网络组织内部的关系架构息息相

① Eugene Bardach, Getting Agencies to Work Together: The Practice and Theory of Managerial Craftsmanship (Brookings, 1998), pp. 131—134.

关,与每一构成部分的绩效状况亦存在密切联系。[①] 所以,如何在治理网络内部进行充分、有效的沟通、协调,也就成为治理网络能否有效运转,实现较好治理绩效的关键。

上述这些挑战是构建食品安全治理网络无法回避的,这也就让我们陷入了治理网络的迷思:网络究竟如何构建与运转?责任如何明确?监管如何实施?沟通如何实现?本书将在下一章尝试从“协同治理”理论着眼,进行政策优化,期待能有所创新。

第四节　本章小结

在多元主体设计确定以后,就要对治理的组织结构进行研究,本章即专注于这一问题。针对我国现行食品安全治理领域存在的“一维单向”组织结构设计,本章提出要将其转变为多元主体基础上的“多维网络”结构,并对其组织设计进行了研究。

首先,本章考察了食品安全网络结构的设计背景。主要从三个方面加以进行:一是对于时代背景的考察,即政府面临的治理任务日益复杂,治理效果非确定性增加,以及网络化组织自身发展成熟,正是这些因素共同起作用,才使得实现网络治理具有了现实必要性。二是通过对网络与市场、官僚制的比较,分析了网络化治理的特性与价值,认为网络化治理实现了治理主体的多中心化,或多元化,推行治理机制的多维化,推崇治理责任的分散化;此外,网络化治理追求网络的整合、行政效率及效度的切实提高,以及通过有效回应民众诉求,追求公民合法权益的保障。

其次,本章研究了食品安全治理网络的构成要素。一是网络治理的主体,研究了网络的核心主体及协调者——政府、网络的参与治理主体——企业、网络的重要成员——公众、网络治理的第三方力量——社会组织;二是将网络与市场和科层进行比较,探索网络治理结构;三是分析了网络治理机制,即信任机制、充分协商机制、信息共享及整合机制;四是研究了网络治理工具,认为在网络治理模式中,以规制性和强制性工具为代表的第一代治理工具已经被主要包括激励、沟通工具以及契约的第二代治理工具取而代之。

再次,本章还对食品安全治理网络进行了设计模拟。主要从两个维

---

① 参见〔美〕斯蒂芬·戈德史密斯、威廉·D. 埃格斯:《网络化治理:公共部门的新形态》,孙迎春译,北京大学出版社2008年版,第41页。

度加以设计：一是治理网络主体间的关系设计，分别对政府、企业、社会组织与其他主体之间的关系建构进行了设计研究，提出了企业与政府之间的利益与道德博弈关系、政府与公众之间的双向互动关系、政府与社会组织之间的合作关系等几种关系设计模型。二是网络治理机制的设计，主要专注于信任机制以及协调机制这两方面的设计，其中协调机制又包括三个层次，即价值协同的协调机制设计、信息共享的协调机制设计、诱导及动员的协调机制设计。

最后，本章还对食品安全治理网络的建构进行了反思，从目标一致性的达成、监管的有效实施、沟通协调的保障三个维度分析了这一结构所面临的现实挑战；在反思的同时，也期待在下一章能从"协同治理"视角找出解决这些迷思的可行路径。

第七章　中国食品安全“多元协同”治理模式的运行机制设计：由“分段监管”到“协同治理”

要想使多元参与的主体设计以及多维网络的架构设计在实践中切实发挥作用，还必须以科学、合理、有效的运行机制加以配套，否则，再好的主体设计、再完美的架构设计，失去了运行机制的支撑，都无异于空中楼阁。针对现行治理模式存在的诸多弊端，为提高治理绩效，本书提出由“分段监管”向“协同治理”转变的运行机制设计思路，期待通过制度设计，实现各参与主体在网络架构中充分地协同行动，以推进网络组织的共同目标——保障食品安全的最终实现。

第一节　运行机制创新缘由：现行机制治理绩效低下

目前，我国在食品安全监管领域实行的是“以分段监管为主、以品种监管为辅”的运行机制，这一运行机制强调政府在其中的绝对主导地位，对企业、公众、社会组织的吸纳与合作缺乏，导致我国食品安全监管绩效极为低下，食品安全事故频发，食品安全形势不断恶化。

一、中国食品安全监管绩效评价体系设计

在很大程度上，监管体系的实际绩效水平将取决于这一监管体系的组织与设计，科学合理的监管体系必然带来理想的监管绩效，而落后无序的监管体系则必然因有效制度安排的缺失导致监管失序，严重影响监管的实际效果，无法对监管对象进行真实评价，从而影响有针对性解决措施的及时出台，最终丧失改进被监管对象的最佳时机。

为了多维度、全方位考察我国食品安全监管体系的绩效水平，本书综合借鉴前人的研究成果，以政府监管能力为着眼点，从制度建设情况、食品安全检验监测能力、安全认证食品发展水平、监管机构信任水平四个维度来构建评价我国食品安全监管绩效的指标体系。本书首先将每一评价指标维度下分为若干二级、三级、四级指标项目，然后将对三级指标和四

级指标进行评价分析，在此基础上，再对二级指标进行评价，最后，得出食品安全监管绩效的总体评价。具体的绩效指标体系详见表7-1：

表7-1　食品安全监管绩效指标体系一览表

一级指标	二级指标	三级指标	四级指标
食品安全监管绩效	制度建设	准入制度	协议准入制度建设率
			入市经销商索证率
			入市商品索证率
		管理制度	场地(厂)挂钩制度建设率
			经销商管理制度建设率
			商品购销台账制度建设率
		可追溯制度	不合格食品退市制度建设率
	检验监测能力	市场检测能力	农产品批发市场检测室拥有率
			农贸市场检测室拥有率
			批发市场入场交易车辆检测率
			批发市场入场交易产品检测率
			政府城乡监管能力差距评价
		食品卫生监测情况	农业部农产品质量安全监测合格率
			畜产品“瘦肉精”污染监测合格率
			畜产品磺胺类药物残留监测合格率
			食品卫生抽样检测状况
	安全认证食品发展	认证食品生产能力	安全认证食品产量占比
	监管机构信任度	消费者评价	维权机构绩效的消费者评价
			监管机构绩效的消费者评价

资料来源：秦利：《基于制度安排的中国食品安全治理研究》，东北林业大学2010年博士学位论文，第77页。

二、食品安全监管绩效评价体系的多维度考察

依照“食品安全监管绩效指标体系”，本书利用网络、书籍、相关会议资料等二手材料对我国食品安全领域的实际监管绩效进行综合评价。具体而言，主要包括四大评价维度：制度建设能力评价、食品安全检验监测能力评价、食品安全认证发展情况评价、食品安全监管机构信任水平评价。笔者期待通过四大维度的评价，得出我国现行食品安全监管运行机制下的实际绩效，为后文的治理架构运行机制的创新与完善提供参考、借鉴。

（一）制度建设能力评价

商务部联合全国城市农贸中心联合会以及中国连锁经营协会于2008年以问卷调查和实地访谈相结合的方式，对全国流通领域的食品安全作了约半年的调查，此次全面系统的调查共涉及21个省级商务主管机构，以及3754家城乡市场、近万名消费者。通过调查数据发现，已建立协议准入制度的批发市场和农贸市场分别为81.8%和90.3%，[①]此外，入市商品索证率连年增长，由2004年的不足25%，上升至2008年的超过90%，其余入市经销商索证率在2008年均已超过93%，说明农产品市场准入制度不断加强，详见表7-2：[②]

表7-2　2004—2008年农产品批发市场索证率一览表

项目＼年度	2004	2005	2006	2007	2008
对入市经销商索证率(%)	/	/	/	96.41	94.40
对入市商品索证率(%)	24.70	43.30	80.40	92.04	93.40

在农产品批发生产可追溯机制建设方面，调查显示，设置独立食品安全管理部门的批发市场和农贸市场分别为36.5%和27.7%，另有48%的批发市场配备专职人员监管食品安全，平均每个市场为2.9人，而配备专职人员监管食品安全的农贸市场则有54%，平均每个市场约两人。此外，农产品经销商管理、商品购销台账、不合格食品退市等制度已基本建立并逐年完善。其中，实现电子化台账的批发市场为63.6%，实行统一结算业务的为28.1%（详见表7-3）。具体到各地，福建省食品批发企业电子台账管理实施率为89%，共计1239家。上海的畜产品质量追溯系统、南京和宁波等地的农产品市场IC卡安全追溯管理系统建设均取得显著成效。[③]

---

① 参见《2008年流通领域食品安全调查报告》，载中国食品产业网，http://www.foodqs.cn/news/gnspzs01/2009422114430306.htm。

② 同上。

③ 同上。

表 7-3　2004—2008 年农产品批发市场可追溯制度建设率一览表

项目 \ 年度	2004	2005	2006	2007	2008
场地(厂)挂钩制度(%)	17.50	38.40	53.70	52.86	77.90
经销商管理制度(%)	\	71.80	75.34	73.88	88.70
商品购销台账制度(%)	36.10	39.60	78.20	81.42	88.70
不合格食品退市制度(%)	\	63.10	89.90	90.20	93.30

但是,必须指出的是,通过数据可以看出,仍然有超过六成的市场尚未设置独立部门以实施食品安全管理,另有超过半数的农贸市场未配置专职人员进行食品安全管理,这些都为食品安全问题不能及时发现与处置埋下了隐患。

(二) 食品安全检验监测能力评价

《2008 年流通领域食品安全调查报告》的结果显示,我国农产品市场质量检测能力显著改善。超过七成的市场拥有质量检验室,检验设备得到有效利用(详见表 7-4)。但检测仍以抽检为主,且抽检率不高,平均每天对入场交易车辆的检测率仅为 25.7%,每个市场约 28 车次;仅两成入场交易产品被检测,每个市场约 20 种。也就是还有超过 3/4 的农产品未能得到检验,这同样是一大安全隐患。①

表 7-4　2004—2008 年农产品市场检测室拥有率一览表

类别 \ 年度	2004	2005	2006	2007	2008
批发市场(%)	42.60	49.57	56.10	65.00	73.90
农贸市场(%)	/	33.00	50.30	62.29	75.60

调查结果显示,市场对产品质量进行检测的主要形式为自检,约 64.7% 的批发市场实行自检。其中,“东部地区自检率为 71.1%,比中、西部地区高出 19.4% 和 5%。另有 62.4% 的农贸市场实行自检”②。以自检为主的检验形式,在地方政府与企业、市场与企业形成利益联盟,导致利益失衡的格局下,其检验结果的真实性与有效性存疑。

此外,根据《2008 年流通领域食品安全调查报告》,直到 2008 年,我

① 参见《2008 年流通领域食品安全调查报告》,载中国食品产业网,http://www.foodqs.cn/news/gnspzs01/2009422114430306.htm。

② 同上。

国农村市场的基础设施普遍落后,特别是检测仪器设备严重不足,在1835家农村市场中仅有约1/3的农村市场配备了一些初级的简单设备,而这其中有效使用率在80%以上的只有约21.80%,这足以显示城乡食品安全检测能力存在巨大差异。

在食品安全监测结果方面,近年来,通过在生产环节加强监管,在市场准入环节严格监管,使得初级农产品质量保持稳步提高(详见表7-5)。[①]

表7-5　2005—2008年农业部农产品质量安全监测合格率一览表

年份	蔬菜(农残)(%)	生猪(瘦肉精)(%)	水产品(氯霉素)(%)
2008	96.3	98.6	94.7
2007	95.3	98.4	99.8
2006	93.0	98.5	98.8
2005	91.5	97.2	97.5

在食品卫生抽检方面,2001年监测142.09万件,合格率为88.1%,2008年监测115.08万件,合格率提高了3.5个百分点,升至91.6%,食品卫生状况总体向好(详见表7-6)。具体而言,农产品的各项指标也保持在十分安全的范围之内,如畜产品"瘦肉精"污染监测,2007年的平均合格率高达98.4%(如图7-1所示),磺胺类药物残留监测平均合格率更是高达98.6%(如图7-2所示)。

表7-6　2001—2008年食品卫生抽样监测情况一览表

	2001	2002	2003	2004	2005	2006	2007	2008
监测数量(万)	142.09	140.70	142.90		230	107	114.80	115.08
合格率(%)	88.1	89.5	90.5	89.8	87.5	90.8	88.3	91.6

资料来源:2002—2009中国卫生统计年鉴;中国食品质量安全白皮书(2007);秦利:《基于制度安排的中国食品安全治理研究》,东北林业大学2010年博士学位论文,第80页。

① 参见《2008年流通领域食品安全调查报告》,载中国食品产业网,http://www.foodqs.cn/news/gnspzs01/2009422114430306.htm。

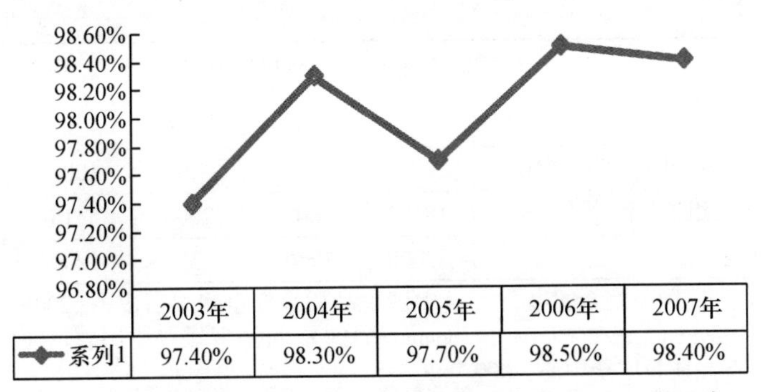

图7-1　畜产品“瘦肉精”污染监测合格率示意图(2003—2007年)

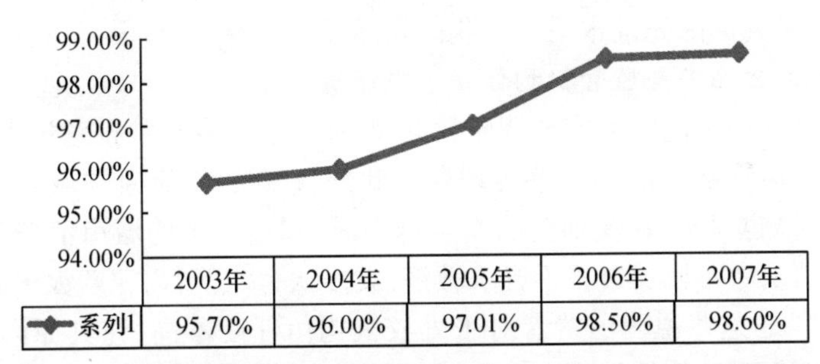

图7-2　畜产品磺胺类药物残留监测合格率示意图(2003—2007年)

值得我们深思的是,政府发布的数据显示我国食品安全形势一片大好,但现实生活中却是食品安全事故频发。官方数据与民众感受之间存在的巨大差异,恰好反映出目前我国食品安全规制绩效存在很大问题,治理模式运行机制并不完善,亟须改善。

(三)食品安全认证发展情况评价

对食品安全进行认可认证,是提高食品安全整体水平、保障食品质量安全的重要举措。据《中国的食品质量安全状况》白皮书显示,我国食品安全认证工作在近几年发展较为迅速。2007年,无公害、有机、绿色农产品占出口农产品的90%,已成为出口的主体(详见表7-7)。

表7-7　中国安全食品认证情况一览表(2007—2008年)

类别	无公害农产品		有机农产品		绿色食品	
	2007	2008	2007	2008	2007	2008
认证数量(个)	28600	41249	2647	/	14339	17512
认证产地(个)	24600	/	/	/	/	/

（续表）

类别	无公害农产品		有机农产品		绿色食品	
	2007	2008	2007	2008	2007	2008
认证产地（万公顷）	2107	/	/	/	1000	/
获证企业或组织（个）	/	18592	600	2600	5315	6176
产量（万吨）	/	22000	1956	350	7200	9000

资料来源：国务院新闻办公室：《中国食品质量安全状况白皮书（2007 年）》，http://www.gov.cn/jrzg/2007-08/17/content_719999.htm；罗斌：《中国农产品质量安全情况》，农产品质量安全中心，2009 年。

从上表中可以看出，虽然我国的安全食品认证工作在近几年取得了进步，但是离国际先进水平以及我国实际发展需要，还有很大一段距离。

（四）食品安全监管机构信任水平评价

本书利用在昆明的实地调研数据，验证了消费者的维权意识不强，对食品安全监管部门信心不够等现象。此外，《2008 年流通领域食品安全调查报告》也显示，在受到食品安全侵害时，超过一半的城市消费者和六成农村消费者不愿通过投诉寻求救济，大多认为“投诉需花费太多的时间和精力”①。这些说明消费者对于维权机构信任度不高，究其原因，很大程度上还是受监管绩效不高所致。

和讯网于 2009 年 3 月 5 日联合北京锐智阳光信息咨询有限公司通过整体抽样、街头拦访等形式，对北京、上海、广州三地居民进行了问卷调查。在 613 个调查样本中，有 55.6% 的受访者认为“食品安全事件的根源在于政府监而不管及管理手段落后”（详见表 7-8），这充分说明了消费者对政府监管效率的负面评价。

表 7-8　食品安全事件产生根源的调查结果一览表

	国家职能部门监而不管及管理手段落后	相关企业多、小、散导致管理不善	市场恶性竞争	法制体系不健全
北京	30.0%	20.9%	14.5%	10.1%
上海	21.2%	8.1%	10.1%	21.2%
广州	39.4%	9.1%	8.1%	6.1%
总比例	30.2%	13.1%	11.1%	12.3%

数据来源：《2009 食品安全调查》，载和讯网，http://news.hexun.com/2009-03-05/115316289.html。

① 参见《2008 年流通领域食品安全调查报告》，载中国食品产业网，http://www.foodqs.cn/news/gnspzs01/2009422114430306.htm。

三、食品安全监管绩效的总体分析

根据国务院新闻办公室2007年8月发布的《中国的食品质量安全状况》白皮书、商务部发布的《2007年超市食品安全调查报告》《2007年流通领域食品安全调查报告》《2008年流通领域食品安全调查报告》《中国卫生统计年鉴(2002—2012)》,以及和讯网发布的《2009食品安全调查》,本书尝试对我国食品安全监管绩效作一个总体评价。

以表7-1作为评价参考,对二级指标"制度建设情况"评价为"很好"的占51.97%,评价为"较好"的占29.27%,给予差评的为10.19%。就其三级指标而言,对"准入制度建设"的评价结果为"很好",占比62.6%;对"管理制度建设"的评价结果为"较好",占比59.13%;对"追溯制度建设"的评价结果为"很好",占比93.30%。对二级指标"检验监测能力"评价为"很好"的占4.68%,评价为"合格"的占66.05%,给予差评的占29.27%。就其三级指标而言,对"市场检验检测能力"的评价结果为"差",占比54.02%,对"食品卫生监测"的评价结果为"合格",占比95.48%。对二级指标"安全食品认证情况"评价为"好"的占30%,给予差评的占70%。对二级指标"监管机构信任度"评价为"合格"的占44.15%,评价为"差"的占55.35%。

通过对上述四个二级指标评价情况的分析,我们可以综合得出一级指标,即我国食品安全监管绩效水平,评价为"很好"的占14.16%,评价为"较好"的占7.32%,评价为"合格"的占37.22%,评价为"差"的占41.30%。最终得出结论,我国食品安全监管绩效评价结果为"差"。可以看出,尽管我国在近年来不断加强食品安全监管的制度、机制建设,但是现实调查数据不断提醒我们,受限于权力结构及组织架构,传统的以政府为绝对主导的"分段监管"运行机制,在面对日益复杂的食品安全形势时已捉襟见肘,难以应付。必须依据多元主体设计,在多维网络架构中,推进包括政府、企业、公众、社会组织在内的参与主体之间实现协同治理。

第二节　协同治理的运作规则商议:价值、动力及障碍

作为现代社会新的运行机制与管理模式,协同治理具有其独特而明确的价值取向,在各种社会要素的协调整合中为社会发展提供了新的动力,其自身的实现与发展同样需要一定的动力机制,而不能凭空产生。此

外，囿于我国的行政文化及社会生态，协同治理在我国的进一步发展也面临着诸多阻碍要素。

一、协同治理的价值取向：与“分段监管”的比较研究

无论是“市场失灵”“政府失灵”，或者是“志愿失灵”，无不证明在面对日益复杂的社会问题时，单一的治理主体具有无可避免的缺陷，单一公共管理主体范式必然导致“失灵”。在此背景下，追求以资源共享、联合结构、共同行动来应对复杂社会事务的协同治理成为当下备受推崇的话语体系。从根本上来说，协同治理可以“弥补政府、市场、社会组织单一主体治理的局限性，对有效解决‘一个手指拣不起一颗石子’的困境有其独特价值”[①]。具体到食品安全领域，协同治理相较于现行的分段监管运行机制，也具有十分明显的价值优越性。

第一，协同治理追求政府职能转变与服务型政府构建。在人类历史上，特别是近代以来，人们一直在探索如何更好地处理国家与市场、社会的关系问题，与这一争论相伴而行的是行政实践领域的政府职能转变。进入 20 世纪 80 年代以来，肇始于西方发达国家的政府改革浪潮席卷全球，追求构建服务型政府以提供更好的公共服务为导向的“善治”理论掌握了主流话语权。服务型政府以满足被服务者的诉求与愿望为行动指南，以民众需要及幸福为服务宗旨，以双向互动、协商一致为行动方式，而要达成这些目标、宗旨，单靠政府或市场某单一主体是绝对无法实现的，必须激励政府、市场、社会组织、公众等多元主体共同参与。因此，协调主体间关系，以减少内耗、增强合力，协同治理无疑就成为优先选择。

在我国食品安全领域，任何治理行为的最终目标都是食品安全的保障，价值导向都是民众健康状况以及福利水平的提升。而现行规制模式的运行机制强调“以分段监管为主”，在这一机制下，各分段的监管部门都有其各自的部门利益，在监管过程中由于制约机制与协调机制的缺失或不健全，导致各监管主体大多醉心于部门利益的追求，而置公共利益于不顾，寻租行为与腐败行为猖獗导致监管失灵，最终造成我国食品安全形势不断恶化。如何成功应对这一挑战，前文提出了建构多元主体参与的网络架构，但如何协调具有不同具体利益诉求的参与主体，如何推进各主体间共同利益的达成，如何促使各主体在共同利益基础上实现充分协作？

---

① 刘伟忠：《协同治理的价值及其挑战》，载《江苏行政学院学报》2012 年第 5 期。

为解决这些困惑,笔者引入协同治理理论。在这一理论的价值导向下,政府在网络中必须实现职能转变,由高高在上的权力垄断者转变为平等的主导者、协商者、合作者,食品企业、社会组织、公众则在其价值导向下充分参与、积极交流、努力协作,以外部压力的方式促动服务型政府的实现。

第二,协同治理追求公共服务供给的优化。“现代政府的基本职能之一是实现公共物品及公共服务的有效供给。”[①]伴随社会的不断发展进步,人们对公共服务的异质化需求不断旺盛,政府职能亦相应扩展,既包括国防、法律等公共物品的供给,还包括教育、道路、社会福利等准公共物品的提供。而食品安全的保障就属于典型的公共产品,在提供这一公共产品的过程中,如前所述,由于政府监管部门作为唯一的权力执掌者拥有绝对的规制权,通过“发证式监管”垄断着规制权力。同时,基于我国独特的行政生态,对政府监管行为的“元监管”极为缺乏,以致政府在缺乏监督与竞争的状态下有恃无恐,随意追逐私利,再加之政府监管部门自身的能力缺陷与评价机制不健全,导致公共物品过剩与不足同时并存。以食品安全为例,在现行“分段监管”机制下,政府在评价机制与约束机制缺失的情况下,大多与被监管对象结成利益同盟,忽视对其监管,导致“食品安全”这一公共产品供给不足。而在食品安全事件经过媒体曝光而引起高层重视以后,又会反应过度,以运动式执法加以应对,甚至不惜牺牲未违规企业的合法利益,造成典型的公共物品供给过剩。

协同治理在具体实践中,推崇政府、市场、社会及公众实施充分的协商与合作。比如在提供公共服务时,可依据服务内容的特性、服务客体的诉求、服务主体的组织特性等多维条件,给予不同的服务供给。政府能够且应该供给的,交由政府以公共企业的形式加以提供;政府不能或不应供给的,则要“动员企业或社会组织,以契约外包等形式对公共服务实行市场化运作”[②]。而且在现代社会,由于社会问题的复杂性与风险性不断增加,而政府自身的资源与能力有限,所以越来越多的公共物品与服务应该交由社会组织去供给。在食品安全治理领域,对整个食品市场进行宏观调控,以及出台修订相关法律法规、制度政策,这些公共物品的供给必须要由政府来完成;而行业发展具体规范、安全生产规范、食品安全标准等技术性、专业性事务等公共服务供给则可以交由行业协会等社会组织去

① 刘伟忠:《协同治理的价值及其挑战》,载《江苏行政学院学报》2012年第5期。

② 陈振明:《公共管理学——一种不同于传统行政学的研究途径》,中国人民大学出版社2003年版,第95页。

完成。在这许多公共物品及服务的供给过程中,政府与其他供给主体形成了平等的伙伴关系,通过协商合作,以协同网络共同致力于公共服务提供的优化。

第三,协同治理追求公民意识的觉醒与参与能力的提升。在传统的"政治行政二分"导向下,公民参与属于政治范畴的议题,而在行政领域,则完全排除公民的参与,以保证行政的中立性。在这一价值导向下,政府行为的实施将政府与民众完全隔离开来,民众只能通过代议制选举来实现参与,表达利益诉求。由于行政机构与公众不能发生直接联系,公众的诉求无法直达行政机构,所以导致行政机构对于公众的回应缺乏有效的动力及责任基础,往往回应迟滞或干脆无回应。比如前文述及的消费者向相关部门投诉食品安全,大多是毫无回音。在此背景下,民众往往会因缺乏参与动力而选择被动接受,公民意识始终处于朦胧状态。

在协同治理机制下,公民文化及公民社会在充分协商的氛围内得以形成,公共政策得以顺利实施,而在矛盾激化时,平等协商、合作对话机制将会有效控制事态,缓解矛盾冲突,从而维护政治及社会秩序的稳定。[①]在食品安全治理网络中,参与各方进行充分的利益表达与利益综合,坚持业已达成共识的程序性规则,实现有效协商与交易,并逐渐趋从于食品安全协同治理的根本目标——保障食品安全,提升民众福利。在这一过程中,政府、企业、社会组织、公众充分地表达各自的利益诉求,同时倾听其他各方的利益表达,在平等原则的指引下,通过相互尊重与理解调适自我利益与共同利益之间的张力,促成一致行动的达成,"从而在国家和社会之间稳妥地矫正政府行为与公民意愿及选择之间的矛盾"[②]。也正是在这样的协同过程中,公众才能明白作为食品直接消费者的自身参与食品安全治理的极端重要性,才能体会到自身参与对于改善食品安全形势的必要性,也才能准确知晓自身的权责,从而促使其公民意识与参与能力不断增进。

第四,协同治理追求公共政策的完善及效能提高。公共政策不同于市场及社会决策,因存在诸多制约及限制因素而显得更为复杂,导致政府无法更好地制定并执行政策,诱发政策失灵。[③] 为什么会导致政策失灵?

---

① 参见何红彬、张俊国:《无直接利益冲突矛盾防范与化解机制探索——基于协商民主与协商治理视角的分析》,载《行政论坛》2011 年第 1 期。

② 〔日〕蒲岛郁夫:《政治参与》,经济日报出版社 1989 年版,第 9 页。

③ 参见陈振明:《公共管理学——一种不同于传统行政学的研究途径》,中国人民大学出版社 2003 年版,第 207 页。

原因颇为复杂,既包括决策过程本身的困难与限制,还包括决策及执行体制的缺陷。以我国食品安全领域为例,在食品安全规制政策的制定过程中,企业等利益集团具有比消费者更强大的影响力,可以通过施加政策影响力来左右政策的具体制定,这些强势的利益集团通过主导政策的内容和方向,使得公共政策沦为其维护固有利益的工具。而在大多数情况下,这些精英与利益集团的诉求并非与民众利益完全一致,甚至会截然不同,此时,公共政策将丧失其维护公共利益之功能,而成为“坏的工具”。这大概也就是为什么社会一直呼吁加大对违法违规企业的经济、刑事处罚力度,“杀一儆百”,以提高违法成本来增强法律的威慑力,但立法机构与政府机构却置若罔闻的原因。此外,即便是一项好的公共政策,由于利益博弈无时无处不在,在执行过程中,尤其是在现行“分段监管”机制下,同样会面临执行不力的困境。2013 年爆出的山东“速生鸡”养殖记录造假就是其典型表现。

协同治理追求主体之间的平等对话,推崇政府、企业、社会组织、公众在食品安全领域进行充分的交流、协商,培育并维系深层次的相互理解与信任关系,在食品安全风险认定、标准制定、治理策略、治理手段、善后处理等议题上允许不同意见发声并对其加以包容,求同存异,在不同利益诉求、不同建议主张之间寻求一种动态平衡。在协同网络中,政府充分放权、社会有效赋权,社会组织不断发展壮大,公民意识不断觉醒,公众参与热情不断高涨,参与能力不断提升,增强了在网络中与政府和企业协商对话的能力,逐渐掌握了政策话语权,能够促使食品安全治理政策与措施真正体现各方,尤其是处于相对弱势的公众的利益诉求。此外,在政策执行过程中,由于各方的充分协同,政策的认知度以及服从的自觉性将大为增加,从而有效缓解直至化解因利益博弈引起的张力与冲突,弥补传统官僚体制之不足,提高行政效能。

综上所述,协同治理是一种完全不同于传统官僚制的治理范式,具有契合时代需要的价值导向,将其运用于食品安全治理领域,可以有效弥补现行“分段监管”机制之不足,成为创新治理模式的运行机制。如前所述,本书在上一章结尾处对食品安全治理网络架构进行了反思,认为必须找到一种切实有效的运行机制,来与网络架构相匹配,推进多元主体、网络架构、协同运行三者的有效融合,切实提高治理绩效,推进我国食品安全形势的好转。

二、协同治理的动力机制：利益、民主诉求与官僚制的失败

通过上一节对于我国现行食品安全治理模式绩效的考察，我们发现总体绩效不高，为扭转日益严峻的食品安全形势，仅靠转变治理模式的主体设计和组织架构还远远不够，亟须变革治理模式的运行机制，多管齐下，方能取得成效。随着时代的变化，我国的政治、经济、社会、文化等方面都出现了一些新的要素，为实施协同治理奠定了基础，构成协同治理的动力机制。

（一）利益诉求驱动协同

提高我国食品安全治理绩效，实现食品安全领域的善治必需相应的动力机制。从根本上说，人们对利益的普遍需求产生了行为动力，也就是说协同治理的原动力即利益诉求。从广义上看，利益包括经济、生理、心理等方面的需求，“更多时候是指直接的、切身的利益”①。利益诉求受到政治、经济、社会、文化、信仰等多方面因素的影响。存在利益，才可能使人趋之若鹜，所以可以说，利益诉求是人们在现实生活中实践的动力。

在食品安全治理过程中，各参与主体都拥有着各自不同的原初的参与动机。政府通过积极参与食品安全治理，通过公共物品与公共服务的供给水平的提高，食品安全的保障，人们福利水平的增进，从而获得并维系其政治合法性；企业通过积极参与食品安全治理，通过企业社会责任的履行，获得更大的市场份额，在获得经济、社会效益的同时推进食品行业的发展；公众通过积极参与食品安全治理，监督政府及企业的相关行为，消除信息不对称，以安全食品的获得以及健康福利的保障来实现参与价值；社会组织通过参与食品安全治理，通过独立性的争取及维系，规范行为的运作，在积极参与的同时获得其存在的合法性与发展的持续性。不难看出，无论是政府、企业，抑或社会组织、公众，无论其原初动机为何，都无法摆脱利益的约束与驱动。

从各参与主体追求自身利益的满足这一点来考虑，利益诉求可以驱动协同机制，亦能很好地调动各主体参与食品安全治理的积极性，激发并释放其活力。趋利避害指引着人们的理性行为，食品安全治理各参与主体均以此为原则作出行动选择。在政府合理分权，社会积极赋权的基础上，在四大原则的导向下，即“市场导向——重构政府与市场的关系、服务

---

① 王艳丽：《城市社区协同治理动力机制研究》，吉林大学2012年博士学位论文，第64页。

导向——从统治行政走向服务行政、分权导向——由一元化到多元化、社会导向——寻求新型的国家与社会关系”①,各参与主体基于各自的利益诉求,积极加入治理网络,并为了网络组织的共同目标实现有效的协同治理。

（二）政府失灵要求协同

作为公共权力的执掌者、公共利益的分配者、公共服务的供给者、市场秩序的维护者,以及宏观经济的调控者,在面对复杂性和风险性日益增加的现代社会,政府同样会出现“失灵”,主要表现为两方面:

一方面,科层制危机导致政府失灵。作为大工业时代的产物,科层制在大型行政组织中对于提高绩效和效率曾发挥了重要作用,推动了西方发达国家的工业化进程。但随着网络信息技术的发展,以及社会结构的日益分化,传统的行政理念及治理范式已不能适应社会发展需要,科层制固有的内在缺陷也日益突出,如较为封闭,开放性差;机构设置缺乏弹性,灵活性不强;过于强调部门分工及职能独立,协调性及合作性不强;等级制明显,管理层次多,决策权集中,缺乏民主,效率低下;规制过于繁杂,缺乏纵向沟通与协调等。② 但最深层次的原因还是科层制的行政组织结构及运行机制已难以应付日渐明显的复杂性和风险,从而导致科层制危机的出现,造成政府治理危机。

以食品安全规制为例,科层制下的规制组织无法根据不同规制对象的特点提供个性化与多元化的服务,如不分企业规模与特性,对于大中型食品企业和小作坊采取同样的规制措施;忽视地区差异与社会发达程度,对东部发达地区的食品企业与西部欠发达地区的企业实施同样的规制方式,这显然无法满足规制的实际需求,无助于问题的解决。此外,科层制强烈的专业技术崇拜和固定的专业化分工,使得监管机构的功能日渐衰退,要么出现规制过度,要么出现规制不足,利益纠葛下的分段监管又导致监管部门各自为政,热心于部门利益的实现与扩展,而忽视相互之间的协同与合作。严格的层级节制结构,以及以规章为本的管理理念又显得较为死板,按部就班的行为方式极不利于食品安全风险的及时识别以及危机的迅速处理,从而导致规制效率极为低下,诱发管理主义危机。

另一方面,合法性危机导致政府失灵。政府之所以能对不合法企业

---

① 王艳丽:《城市社区协同治理动力机制研究》,吉林大学2012年博士学位论文,第65页。

② 参见顾丽梅:《信息社会的政府治理:政府治理理念与治理范式研究》,天津人民出版社2003年版,第194页。

实施强制性措施,完全来自于政府的合法性保障,而“其合法性又源于它所依赖的社会力量和它所依据的意识形态”①。对于政府的合法性强制力,最重要的职能是向社会上一切合法利益集团与个人提供一种制度保障。② 正如李普赛特所言,“合法性是政治系统使人们产生和坚持现有政治制度,是社会的最适宜之制度的能力”③。

现代社会,随着人们政治参与的增加,以及权威来源的日益多元化,政府的合法性逐渐陷入危机,社会对政府权威的依赖以及信任程度逐渐衰落。而政府合法性的最主要来源是公民的信任,衡量政府合法性的根本标准则是能否获得并维持公民信任。如李普赛特所言,“合法性的危机是变革的转折点”④。在我国食品安全领域,传统的规制模式保障了规制权威的唯一性,排斥其他主体对于规制的有效参与。而由于部门私利的存在,以及政府规制机构自身的技术、资源、能力缺陷,使得规制政策无论是在制定过程中,还是在执行过程中,都难免会出现瑕疵与缺陷。比如,政府在食品安全问题出现后的掩饰、遮盖,以致延误最佳的危机处置时机,在被媒体曝光后依然诡辩,这些都冲击着公众对政府的信任。而在问题严重后,有些政府机构搬出所谓“专家”,以不符合常理,令人难以信服的“科学理论”来“辟谣”,学术权威被公共权威利用,二者配合完成的拙劣“表演”,既无助于问题的解决,更会加深公众的不信任。

正因为存在着科层制危机与合法性危机,传统的政府一家独大、“以分段监管为主”的规制模式逐渐陷入失灵的深渊,亟须一种机制来调动多元主体,通过充分的互动协调,弥补相互之间的内在缺陷,以统一行动推进问题的解决,这一机制,就是协同治理。

(三)民主政治呼唤协同

从本质上说,现代民主政治作为管理体制而存在,管理者及公众在公共领域中的行为均有其特殊表现,后者以民主选举的代表来实现合作与竞争,且前者对后者负责。⑤ 此外,作为一种政治手段,民主是为达致某

---

① 顾丽梅:《信息社会的政府治理:政府治理理念与治理范式研究》,天津人民出版社 2003 年版,第 194 页。

② 参见刘光容:《政府协同治理:机制、实施与效率分析》,华中师范大学 2008 年博士学位论文,第 26 页。

③ 〔美〕西摩·马丁·李普赛特:《政治人:政治的社会基础》,刘钢敏等译,上海人民出版社 1997 年版,第 55 页。

④ 同上。

⑤ 参见刘军宁:《民主与民主化》,商务印书馆 1999 年版,第 25 页。

种决定而实施的特定的制度形式。[①] 自古以来，对于民主的肯定及颂扬之声从未停息，但是随着社会、经济、文化的不断发展进步，民主理念也在相应发展。

首先，民主政治推动"双向民主"逐渐取代"单向民主"。传统官僚体制下，政府以全能的管制型主体而存在，权力运行方式是自上而下的单向运行，政府依据其统治地位与政治权威，通过公共政策的制定与供给，对社会事务实施单向度、强制性规制，而民众大多处于被动接受地位，既无法充分表达自己的意愿，更无法监督公权力之运行。而进入信息化时代以后，政务公开使得民众获得与官员交流沟通，以致直接参与的渠道，行政领域内信息不对称在逐渐消除，"双向民主"逐渐取代"单向民主"，民主意识逐渐觉醒，政府放权与社会赋权在同步进行，社会组织日益发展成熟，公众的参与意识及参与能力不断积累与提升，协同治理具有了实现的理论依据。

其次，民主政治渴望打破公共服务垄断性。作为公共产品的食品安全，历来备受民众关注，但由于传统模式下，政府完全把持着规制过程，其他社会组织无法充分参与，再加之"分段监管"机制又加剧了部门利益争夺，阻碍了部门协调与联合行动，以致规制绩效低下，食品安全形势不断恶化。随着社会组织以及公民社会的觉醒，加之网络化治理的兴起，使得公共服务社会化具有了现实可能，政府、企业、公众、社会组织之间在公共服务供给领域实现协同治理，以共同行动推进公共目标的实现具有了现实可能。

最后，民主政治推动社会公众更多地参与社会治理。信息革命带来了经济社会的全新变革，我国产业结构的变化推动了"橄榄球形"社会的逐渐成形，社会中产阶级阶层化日渐明显，推动了公民社会的觉醒以及社会组织的兴起，社会公众民主诉求日渐强烈，对政府官僚制不断提出质疑，呼唤政府与市场、社会关系的调整，呼唤民众的大力参与，呼唤政府放权，呼唤一种新型的更高效的治理模式，以应对日益复杂化的社会问题。

正因为存在着普遍的利益诉求与民主需求，而且政府规制又出现了失灵，所以，在食品安全领域，亟须转换治理思维，探寻一种新的治理模式。这些关键要素构成了协同治理应用于食品安全领域的动力机制。

---

① 参见〔美〕约瑟夫·熊彼特：《资本主义、社会主义与民主》，商务印书馆 1999 年版，第 259 页。

三、协同治理的阻碍要素:体制危机与权力纠葛

从本质上说,协同是通过联合不同主体而达成“合作剩余”[①]的过程。协同治理的实现以及有效运转,离不开多元主体之间的合作与集体行动。但是在很多情况下,即便人们明白当所有人为共同利益奋斗时,人人皆能因此获益,[②]但由于体制约束以及信任机制缺失,目光短浅的个体理性并不一定可以导致共同利益的帕累托最优。正如阿伦·罗森鲍姆所言:“哪里实施了改革,哪里常常就会产生强有力的要求回到旧有程序和实践中去的压力。”[③]

(一)现行体制阻碍协同

戈德史密斯曾经指出,政府的所有制度安排均针对层级节制的官僚体制而定,并非针对倡导协作及灵活的协同型政府而设。[④] 卡蓝默也认为,业已存在的政府体制不会顾及各要素之间的组织架构,亦无法主动关照其与外部威胁之间的关系,更不可能关注各层级间的结构形式。[⑤] 我国食品安全规制现行体制中经常会出现并不一致的利益诉求,比如基层政府为了当地的经济发展以及“GDP 导向”,很可能会对违规企业“睁一只眼闭一只眼”,在地方经济发展与民众福利保障这两个利益诉求发生冲突时,选择前者;但是中央政府部门从宏观层面考虑,很可能会为民众的整体福利,以及执政合法性的获得而选择处罚违规企业,这些利益冲突极有可能会影响各参与主体对彼此依赖关系的感知;体制内部竞争性的绩效考核及晋升机制,有可能因主体间利益分割而严重影响主体间共识的达成;官僚体制内的层级节制原则会造成不同层级政府之间、官僚体制内外部之间的信息不对等,从而影响治理网络各参与主体竞争协作的公平前提;体制横向维度上的专业分工以及标准规范存在的差异,还会影响协同目标以及行为规范的一致性;而以政府为绝对主导的主体设计,又会导致监督机制缺失,从而失去对于体制内负面影响的有效控制及约束。

---

① 〔美〕罗伯特·阿克塞尔罗德:《合作的复杂性:基于参与者竞争与合作的模型》,梁捷等译,上海人民出版社 2008 年版,第 2 页。

② 参见李辉:《论协同型政府》,吉林大学 2010 年博士学位论文,第 100 页。

③ 〔美〕阿伦·罗森鲍姆:《比较视野中的分权:建立有效的、民主的地方治理的一些经验》,载《上海行政学院学报》2004 年第 2 期。

④ 参见李辉:《论协同型政府》,吉林大学 2010 年博士学位论文,第 102 页。

⑤ 参见〔法〕皮埃尔·卡蓝默:《破碎的民主——试论治理的革命》,高凌瀚译,三联书店 2005 年版,第 138 页。

为了应对不断恶化的食品安全形势，回应民众诉求，我国不断进行食品安全管理体制改革，但由于大多数改革缺少对于治理及协同的根本认识，始终是围绕政府职能以及机构设置在体制内进行调整，并未完全消除现行体制内的二元对立，所以收效甚微。一方面，政府与企业的对立，即"公"与"私"的对立并未消除，官僚体制下的权力机构及完全对称信息的缺失，严重影响政府与食品企业以及社会之间实现合作交往，不利于达成利益共识与增进信任，在问题出现以后，政府与企业要么迅速结成利益同盟，要么因利益诉求不一而严重对抗。另一方面，责任主体与非责任主体对峙，导致无法真正实现"共同责任"。责任概念貌似确定，导致政府与政府之间、政企之间、政社之间的协作很难实现，各主体坚持各自特有且无法协调的行为逻辑，[①]直接导致结构更为混乱。此外，官僚体制内规则的明确性与治理网络对行政行为灵动性的诉求之间的张力与矛盾尚存，即"变"与"不变"的对立并未消除，风险社会灵活采取合作行为的自由并未得到充分保障。食品安全问题的风险特征极为明显，具有很强的突发性、急剧性，需要灵活多变的体制与策略方能有效应对。但是传统的官僚体制讲求层级节制，在问题层层上报、策略层层下达的漫长过程中，处理危机的最佳时机早已错过，根本无法有效解决现实存在的食品安全问题，甚至会加剧矛盾与冲突。

如前所述，为解决问题，政府试图在体制内通过专门机构的设置、职能的调整实现政策目标，但现实告诉我们，在公共利益部门化、部门利益制度化的体制下，专设机构除了强化各部门、各地区的防卫倾向，很难公正合理地裁处利益纠纷与矛盾。有鉴于此，如何突破现行体制的瓶颈就成为实现协同治理必须面对的现实问题。

(二) 信任危机阻碍协同

何为"信任"，大多数学者认为其"是一种复杂的心理态度和心理机制，在一定环境条件下对符合自己利益和愿望的他人或组织予以信任并有所期许的心理倾向性"[②]。如前文所言，信任机制是网络组织得以建构的基础。同样，信任对于协同治理也十分重要，作为合作的前提与基础，如果没有信任，将无法实现良好的合作，更遑论实现协同。

随着更多成员不断加入人际关系网并增加物质赌注，信任问题日渐

---

① 参见俞可平：《治理与善治》，社会科学文献出版社 2000 年版，第 68 页。

② 王强、韩志明：《和谐社会中的政府信任及其建构途径》，载《中共天津市委党校学报》2007 年第 1 期。

突出。各组织内部要兼具灵活性与向心力已属难得;要使其在保持独立性的基础上实现有效运作,同时又要在时空、环境、资源等多领域与别的组织和谐共生,这实在是格外不易。[①] 我国食品安全领域中的不信任关系广泛存在于政府与公众、政府与企业、企业与公众、政府与社会组织、公众与社会组织之间。尤其是政府机构或社会组织对于同一问题作出的不合情、不合理、不一致回应,使得公众在信息不对称的情况下无所适从,更进一步加剧了相互之间的不信任感。此外,在食品安全信任危机出现后,某些所谓"专家"的刻意"辟谣",期冀以"学术权威"助力"政治权威",但往往适得其反,不仅对于信任重建毫无益处,更严重损害了学术之独立权威,加剧社会的不信任感。在目前的治理实践中,政府与社会组织之间的协作大多迫于企业与公众缺乏对政府公信力及执行力的有效认知,因不信任而为之,导致各方之间协同行动,以及共同治理食品安全的能力受到极大削弱。

信任关系的建立与维系,不仅牵涉政府自身的公信力以及危机处理能力,更关涉整个社会的公民文化、社会资本的发展情况。正因为此,单单依靠经济发展、政治强制或宣传教育,并不能完全有效地重建信任机制。所以,要完全克服我国食品安全领域因缺乏信任所致的集体行动困境,推进协同治理的实现,绝非一日之功。正如卡蓝默所言:"变化最慢的并非法律与组织,而是各种表征和思维方式及相关社会群体。"[②]

(三)权力分配不当阻碍协同

协同治理意味着由传统的一元权力中心、垂直一维控制的权威体系,向多元主体参与、网络协同关系的转变。而权力在治理网络不同层级、不同主体之间的分割及结构再造,始终伴随着治理实践过程的开展与深入,同时也会在很大程度上影响协同的效果。

一方面,纵向的府际关系结构与行政生态将影响协同治理的实现与发展。纵向的府际关系主要关注四个维度,即"法定权力分配关系、政治权力分配关系、公共事务管理权分配关系、财权分配关系"[③]。而在我国中央集权体制下,重要的公共政策制定权、财税权等均集中于中央政府手中,而地方政府在人、财、物权等方面的自主权均受到很大限制,自主性不

① 参见俞可平:《治理与善治》,社会科学文献出版社2000年版,第68页。

② 〔法〕皮埃尔·卡蓝默:《破碎的民主——试论治理的革命》,高凌瀚译,三联书店2005年版,第9页。

③ 刘光容:《政府协同治理:机制、实施与效率分析》,华中师范大学2008年博士学位论文,第44页。

强。如在食品安全危机事件处理过程中，要么就是地方政府经过官僚体制层层上报，由中央作出决策，再层层下批，危机最佳处理时机也就随着地方政府自主处理权的缺失而相应丧失；或者就是地方因怕担责而迟报、瞒报，以行政不作为换取受处罚几率的降低。所以，作为协同治理重要组成部分的上下级政府之间的纵向协同，必须要处理好权力的合理下放与有效承接，避免权力转移与权力结构的重构引起大的震荡，避免因权力纵向移动而出现“权力真空”，从而阻碍协同的实现。

另一方面，横向的治理主体之间的分权与赋权也将影响协同治理的实现程度。传统体制下，作为唯一规制主体的政府，垄断所有政治资源，控制公共政策的制定与执行；作为以追求利润最大化为存在合法性的企业，则因企业社会责任的履行不到位，根本无意参与权力分配；而公众与社会组织也因我国公民社会发育不健全，而无力参与权力分配。在这一现实面前，政府堂而皇之地垄断权力，而其他主体也就心甘情愿地接受规制，造成我国除了政府之外，很难再找到足以充当权力中心的其他主体。所以，要科学、合理、有效地实现政府分权与其他主体赋权，就成为协同治理必须考虑的问题。如果政府由于体制惯性而不愿分权或分权不当，抑或其他主体由于自身能力不够或其他因素造成赋权不适，传统官僚制下业已存在的体制、机制障碍将无法有效消除，这不仅无助于改善食品安全治理绩效，更会对协同治理造成致命打击。

作为适应时代要求而出现的全新的治理范式，协同治理的实现与发展拥有着诸多动力，促使其很快在实践中被吸纳并广泛运用。但与此同时，现实中客观存在的现行体制的弊端、信任机制的缺失、权力分配的不当又会对其进一步发展形成很强的反向作用力。我们只有深入研究，既充分利用并壮大其发展的动力因素，同时还要努力消除诸多阻碍因素，才能找到实现我国食品安全协同治理的有效路径。

第三节　食品安全协同治理的政策耦合

要实现食品安全领域的协同治理，就必须针对多元主体设计，在网络治理架构内，通过体制设计、机制创新与政策安排，优化政府、市场、公众、社会组织之间的互动关系，从转变观念、优化结构、塑造机制、培育资本、确立核心等多方面、多维度、多层次着手，努力推进食品安全问题的有效治理。

一、治理理念的转变:由规制到协同治理

我国现行的食品安全管理模式,由于政府在其中占据绝对主导地位,甚至是单一主体,其他主体无法实现充分参与,所以严格来说,尚不能称其为“治理”。此外,以行政命令或规制为主导方式,权力运行仍呈现明显的单向一维运行,传统的规制思想贯穿其中。如前所述,规制与协同治理存在一定联系,但是,二者却着实反映出解决问题的不同价值取向。所以,必须实现治理理念的转变,由政府规制发展为协同治理。

一方面,必须推动政府理念的转变。要实现政府由传统官僚体制下高高在上的统治者、规制者向网络结构中协同治理的平等参与者成功转型,观念的转变至关重要。具体到食品安全治理领域,主要是要实现四个转变:

一是要实现由“全能政府”向“全面协调整合组织”转变。在“大社会、小政府”的时代背景下,政府必须重新定位自身地位,向社会适当放权,由大包大揽的全能政府向有限政府转变,政府仅关注整个食品行业发展的宏观管理,关注食品市场的监管,而将一些具体的,具有专业性、事务性的工作以契约、合同形式外包给社会组织去完成,政府负责对外包工作的完成情况进行监督与评估;此外,政府还要加强自身服务能力建设,在与市场、公众、社会组织的交流互动中实现协同,以平等身份激励、促进多元主体参与食品安全治理,从而全面协调整合各种资源。

二是要实现由“威权政府”向“民本政府”转变。基于“公权民赋”,政府存在的合法性目标并非为自己立威,而是利用公权力为权力主人——公民提供良好的公共服务,履行“公仆”之职。在食品安全领域,一定要处理好经济发展与人民幸福、眼前利益与长远利益、局部利益与整体利益的关系,真正做到以民为本,保障民众生命安全、提高民众健康福利。必须破除“GDP 崇拜”,以民生为重,坚持“民众的切实利益大于一切”的价值导向与工作思路。就具体措施而言,可以改革政府及官员评价体系,将“食品安全”作为一项硬性指标纳入干部考核体系,实行“一票否决”,这一措施目前在我国某些地区业已实施,可以在总结经验教训的基础上,向全国推广;此外,还要完善问责制度与干部任用制度,对于因工作失误导致食品安全事故的领导干部,一定要追究其行政、民事,直至刑事责任,对这类干部的任用要慎重,杜绝“带病提拔,越病越升”现象,维护政府的公信力,培育公众对政府的信任关系。

三是要实现由“治疗政府”向“预防政府”转变。[①] 目前，政府针对食品安全问题的应对之策大多聚焦于问题出现后的善后处理，大多采用运动式执法、专项整治的方式，求一时的解决，却无法根治。在社会风险领域，最好的治疗方法是预防。所以，必须完善食品安全风险识别及预警机制，而政府的资源与能力毕竟有限，所以要广泛调动社会力量，从多个维度畅通食品安全风险报告渠道，如可以在各地的食品安全委员会设立专门的食品安全报告热线，由专人负责接听，并及时向有关部门汇总报告，对于查证属实的报告，由地方财政给予举报人奖励；可以在政府门户网站上设立留言栏、互动平台等，由专门的食品安全技术人员与民众在线交流，解答疑惑，搜集险情。此外，还必须提高食品检验检测技术，将食品安全风险扼杀在萌芽状态。如前所述，本书提出要实现检验检测的公益性与社会化相结合，且区别对待。实力雄厚的大中型食品企业的检验检测由其自行完成，政府部门负责监管；而小型企业、农贸市场等无力承担检测任务的市场主体，则可以由当地政府承担，或对其予以补贴，或政府将这一工作收回并外包给专门的社会组织去完成，充分发挥其专业优势，而政府则专注于对检测过程以及检测结果的监督。以政府的财政干预，杜绝基层因无力负担检验检测高昂费用而拒不执行检验检测制度规定，从而造成食品安全隐患的情况。

四是实现由“黑幕政府”向“阳光政府”转变。如何使长期习惯于政府规制的企业、民众、社会组织敢于、乐于、善于与政府协同？如何激发我国行政生态下的社会活力？如何保证权力在阳光下运行？如何保证社会积极参与监督政府？信任是关键。而要构建并增强各参与主体之间的信任，尤其是民众与政府、民众与企业之间的信任，就必须消除相互之间的信息不对称与权力不对等。要加快信息公开及披露机制的建设，比如有条件的大中型食品企业必须定期公开其食品信息，而政府则要完善、规范政务公开制度，规范食品安全监管部门的门户网站，及时更新食品安全信息，并可综合利用报纸、杂志、网络，构建多维立体信息共享平台。在信任关系的构建过程中，要注意信息交流的双向互动。既要注意政府、企业等信息强势方的信息发布，也要注意畅通民意表达及综合渠道，使处于信息弱势方的公众能够充分表达自身利益诉求。要从经济、精神等多维角度着眼，激励公众积极反馈食品安全信息，最大限度地调动其参与食品安全治理的积极性与主动性，充分发挥其对于政府规制政策、企业产品质量、

---

① 参见沙勇忠、解志元：《论公共危机的协同治理》，载《中国行政管理》2010年第4期。

社会组织规范行为的监督作用，实现政府、企业、民众、社会组织之间的多向多维信息交流、沟通、互动，以消除信息不对称，保障“权力在阳光下运行”。

推进政府转变理念的根本目的就在于增强政府、市场、公众、社会组织通力合作的动力与活力，调动一切积极因素，优化资源配置，以最佳经济社会效益的发挥实现食品安全的有效保障。以服务型政府的行政价值以及协同治理的意蕴作为基本参量，实现分权导向由体制内向体制外转移，即放权于社会，实现“政府选择向社会选择转变”①，积极推动多元主体参与下的公共政策制定与执行、企业社会责任履行，以及社会积极参与。

另一方面，必须大力加强公民参与意识的培育，促进公民社会发育成熟。正是因为在面对现代社会日益增加的复杂性与风险性时力不从心，政府需要在社会中培育更多的“伙伴”与其一起实现对于社会风险的治理。基于此，政府必须大力培育公民社会，并与其建构一种良性互动关系，即“找到某一序参量，使其作用于公私权利之间，且限制公共权力的运作”②，公民更多应享权利得到有效保障，在选择性参与及退出过程中达成新的平衡。民间组织的兴起与发展是培育公民社会的关键，因为社会要想进一步发展转型，就必须依靠社会组织倡导的各类活动。③

要大力发展公民社会组织，必须坚持双管齐下。一是要营造良好的社会氛围，保障社会组织的独立身份及合理定位，促进其有序发展。要明确和规范社会组织与政府之间的关系，实现政府合理分权，将一些技术性、专业性、服务性工作外包给社会组织，并建立有效的监督机制；要处理好社会组织与经济组织之间的关系，要致力于保障其权益，立足于为其服务，协调企业与政府之间、企业与企业之间的矛盾与纠纷，履行好桥梁作用；要制定并完善关于社会组织生存、发展的法律法规，在对其发展给予政策支持的同时，加强对其监管与规范。二是要大力促进社会组织的自律，以自律机制保障其健康有序发展。可以在结合我国实际的基础上，对外国治理社会组织的经验教训进行批判借鉴，建立起社会组织内控机制，以严格的标准、规范的程序来提升服务水平；要增强财务工作的公开化，推动财务公开及监督制度的建立与完善；要加强人才队伍建设，加强从业

---

① 郑巧、肖文涛：《协同治理：服务型政府的治道逻辑》，载《中国行政管理》2008 年第 7 期。
② 同上。
③ 参见何增科：《公民社会与第三部门》，社会科学文献出版社 2000 年版，第 4 页。

人员的职业道德教育及业务培训,以内部激励机制与竞争晋升机制来推动人才开发、利用制度的完善。

唯有通过社会组织的健康发展,才能有效培育与发展公民社会;也只有公民社会发展到一定阶段,民众的主体意识、平等意识、权利意识、参与意识才能得到逐步增强,也才有能力、有实力、有渠道、有办法实现对于社会事务治理的有效参与。“公民的参与意识越普遍、越自觉,参与的行为就能越广泛、越深入”①,食品安全协同治理也就能越早实现,其实效性就会越明显。

二、治理结构的建构:网络多维协同结构

要使协同治理理念付诸实际,必须建构与之相适应的结构体系,方能充分发挥其对于解决食品安全问题的最佳功能。在我国食品安全治理创新模式内,对于这一结构的建构,必须立足多元主体参与,依托网络组织进行。具体而言,主要包括三个维度:

第一,对权力结构的重构。在协同治理运行机制下,政府已不再是权力的唯一主体,已不能再对公共权力实施垄断,而是必须与市场、公众、社会组织分享权力,各主体之间平等地享有权力与责任,形成一种权、责、能相互对等、匹配,以及常规化、制度化的多元多维治理结构,从而形成“一种以公共利益为目标的社会合作过程——国家在这一过程中起到了关键但不一定是支配性的作用”②。具体而言,在食品安全治理协同网络中,政府主要掌握网络主导权、宏观监管权、规范权,企业主要掌握自主经营权、独立发展权、微观管理权,社会组织主要掌握行业规范权、自主发展权、监督权,公众主要掌握安全消费权、知情权、监督权等。这一全新的权力结构将各参与主体的关键优势通过主动优化、选择配置,以一种最合理最科学的组织形式实现融合,建构起一个优势互补、上下联动、多元匹配、协同治理的有机体。

第二,对组织架构的优化。如前所述,多元的主体设计、多维网络的架构设计,以及协同的运行机制设计,是构成我国食品安全治理创新模式的三个不可分割的有机组成部分,三者之间相辅相成、互为依托。多元主体失去了网络架构以及协同治理机制的设计,将丧失有效参与的可行性;

---

① 沙勇忠、解志元:《论公共危机的协同治理》,载《中国行政管理》2010 年第 4 期。

② 〔英〕托尼·麦克格鲁:《走向真正的全球治理》,陈家刚编译,载《马克思主义与现实》2002 年第 1 期。

而多维网络架构失去了多元主体与协同治理机制,也将因丧失主体支撑而无法运转。同样如此,协同治理机制的有效运行,也必须以多元主体设计,以及扁平化、弹性化的网络设计来代替传统官僚体制下僵化古板、层级节制的组织架构,唯有如此,方能推动组织的整体应对能力大幅提升,在最大限度上实现治理绩效的最优化。

第三,对支持技术的革新。哈肯教授在研究自组织系统时发现了"协同信息",认为其在自组织系统发生非平衡相变时,可以决定系统信息的改变。[①] 由此可见信息技术在协同中的重要作用。因此,要实现食品安全协同治理机制的有效运行,在技术支持层面,必须搭建一个现代化的信息技术平台。各种与食品安全相关的信息首先通过现代计算机技术,以及地理信息技术(GIS)、全球卫星定位技术(GPS)、管理信息系统技术(MIS)、遥感技术(RS)等信息化管理系统汇集到这个平台,并实现传统报警系统和"110""119""122"等特号服务系统与这一信息平台的联动,允许这些服务系统将涉及食品安全的预警信息转移至这一平台,以防止因公众误拨号而影响食品安全风险信息的及时识别。随后通过这个平台实现集成、公开与共享,克服不同主体之间、城乡之间、地区之间交流沟通协调上的困难,打破传统的点对点、面对面、线对线的合作方式,减少信息不对称,逐渐填补"数字鸿沟",拓展多元主体在时空上以多种方式灵活配合的可能性,"为决策提供依据,为多方的协调提供便利",使食品安全治理体系"实现多元化、立体化、网络化发展,从而产生协同效应"[②]。

所以,协同治理理念指引下的组织结构并不同于规制理念指引下的结构,必须从权力结构、组织架构、支持技术这三个维度着眼,努力实现其由单向一维结构向网络多维协同结构的成功转型。

三、治理机制的重塑:多维度、多层次的整体塑造

面对日益严峻的食品安全形势,要想实现对其有效治理,最重要的战略选择就是打破现行体制下"以分段监管为主"的运行机制,最大限度地减少部门利益以及"私利"之困扰,在"保障食品安全,提高人民福祉"这一公共利益指引下,从多个维度、多个层次重塑科学、合理、完善的协同治

① 参见吴大进、曹力、陈立华:《协同学原理和运用》,华中理工大学出版社 1990 年版,第372—378 页。

② 张立荣、冷向明:《协同学语境下的公共危机管理模式创新探讨》,载《中国行政管理》2007 年第 10 期。

理机制，并在此基础上，不断提高包括政府、市场、公众、社会组织在内的所有参与主体的治理水平。

第一，要不断建立健全食品安全协同整合机制。要界定并区分各参与主体的权责，建立由多元主体共同参与组成的协同中枢，使其拥有最充足的资源，并掌握最高权力，以电子信息等现代科技作为技术支撑，保证食品安全信息的及时性、真实性、有效性、共享性，通过信息与资源的充分有效协同整合，实现政府部门之间、政府与市场之间、政府与公众以及社会组织之间的协同。需要说明的是，在我国可以充分发挥国务院食品安全委员会的功能，将其塑造为协同系统中的核心机构，在明确其职责以及运行机制的前提下，充分发挥其在系统内的协同整合作用。2013 年两会通过的"政府机构改革与职能转变方案"将食品安全委员会并入新成立的国家食品药品监督管理总局，如何在新的组织架构内充分发挥委员会的职能？将一个用以协调食品安全各相关部委的高层级的委员会，并入一个正部级机构，这一机构调整是否是倒退？能否充分发挥其协调、领导作用？还需要实践检验。

第二，要不断完善食品安全危机预警机制。在不断提高国内研发能力的同时，引进西方发达国家食品检验检测的先进仪器，双管齐下，切实改进我国食品检验检测水平。此外，在提高检验监测水平的基础上，学习借鉴国外食品危机评估分析及预警的先进经验与技术，运用综合防控技术，[①]准确预判食品安全危机出现的制约因素、发展趋势以及演变规律，并应用食品安全协同整合机制，充分利用在全国影响面广的门户网站、杂志期刊，以及各地晚报、时报，及时、准确、全面地发布预警信息，保障民众的知情权，从而消除其对于食品安全危机的恐慌，以科学态度对待或预防食品安全问题，减少民众生命财产损失。此外，还要保障食品安全危机信息获取渠道的多样化与畅通。比如，可以建立食品安全举报重奖制度。目前，在我国食品行业内部，由于食品安全信息提供的动力缺乏，企业之间会默契地遵守彼此隐瞒食品安全风险的"潜规则"，而公众则由于举报成本过高且收益不确定，大多对于食品安全风险熟视无睹，所以要以重奖来刺激公众的食品安全风险识别与报告动力。我国有些地方虽然实行了奖励举报制度，但大多对奖励金额设置上限，激励效果不明显。如上海 2007 至 2009 年间依靠民众举报的食品安全罚没款仅占罚款总额的

---

① 参见沙勇忠、解志元：《论公共危机的协同治理》，载《中国行政管理》2010 年第 4 期。

8.25%，合计奖励金额仅六万元。[①] 我们可以借鉴美国《反欺诈法》关于"举报人分享罚金"的做法，在加大违法企业处罚力度的同时，从罚金中抽取一部分对举报者实施重奖，这样既可以增加激励，又不会增加财政负担。在加强检验检测与信息收集的同时，还要加强对于食品安全风险的评估。可以在食品安全委员会下设专门的食品安全风险评估专家小组，由独立的专家及各界代表组成，不隶属于其他任何机关，保持绝对的独立性与客观性，通过充分参与与专业介入，实现风险评估的有效性、科学性。

第三，要不断改进和优化食品安全决策机制。在食品安全协同整合机制建立，以及食品安全危机预警机制完善的基础上，还必须突破时空限制，以合理有效的并行式网络流程凸现先前处于时空序列上的各参与主体及环节，使其在各自核心优势范围内作出决策，最终在系统协同机制下，对各单独决策实现有效整合，保障食品安全决策的快捷有效。具体而论，在重大食品安全决策出台之前，必须广泛追求社会意见，如利用新浪、搜狐、网易等门户网站，发布政策议题，征求民众意见；在汇集民意的基础上，综合专家意见，制定备选的政策方案，并及时向社会公布，或可采取听证会形式，广泛集中民意与民智，根据反馈的民众及专家意见，再次进行政策修正与完善。在这一过程中，政府必须转变观念，消除高高在上的规制者的优越感，切实重视民众建议，并有针对性地进行修改，以增强食品安全政策的民主性。此外，要突出专家在政策制定过程中的智囊作用，增强政策的科学性与合理性。在政策执行过程中，要不断完善评价及反馈机制，畅通民众参与渠道，根据政策的实施效果及反馈，及时对政策予以修正，保证食品安全政策真正体现科学规律、真正体现民意、真正符合时代发展需要。

通过协同整合机制、危机预警机制、决策机制的健全、完善以及优化，从信息公开共享、检验检测技术等多个维度、多个层次对我国现行食品安全治理机制进行重塑、优化，方能保障协同治理理念在食品安全治理领域最终落到实处，也才能保障协同治理结构的优化重组，最终才能凝聚一切力量实现有效参与，保障食品安全协同的有效治理。

四、府际关系的理顺：破除地方保护主义魔咒

如前所述，地方保护主义的存在与泛滥对于食品安全的有效治理会

---

① 参见王小龙：《论我国食品安全法中风险管理制度的完善》，载《暨南学报》（哲学社会科学版）2013 年第 2 期。

产生极大的负面影响。所以,要建构食品安全多元协同治理模式,就必须破除地方保护主义的魔咒;而又因为地方保护主义主要是在行政分权与财政分权改革中出现的一种行政层级关系的变形,是府际关系的异化,所以,要破解地方保护主义这一难题,就必须理顺并重构府际关系。

府际关系是不同层级政府之间的关系网络,既涉及中央与地方的关系,也涉及地方政府间的纵向与横向关系,还包括政府内部各部门间的权力分工关系。要理顺这样一个复杂的关系网络,必须多维度着眼、多层次入手、多手段切入,既要理顺政府与企业的关系,推进政府职能转变,又要严格行政执法,保障法律权威,更要完善组织设计,实现区域政府协调合作。

首先,必须转变政府职能,改革政绩考核体系。"转变地方政府职能,是遏制地方保护的有效办法。"[①]一方面要实现地方政企分开,切实调整政府与食品企业的关系,由政府直接规制转向间接规制,重新界定政府规制职能,如制定有关食品的政府规制法规,颁发和修改食品企业经营许可证,制定并监督执行食品价格规制政策,对食品企业准入和退出市场实行规制等,以间接规制企业经营活动来提高政府规制效率,并使企业真正成为独立的市场主体。[②] 此外,政府还要努力消除优质食品在不同市场之间流通的障碍,启动食品市场竞争机制,营造良好的政策及法律环境,以公平而充分的市场竞争促进食品行业的有序发展及地方经济的持续增长。另一方面要完善政绩考核机制。政绩是指挥棒,政绩考核是不同层级政府之间发生关系的重要方面,"政绩考核的偏差将导致地方政府及其领导人的短期行为和地方保护"[③]。所以,必须修正政绩考核的偏差,将当地食品市场的开放程度、成熟程度、规范程度、安全程度等纯经济要素作为重要的考核指标,并改革考核方式,引入民众考评与舆论考评,将当地民众的评价结果与新闻媒介的考评结果作为最终考核结果的重要参考。

其次,必须严格执法,消除食品安全行政执法中的地方保护主义。"行政执法中的地方保护主义有着复杂的利益因素、深厚的社会基础和制度短缺,要解决地方保护主义问题,必须通过长期的努力,改变其赖以产生和发展的制度性问题。"[④]既要明确地方执法机关的地位,增强其独立性,绝对禁止地方政府就食品安全监管为违法犯罪企业求情,打掉违法行为的"保护伞";又要建立对行政执法不作为的监督机制,增强其执法的

---

① 谢玉华:《论地方保护主义的本质及其遏制策略》,载《政治学研究》2005 年第 4 期。

② 参见林闽钢、许金梁:《中国转型期食品安全问题的政府规制研究》,载《中国行政管理》2008 年第 10 期。

③ 谢玉华:《论地方保护主义的本质及其遏制策略》,载《政治学研究》2005 年第 4 期。

④ 马怀德:《地方保护主义的成因和解决之道》,载《政法论坛》2003 年第 6 期。

积极性与主动性;还要健全社会监督与司法监督机制,支持公民、法人或其他组织对行政不作为申请行政复议和提起诉讼,倡导公益诉讼,充分利用社会监督促进严格执法,最终以严格执法消除地方保护主义;更要完善行政执法责任追究制度,将食品安全执法效果与领导的行政责任联系起来,对有法不依、执法不严的现象,依据《行政监察法》等法律法规,追究地方政府行政首长和主管领导的责任,对因执法不力造成严重后果的,还应依据《刑法》追究直接责任人和负责人的刑事责任。在目前我国的社会生态下,唯有通过司法改革,明确并保障地方执法机关的独立性、权威性、公正性,严格行政执法,方能保障执法活动独立于行政权力,免受地方干预,以法律之威严破除地方保护主义之魔障。

最后,可以创设"食品安全区域协调管理委员会",推进区域间政府在食品安全领域内的通力协作。为了进一步打破地方保护主义之藩篱,促进食品资源的合理流动与有效配置,可以在不同地区之间创设跨行政区划的区域协调管理机构,参与主体为在食品领域具有很高同质性与相关性的地方政府,如生产加工同类农产品及食品的地方政府、某种食品的主要产区与销售地区等,参与原则为自愿合作,参与部门为这些地方的农业、工商、食品药品监督、卫生等政府机构以及各地的食品安全委员会。这一机构的具体组织形式可以借鉴世界发达国家的经验与做法,如美国的区域开发委员会,赋予其相应的立法权、行政权和财政权;[①]其主要职能是组织协调实施跨行政区的食品安全监管,统一规划本区域内食品行业的长期发展与产业布局,制定统一的市场规则与政策措施,并监督执行等;在组织机构内部,除常设秘书处外,还应根据专业、精简、高效原则设立各种专业委员会及工作小组;在人员配备方面,坚持公正、专业原则,从各地方政府与食品安全相关的部门中抽调一定公务员,并保证各地方政府人数的基本平衡;该组织的治理结构应适度仿效民间组织,由各地方政府行政首长组成的理事会作为最高权力机构,坚持民主协商原则,其决策对区域内所有政府均具有普遍约束力。

总之,合理的政府职能、成熟的市场经济、民主法制的政治体制是遏制地方保护主义的法宝。因此,唯有继续推进改革,理顺府际关系,培育市场主体,完善市场机制,促进区域协同,才能为彻底消除食品安全地方保护主义奠定坚实的基础。

---

① 参见陈剩勇、马斌:《区域间政府合作:区域经济一体化的路径选择》,载《政治学研究》2004年第1期。

五、社会资本的培育：价值制度双管齐下

社会资本是一些社会生活要素，这些要素可以通过集体行动来实现共同目标，①还可以带来交易成本与冲突的减少，实现资源的有效获取，并建构共同价值。② 社会资本与协同治理之间具有密切的内在联系。食品安全协同治理追求政府与食品企业、政府与公众、政府与社会组织之间在社会公共事务—食品安全治理过程中实现合作，强调"公"与"私"，"强制"与"自愿"的合作，而社会资本着眼文化理念及价值导向，促进公众之间的理解、信任、合作，并消除彼此之间的陌生感与敌对感。正因为此，社会资本非常重要，它有助于社会向心力的凝结，有助于民众抛弃纠缠于个人私利的利己倾向，而转化为追求公共利益、追求社会担当的利他主义者与理性行动者。③ 所以，社会资本存量与公民社会发展状况密切相关，对协同治理的实现与否也必将发挥关键作用。在这个意义上，社会资本的存量情况将直接决定协同治理的范围、程度以及实效。④

因此，要提高食品安全协同治理的运行绩效，亟须全新公民文化的建设与推进，亟须健康公民社会的培育与发展，亟须社会成员的多元参与，亟须市场基于契约与诚信实现有序发展，综合而论，就是亟须社会资本的总动员与重建。⑤ 具体而言，可以从以下两个维度入手：

一是价值层面的引导。包括对食品安全监管部门行政人员以及普通公众的引导。对行政人员要坚持其在行使公权力过程中"合道德"的价值导向，坚持其应然伦理追求，"只有哪些具有正义德性的人才可能知晓如何运用法律"⑥。道德伦理的建构是行政人员将外在伦理规范内化为道德品质，从而严格遵守伦理道德的过程，也是培育并积聚社会资本的过程。权力主体通过这种"以准则为目的的道德"检验，立志于"公共善"与公平正义的理性追求，⑦与企业、公众、社会组织建构平等协作、和谐共生

---

① See Putnam, R. (1995). Turning in, Turning out the Strange Disappearance of Social Capital in America. *Political Sciences & Politics*, No. 28.

② See Adler, P. S., Kwon, S.-W. (2002). Social Capital Prospects for a New Concept. *Academy Management Review*, No. 27.

③ 参见〔美〕肯尼斯·纽顿：《社会资本与民主》，载《马克思主义与现实》2000 年第 2 期。

④ 参见沙勇忠、解志元：《论公共危机的协同治理》，载《中国行政管理》2010 年第 4 期。

⑤ 参见李淮安：《从 SARS 看社会资本缺失与社会组织治理》，载《南开管理评论》2003 年第 3 期。

⑥ 〔美〕理查德·C. 博克斯：《公民治理：引领 21 世纪的美国社区》，孙柏英译，中国人民大学出版社 2005 年版，第 6 页。

⑦ 参见郑巧、肖文涛：《协同治理：服务型政府的治道逻辑》，载《中国行政管理》2008 年第 7 期。

的伙伴关系。对普通公众则要给予平等的尊重与关怀，在公众之间，以及公众与政府、企业、社会组织之间建立普遍信任，引导其形成共同价值规范与共同伦理道德，凝聚食品安全协同治理之合力。

鉴于行政人员在食品安全协同治理网络中的特殊地位与作用，笔者着重研究通过对行政人员的道德教育与价值引导，来增加食品安全治理领域的社会资本存量。在覆盖广泛且指向不明确的公共利益面前，人人都想搭便车，“权力寻租”拥有了实现的可能性。面对这一困境，究竟该如何解决公共行为与公共利益不一致的现实问题？“美德教育”成为著名社会学家麦金太最为推崇的选择。[①] 具体而论，行政人员道德教育的主要方面包括回应性与责任性。所以，为了强化行政人员道德教育，必须确立行政伦理规范、强化行政伦理教育、完善行政伦理约束组织，促使行政人员在受到道德教育后，将其内化为自身价值，从而全心全意地在食品安全监管过程中主动坚持公共利益至上，在与公众、企业交往过程中以诚相待、以人为本，增强其工作的主动性、积极性、诚信性、责任性，提升政府监管部门的公信力与亲和力，增进民众、企业、社会对政府的信任感，最终增加社会资本存量。

二是制度层面的规范。“如果说培育合乎‘公共善’的行政人员是社会资本的主体依托，那么制度设计则是社会资本的稳固平台。”[②]如何通过制度设计与机制创新培育社会资本呢？既要培育并发展公民社会，注重发挥行业协会、消费者协会等社会组织的积极作用，充分发挥社会组织在协调政府与公众、社会之间关系的平衡器作用，弥补政府失灵、市场失灵、集权失灵、民主缺位的缺陷，提高食品安全治理的绩效，促进社会资本的形成与转化。在此基础上，政府还要为公民充分互动营造宽松有序的氛围，并对包容、允许、鼓励社会资本的自我积累给予政策支持。此外，还要以相关政策以及公共服务的有效供给培育社会资本，要通过信息公开与共享增加政府行为的透明度，扩大公众对于食品安全治理的参与度，同时，还要通过强制力来消除社会资本的减损因素，以保障社会资本的有序增长与维系。最后，要构建并完善互动型决策机制，突出强调多元参与以及公众与基层监管人员的互动交流。作为食品安全问题最早且最直接的感知者，公众与基层监管人员的互动与协同，对于整个协同网络的有效运

---

① 参见梁莹：《重塑公民与政府的良好合作关系——社会资本理论的视域》，载《中国行政管理》2004年第11期。

② 郑巧、肖文涛：《协同治理：服务型政府的治道逻辑》，载《中国行政管理》2008年第7期。

转起着至关重要的作用。所以,要尽量加强这二者之间的直接接触与交流,可以尝试实行相关监管部门的"市民开放日",实现监管人员与民众的面对面交流,使监管机构了解民众诉求,使民众加深对政策的理解,并鼓励其积极监督。除此之外,还必须关注弱势群体,尤其是农民、低保户,以及一些特殊人群,如儿童、妇女、老年人等的食品安全需要。对于社会弱势群体的关怀,实现全体国民对于安全食品的公平、有效、一致的可及与可得,将极大消除因贫富差距带来的社会不信任感,从而实行"信任"的重塑。

通过价值与制度的双重建设,推动行政人员的道德建设,推动民众"合道德"价值取向的树立,推动社会组织的不断发展成熟,推动食品安全信息的共享交流,推动互动型决策机制的建设,最终消除食品安全协同治理网络中的不信任因素,增加社会资本存量。

六、协同核心的确立:食品安全委员会的重新定位

虽然如前所述,协同网络破除了政府对于权力的垄断,各参与主体在平等基础上充分交流、互动、合作,以伙伴关系推进食品安全问题的治理。但是,为了保障治理的有效性,避免陷入前文所述的网络治理之迷思,笔者认为还是应该确立一个协同核心,而在当下我国行政生态与社会环境下,食品安全委员会无疑是最合适之选。

2010 年,作为我国食品安全工作高层次议事协调机构的食品安全委员会在国务院成立,由时任国务院副总理李克强担任主任。但是 2013 年"两会"通过的"国务院机构改革和职能转变方案",将食品安全委员会的职责交由新成立的正部级单位"国家食品药品监督管理总局"负责。笔者认为,这一调整对于我国食品安全治理的实效有待实践检验。一是协调的效力问题。2010 年的食品安全委员会直属于国务院,且由常务副总理担任主任,所以,在行政层级上可以很好地协调卫生部、农业部、工商管理总局等相关部门。但是,新方案将委员会置于新成立的食品药品监督管理总局之下,顶多是一个正部级部门,如何很好地协调同为正部级的传统强势监管部门,就成为其必须面对的问题之一。二是整合的效果问题。新方案的初衷是将分散在食品药品监督局、质检总局、工商总局的食品安全监管职能进行充分整合,减少监管环节与监管部门,结束分段监管,以统筹协调减少利益纠葛。但是,这次改革并不彻底,对于食品安全的监管权仍然属于食品药品监管总局与农业部两个部门。在这种组织架构下,

同为正部级的监管总局与农业部在发生职能交叉与纠纷时，就没有一个组织机构能够强有力地实施有效协调。三是中央与地方的对接问题。食品安全问题影响面广，很多都是跨省、跨区传播，这就需要中央层面或是中央与地方协调处理。但是在改革方案中只对中央机构设置进行了说明，对于地方却未做强制要求。那么，在出现食品安全问题后，地方与地方之间如何进行府际交流合作？地方与中央如何进行对接？这都是在实践中需要面对的问题。

基于上述考虑以及网络协同之特性，本书提出了与“国务院机构改革和职能转变方案”不同的思路，提出将食品安全委员会确立为整个协同网络的核心。对于这一思路，有三个问题需要说明：

一是食品安全委员会的定位。笔者认为，作为我国食品安全最高议事协调机构，食品安全委员会不应该归入食品药品监督管理总局，而是可以作为一个专门委员会下设于全国人大，在对食品药品监督管理总局与农业部监管行为实施监督的同时，充分发挥其协调、议事功能。

二是食品安全委员会的机构设置，参照日本的食品安全委员会设置，本书建议可以下设四个分委员会：(1) 食品安全科学技术委员会，负责食品安全领域科技研发的规范与指导，并与高校、科研院所建立密切联系，在食品安全新技术研发方面实现协同。(2) 食品安全风险评估委员会，应该将风险评估与风险管理区分开来，分别由两个不同部门负责，前者划入食品安全委员会职责范围，后者则交由食品药品监督管理总局负责。食品安全委员会负责搜集全国与食品安全相关的信息，并对风险信息进行评估，开展风险交流，公开风险信息，并利用专业技术与现代科技，建立完善食品安全风险预警机制。(3) 食品安全标准委员会，规范全国的食品安全标准，并努力实现我国安全标准与国际标准接轨。此外，在制定标准过程中，委员会要广泛吸纳行业协会，听取其专业意见，以保证标准的科学性与合理性。(4) 食品安全协调委员会。这一分委员会主要负责主体之间的协调，即促进政府机构、企业、社会组织、公众通过食品安全委员会的相关活动实现交流互动；还要负责建立风险沟通网络，通过食品安全委员会建立国际组织、外国政府、本国政府、企业、公众、社会组织在食品安全风险沟通方面的网络，并对风险信息进行严格管理；还要负责定期公布相关食品安全信息及食品企业检查结果，方便消费者的正确选择。最后，协调委员会还必须建立危机应对机制，在食品安全风险评估后及时制定科学有效的应对措施。

三是食品安全委员会的人员构成。为了充分保障食品安全委员会的独立性与专业性,委员会的组成人员应该选择与食品安全相关的卫生、食品、环境、风险管理等领域的知名专家学者,实行任期聘用制,由食品安全委员会主任或国务院总理直接任命,并对其负责。这些委员在任职期间必须保持价值中立,不得在任何政治组织、企业中兼职,更不得从事其他以经济利益为目的的活动。

就网络协同治理可能出现的现实问题,笔者结合2013年通过的“国务院机构改革和职能转变方案”,围绕食品安全委员会的定位问题展开了讨论,提出应将其下设于全国人大,以增强其协调实效。至于讨论的科学性与合理性,同样需要实践与时间的检验。

通过以上对于转变协同治理理念、建构协同治理结构、重塑协同治理机制、理顺府际关系、培育社会资本,以及确立协同核心这六个维度的分析,我们发现,要充分有效地实现食品安全领域的协同治理并非易事,需要多元主体,在多维网络中,多管齐下,以通力协作之功,方能实现协同治理之效。在本书的最后,笔者尝试对食品安全协同治理运行机制作一初探性设计,详见图7-3:

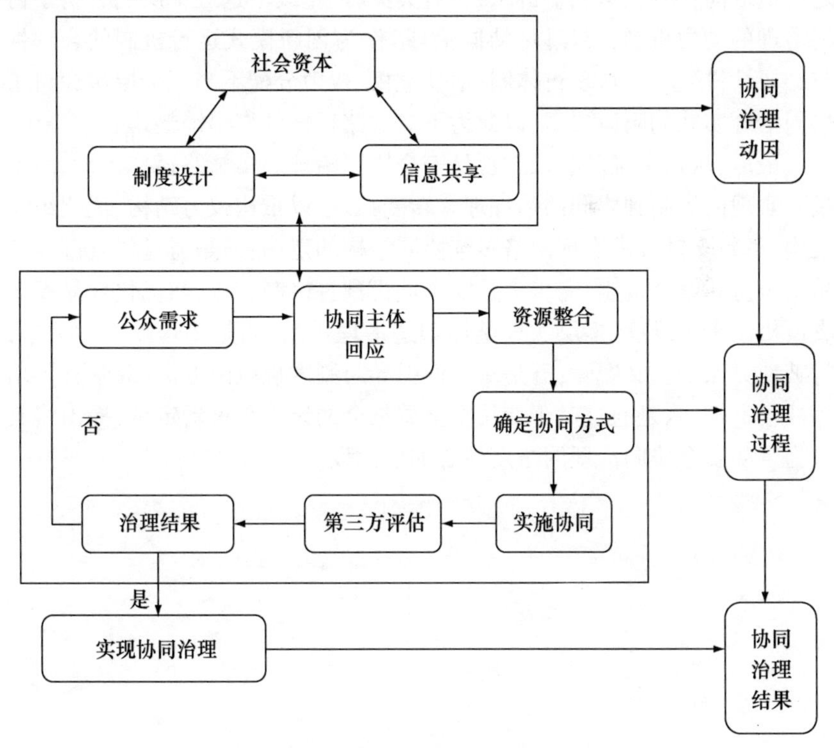

图7-3 食品安全协同治理运行机制图

第四节 本章小结

在完成了我国食品安全“多元协同”治理模式的主体设计以及组织结构设计以后，本书将研究关注点转移到了最后一个问题，即模式的运行机制。在分析了现行模式“以分段监管为主”运行机制的弊端之后，本书提出要以“协同治理”机制来保障创新模式的有效运行。

首先，对我国现行食品安全监管运行机制下的绩效展开了分析。通过翔实的数据，在借鉴前人研究成果的基础上，以政府监管能力为着眼点，从制度建设情况、食品安全检验监测能力、安全认证食品发展水平、监管机构信任水平这四个维度对我国现行运行机制下的绩效进行了考察，最终得出结论，我国食品安全监管绩效评价结果为“差”。这也就引出了创新运行机制的必要性与紧迫性。

其次，通过将“分段监管”与“协同治理”进行比较，探究出协同治理之价值取向；随后，从利益诉求、政府失灵、民主政治这三个层面分析了协同治理的动力机制，突显以“协同治理”作为创新模式运行机制的合理性与必要性；接着，又从现行体制、信任危机、权力分配不当三个层次探讨了协同治理实施的阻碍要素，以此为下文的路径设计作出铺垫。

最后，从六个维度尝试对食品安全协同治理的实施路径作出设计：一是要实现由规制到协同的治理理念转变；二是以重构权力结构、优化组织架构、革新支持技术实现网络多维协同结构的建构；三是通过建立健全食品安全协同整合机制、完善食品安全危机预警机制、改进和优化食品安全决策机制来多维度、多层次地整体塑造治理机制；四是要理顺府际关系，打破地方保护主义魔障；五是从价值引导与制度规范两方面，双管齐下培育社会资本；六是通过对于食品安全委员会的讨论与重新定位，提出将其作为食品安全协同治理网络之核心加以建设。

参考文献

一、译著

[1]〔美〕E. S. 萨瓦斯:《民营化与公私部门的伙伴关系》,周志忍等译,中国人民大学出版社 2002 年版。

[2]〔美〕埃莉诺·奥斯特罗姆:《公共服务的制度建构》,毛寿龙译,上海三联书店 2000 年版。

[3]〔美〕戴维·奥斯本、〔美〕特德·盖布勒:《改革政府:企业家精神如何改革着公共部门》,周敦仁等译,上海译文出版社 2006 年版。

[4]〔美〕罗伯特·阿克塞尔罗德:《合作的复杂性:基于参与者竞争与合作的模型》,梁捷等译,上海人民出版社 2008 年版。

[5]〔法〕皮埃尔·卡蓝默:《破碎的民主:试论治理的革命》,高凌瀚译,上海三联书店 2005 年版。

[6]〔法〕让-皮埃尔·戈丹:《何谓治理》,钟震宇译,社会科学文献出版社 2010 年版。

[7]〔美〕斯蒂芬·戈德史密斯,〔美〕威廉·D. 埃格斯:《网络化治理:公共部门的新形态》,孙迎春译,北京大学出版社 2008 年版。

[8]〔德〕乌尔里希·贝克:《风险社会》,何博闻译,译林出版社 2004 年版。

[9]〔美〕约瑟夫·S. 奈,〔美〕约翰·D. 唐纳胡:《全球化世界的治理》,王勇、门洪华等译,世界知识出版社 2003 年版。

[10]〔美〕詹姆斯·N. 罗西瑙:《没有政府统治的治理》,张胜军等译,江西出版社 2001 年版。

二、中文著作

[1] 陈佳贵、黄群慧、彭华岗、钟宏武:《中国企业社会责任研究报告(2011)》,社会科学文献出版社 2011 年版。

[2] 姜启军:《基于社会责任的食品企业危机管理》,格致出版社 2011 年版。

[3] 孔繁斌:《公共性的再生产:多中心治理的合作机制建构》,江苏人民出版社 2012 年版。

[4] 李光德:《经济转型期中国食品药品安全的社会性管制研究》,经济科学出版社 2008 年版。

[5] 刘亚平:《走向监管国家:以食品安全为例》,中央编译出版社 2011 年版。
[6] 刘祖云:《行政伦理关系研究》,人民出版社 2007 年版。
[7] 秦利:《基于制度安排的中国食品安全治理研究》,中国农业出版社 2011 年版。
[8] 宋华琳、傅蔚冈:《规制研究:食品与药品安全的政府监管(第 2 辑)》,格致出版社 2009 年版。
[9] 唐民皓:《食品药品安全与监管政策研究报告(2012)》,社会科学文献出版社 2012 年版。
[10] 滕月:《中国食品安全规制与改革》,中国物资出版社 2011 年版。
[11] 徐景和:《食品安全综合监督探索研究》,中国医药科技出版社 2009 年版。
[12] 徐立青、孟菲:《中国食品安全研究报告(2012)》,科学出版社 2012 年版。
[13] 颜海娜:《食品安全监管部门间关系研究:交易费用理论的视角》,中国社会科学出版社 2010 年版。
[14] 俞可平:《治理与善治》,社会科学文献出版社 2000 年版。
[15] 原英群、于始:《食品安全:全球现状与各国对策》,中国出版集团 2009 年版。
[16] 詹承豫、李程伟:《食品安全监管中的博弈与协调》,中国社会出版社 2009 年版。
[17] 张国庆:《企业社会责任与中国市场经济前景:公共管理的决策与作用》,北京大学出版社 2009 年版。
[18] 张康之:《行政伦理的观念与视野》,中国人民大学出版社 2008 年版。
[19] 张婷婷:《中国食品安全规制改革研究》,中国物资出版社 2010 年版。
[20] 周德翼、吕志轩:《食品安全的逻辑》,科学出版社 2008 年版。
[21] 周小梅、陈丽萍、兰萍:《食品安全管制长效机制:经济分析与经验借鉴》,中国经济出版社 2011 年版。
[22] 周应恒等:《现代食品安全与管理》,经济管理出版社 2008 年版。

三、中文论文

[1] 陈季修、刘智勇:《我国食品安全的监管体制研究》,载《中国行政管理》2010 年第 8 期。
[2] 陈锡进:《中国政府食品质量安全管理的分析框架及其治理体系》,载《南京师范大学学报》(社会科学版)2011 年第 1 期。
[3] 陈彦丽:《市场失灵、监管懈怠与多元治理——论中国食品安全问题》,载《哈尔滨商业大学学报》(社会科学版)2012 年第 3 期。
[4] 邓泽宏、何应龙:《企业社会责任运动中的政府作用研究》,载《中国行政管理》2010 年第 11 期。
[5] 定明捷、曾凡军:《网络破碎、治理失灵与食品安全供给》,载《公共管理学报》2009 年第 4 期。

[6] 范春梅、贾建民、李华强:《食品安全事件中的公众风险感知及应对行为研究——以问题奶粉事件为例》,载《管理评论》2012 年第 1 期。

[7] 葛自丹:《食品安全中的行政主体——服务重于监管》,载《理论探讨》2010 年第 6 期。

[8] 何畅:《论我国出口食品供应链安全风险预控机制》,载《学术交流》2011 年第 11 期。

[9] 何立胜、孙中叶:《食品安全规制模式:国外的实践与中国的选择》,载《河南师范大学学报》(哲学社会科学版)2009 年第 4 期。

[10] 何坪华、焦金芝、刘华楠:《消费者对重大食品安全事件信息的关注及其影响因素分析——基于全国 9 市(县)消费者的调查》,载《农业技术经济》2007 年第 6 期。

[11] 何水:《协同治理及其在中国的实现——基于社会资本理论的分析》,载《西南大学学报》(社会科学版)2008 年第 3 期。

[12] 何昫、尹佳梅:《食品安全软环境建设问题探讨》,载《消费经济》2010 年第 6 期。

[13] 姜启军、苏勇:《食品安全伦理风险与伦理决策分析》,载《商业研究》2009 年第 12 期。

[14] 姜启军、苏勇:《食品安全防治的经济学和伦理学分析》,载《华东经济管理》2010 年第 2 期。

[15] 焦志伦、陈志卷:《国内外食品安全政府监管体系比较研究》,载《华南农业大学学报》(社会科学版)2010 年第 4 期。

[16] 经戈、锁利铭:《公共危机的网络治理:NAO 模式的应用分析》,载《软科学》2012 年第 3 期。

[17] 黎继子、周德翼:《论国外食品供应链管理和食品质量安全》,载《外国经济与管理》2004 年第 12 期。

[18] 黎友焕、龚成威:《国内企业社会责任理论研究新进展》,载《西安电子科技大学学报》(社会科学版)2009 年第 1 期。

[19] 黎群:《公共管理理论范式的嬗变:从官僚制到网络治理》,载《上海行政学院学报》2012 年第 4 期。

[20] 李艳波、刘松先:《食品安全供应链中政府主管部门与食品企业的博弈分析》,载《工业工程》2007 年第 1 期。

[21] 梁莹:《重塑公民与政府的良好合作关系——社会资本理论的视域》,载《中国行政管理》2004 年第 11 期。

[22] 林滨:《从道德危机到存在危机——重建社会信任的思考》,载《道德与文明》2011 年第 5 期。

[23] 林闽钢、许金梁:《中国转型期食品安全问题的政府规制研究》,载《中国行政管理》2008 年第 10 期。

[24] 刘畅、安玉发、中岛康博:《日本食品行业 FCP 的运行机制与功能研究——基于

对我国“三鹿”、“双汇”事件的反思》，载《公共管理学报》2011 年第 4 期。
[25] 刘伟忠：《协同治理的价值及其挑战》，载《江苏行政学院学报》2012 年第 5 期。
[26] 刘霞、郑风田：《国外食品安全规制评估的 CBA 法及启示》，载《山西财经大学学报》2007 年第 2 期。
[27] 刘小峰、陈国华、盛昭瀚：《不同供需关系下的食品安全与政府监管策略分析》，载《中国管理科学》2010 年第 2 期。
[28] 刘晓雪、李万赋：《食品安全监管成本研究的新进展》，载《北京工商大学学报》（自然科学版）2011 年第 3 期。
[29] 刘亚平：《中国食品监管体制：改革与挑战》，载《华中师范大学学报》（人文社会科学版）2009 年第 4 期。
[30] 刘亚平：《中国式“监管国家”的问题与反思：以食品安全为例》，载《政治学研究》2011 年第 2 期。
[31] 娄成武、张建伟：《从地方政府到地方治理——地方治理之内涵与模式研究》，载《中国行政管理》2007 年第 7 期。
[32] 丘新强、黎友焕：《基于企业社会责任视角的中国出口食品安全问题探讨》，载《世界标准化与质量管理》2007 年第 12 期。
[33] 任燕、安玉发：《食品安全内涵及关联主体行为研究综述》，载《经济问题探索》2011 年第 7 期。
[34] 任燕、安玉发、多喜亮：《政府在食品安全监管中的职能转变与策略选择——基于北京市场的案例调研》，载《公共管理学报》2011 年第 1 期。
[35] 沙勇忠、解志元：《论公共危机的协同治理》，载《中国行政管理》2010 年第 4 期。
[36] 施晟、周德翼、汪普庆：《食品安全可追踪系统的信息传递效率及政府治理策略研究》，载《农业经济问题》2008 年第 5 期。
[37] 宋华琳：《中国食品安全标准法律制度研究》，载《公共行政评论》2011 年第 2 期。
[38] 宋慧宇：《食品安全激励性监管方式研究》，载《长白学刊》2013 年第 1 期。
[39] 宋衍涛、卫璇：《在食品安全管理中加强我国行政问责制建设》，载《中国行政管理》2012 年第 12 期。
[40] 孙百亮：《“治理”模式的内在缺陷与政府主导的多元治理模式的构建》，载《武汉理工大学学报》（社会科学版）2010 年第 3 期。
[41] 孙健、田星亮：《网络化治理中公民参与的实现》，载《江西社会科学》2010 年第 5 期。
[42] 孙健：《网络化治理：公共事务管理的新模式》，载《学术界》2011 年第 2 期。
[43] 孙中叶：《社会性规制的演变与发展——以美国和日本食品安全的社会性规制为例》，载《当代经济研究》2009 年第 3 期。
[44] 孙中叶：《政府社会性规制与企业社会责任的契合——以食品行业为例》，载《改革与战略》2010 年第 6 期。

[45] 田星亮:《网络化治理:从理论基础到实践价值》,载《兰州学刊》2012 年第 8 期。
[46] 王冀宁、潘志颖:《利益均衡演化和社会信任视角的食品安全监管研究》,载《求索》2011 年第 9 期。
[47] 王小龙:《论我国食品安全法中风险管理制度的完善》,载《暨南学报》(哲学社会科学版)2013 年第 2 期。
[48] 王志刚、翁燕珍、杨志刚、郑风田:《食品加工企业采纳 HACCP 体系认证的有效性:来自全国 482 家食品企业的调研》,载《中国软科学》2006 年第 9 期。
[49] 吴淼:《激励不相容与农产品质量安全公共治理困境》,载《华中科技大学学报》(社会科学版)2011 年第 4 期。
[50] 吴元元:《信息基础、声誉机制与执法优化——食品安全治理的新视野》,载《中国社会科学》2012 年第 6 期。
[51] 夏黑讯:《我国食品安全监管协调机制的现状与完善》,载《科学经济社会》2010 年第 3 期。
[52] 颜海娜:《我国食品安全监管体制改革——基于整体政府理论的分析》,载《学术研究》2010 年第 5 期。
[53] 詹承豫、刘星宇:《食品安全突发事件预警中的社会参与机制》,载《山东社会科学》2011 年第 5 期。
[54] 张红凤、陈小军:《我国食品安全问题的政府规制困境与治理模式重构》,载《理论学刊》2011 年第 7 期。
[55] 张勤、钱洁:《促进社会组织参与公共危机治理的路径探析》,载《中国行政管理》2010 年第 6 期。
[56] 张晓涛、孙长学:《我国食品安全监管体制:现状、问题与对策》——基于食品安全监管主体角度的分析》,载《经济体制改革》2008 年第 1 期。
[57] 赵学刚:《食品安全信息供给的政府义务及其实现路径》,载《中国行政管理》2011 年第 7 期。
[58] 朱立言、刘兰华:《网络化治理及其政府治理工具创新》,载《江西社会科学》2010 年第 5 期。

四、外文论文

[1] Bryn Jones & Peter Nisbet(2011). Shareholder Value Versus Stakeholder Values: CSR and Financialization in Global Food Firms. *Socio-Economic Review*, No. 9, pp. 287—314.
[2] Changbai Xiu & K. K. Klein(2010). Melamine in Milk Products in China: Examining the Factors that Led to Deliberate Use of the Contaminant. *Food Policy*, No. 3, pp. 463—470.
[3] Cornelia Butler Flora. Schanbacer, William, D. (2011). The Politics of Food: The Global Conflict Between Food Security and Food Sovereignty. *J Agric Environ Ethics*,

No. 24, pp. 545—547.

[4] David L. Ortega & H. Holly Wang & Laping Wu & Nicole J. Olynk(2011). Modeling Heterogeneity in Consumer Preferences for Select Food Safety Attributes in China. *Food Policy*, No. 36, pp. 318—324.

[5] Elizabeth A. Dowler & Deirdre O'Connor(2012). Rights-based Approaches to Addressing Food Poverty and Food Insecurity in Ireland and UK. *Social Science &Medicine*, No. 74, pp. 44—51.

[6] Ibrahim El-Dukheri & Nasredin Elamin & Mylène Kherallah (2011). Farmers' Response to Soaring Food Prices in the Arab Region. *Food Sec*, No. 3, pp. 149—162.

[7] Ling Zhu(2011). Food Security and Agricultural Changes in the Course of China's Urbanization. *China & World Economy*, Vol. 19, No. 2, pp. 40—59.

[8] Nadim Khouri & Kamil Shideed & Mylene Kherallah(2011). Food Security: Perspectives From the Arab World. *Food Sec.*, No. 3, pp. 1—6.

[9] Shim, S. M., Seo, S. H., Lee, Y., Moon, G. I., Kim, M. S. (2011). Consumers' Knowledge and safety Perceptions of Food Additives: Evaluation on the Effectiveness of Transmitting Information on Preservatives. *Food Control*, No. 22.

[10] Terry Marsden(2012). Towards a Real Sustainable Agri-food Security and Food Policy: Beyond the Ecological Fallacies? *The Political Quarterly*, Vol. 83, No. 1, pp. 25—33.

五、学位论文

[1] 韩丹:《食品安全与市民社会——以日本生协组织为例》,吉林大学 2011 年博士学位论文。

[2] 孟菲:《食品安全的利益相关者行为分析及其规制研究》,江南大学 2009 年博士学位论文。

[3] 秦利:《基于制度安排的中国食品安全治理研究》,东北林业大学 2010 年博士学位论文。

[4] 王彩霞:《地方政府扰动下的中国食品安全规制问题研究》,东北财经大学 2011 年博士学位论文。

[5] 杨华锋:《论环境协同治理》,南京农业大学 2011 年博士学位论文。

附录1　经销商对食品安全生产保障机制的认知调查

尊敬的被调查者，您好！

我们来自南京大学，非常感谢您抽出宝贵的时间配合我们这次有关食品质量安全问题的调查。希望通过这次调查，了解您对食品安全的理解及购买意愿。我们保证不会对您产生任何不利影响。问题有六个，需要花费您大约5分钟时间。在此对您致以万分的感谢！

1. 您对食品安全关心程度________。

A. 很关心　B. 较关心　C. 一般　D. 不关心

E. 极不关心

2. 您了解以下几种食品安全生产保障机制________(多选)

A. 绿色食品　B. 市场准入制度　C. 索证索票制度

D. HACCP体系　E. 信息可追溯制度　F. 产地编码制度

3. 您平时在进货和销售过程中会关注以上这些食品安全生产保障机制吗？________

A. 非常关注　B. 比较关注　C. 一般　D. 不太关注

E. 从不关注

4. 您认为这些机制对于保障食品安全________

A. 非常重要　B. 比较重要　C. 一般　D. 不太重要

E. 极不重要

(如果选择A、B、C，请进入第5题；如果选择D、E，请直接进入第6题)

5. 您认为食品安全生产保障机制最适用于哪个环节？________

A. 生产环节　B. 采购环节　C. 加工环节　D. 配送环节

E. 销售环节

6. 请您从销售者的角度来对我国食品安全保障制度提出意见，谢谢！

____

再次感谢您抽出宝贵时间帮助我们完成这份问卷，请您从头检查一遍，如果没有问题的话请您将问卷交还给调查员，谢谢！

调查时间：____________

调查地点：____________

调查员（签字）：________

附录 2　消费者食品安全意识调查

尊敬的被调查者,您好!

我们来自南京大学,非常感谢您抽出宝贵的时间配合我们这次有关食品质量安全问题的调查。希望通过这次调查,了解您对食品安全的理解及购买意愿。我们保证不会对您产生任何不利影响。问题有 19 个,需要花费您大约 5—10 分钟时间。在此对您致以万分的感谢!

1. 您对食品安全关心程度________。

A. 很关心　B. 较关心　C. 一般　D. 不关心

E. 极不关心

2. 您认为当前我国的食品安全总体上是________。

A. 安全　B. 比较安全　C. 不安全　D. 很不安全

E. 说不清

3. 您主要的购买食品地点是________。

A. 路边市场　B. (室内)农贸市场　C. 超市

4. 您知道无公害食品吗? ________

A. 知道　B. 不知道

如果知道,您对无公害食品放心吗? ________

A. 放心　B. 不放心

购买过吗? ________

A. 经常　B. 偶尔　C. 没有

5. 您知道绿色食品吗? ________

A. 知道　B. 不知道

如果知道,您对绿色食品放心吗? ________

A. 放心　B. 不放心

购买过吗? ________

A. 经常　B. 偶尔　C. 没有

6. 您知道有机食品吗? ________

A. 知道　B. 不知道

如果知道,您对有机食品放心吗? ________

A. 放心　　　　　　　　　　　B. 不放心

购买过吗? ________

A. 经常　　　　B. 偶尔　　　　C. 没有

7. 您认为哪一类食品的质量安全水平更高(请排序)? ________

A. 无公害食品　　　B. 绿色食品　　　C. 有机食品。

8. 您了解您购买的食品质量安全状况(主要指标)吗? ________

A. 不太了解　　B. 基本了解　　C. 比较了解　　D. 很了解

9. 总体上看,您对您这些年所购买的蔬菜放心吗? ________

A. 一直放心　　　　　　　　　B. 以前不放心,现在放心

C. 一直不放心　　　　　　　　D. 说不清

10. 您在购买食品时,最关注________(多选)

A. 生产日期和保质期　　　　　B. 价格

C. 品牌、厂家、产地　　　　　D. 检验合格证明

E. 配料及营养成分　　　　　　F. 食品安全保障机制

11. 您认为食品安全保障机制(有机、绿色食品认证等)重要吗?

A. 很重要　　　B. 重要　　　C. 说不清　　　D. 不重要

E. 很不重要

12. 对下列食品安全信息问题,请选择您的答案(在相应方框内打"√")

	非常同意	同意	无意见	不同意	非常不同意
在食品安全方面,我相信自己的经验					
在食品安全方面,我相信家人、朋友和同事的推荐					
我相信食品安全标准(绿色食品、食品安全、免检产品标志)					
购买食品时,我会听取市场促销人员的建议					
我会仔细检查标签上的食品安全信息					
我习惯从报纸获取食品安全信息					
我习惯看电视获取食品安全信息					

（续表）

	非常同意	同意	无意见	不同意	非常不同意
我习惯听广播获取食品安全信息					
我习惯在互联网上搜寻食品安全信息					
我习惯从杂志上获取食品安全信息					
我相信商场宣传资料上食品安全信息					
我相信权威专家的食品安全观点					
我相信食品广告					
我相信政府机构检测标志，如猪肉检疫章等					
我相信卫生局发布的食品安全信息					
我相信质量技术监督局发布的食品安全信息					
我相信市场管理部门发布的食品安全信息					
我相信食品药品监督管理局发布的食品安全信息					
我相信工商局发布的食品安全信息					
我相信农业局发布的食品安全信息					
我相信消费者协会发布的食品安全信息					

13. 您或您的家人是否遭遇过食品危害事件（主要指身体出现急性反应）？________

A. 遭遇过　　B. 没有　　C. 说不清楚

若有，是否向有关部门投诉过？________

A. 是　　B. 否

（如果选择 A，请进入第 14 题；如果选择 B，请直接进入第 15 题，谢谢！）

14. 投诉效果如何？________

A. 解决了问题　　B. 没有解决问题

15. 为什么没有投诉？________

A. 程序太复杂　　B. 没有回应　　C. 其他

16. 为保障食品安全，政府推行了许多政策，如推广认证管理、强贴QS标志、加强市场检验检测等，您认为这些强化措施的效果如何？________

A. 很好　　B. 比较好　　C. 一般　　D. 不太好

E. 非常不好

17. 为更好地保障食品安全，您认为政府应该从哪些方面着手？请选出重要的三项，并依重要程度排序 ________

A. 加大对不法商贩的曝光　　B. 加大处罚力度

C. 加强对零售市场的监测　　D. 加强对标签的管理

E. 加强对食品生产企业的教育　　F. 加强食品安全知识宣传

18. 请选择您对下列食品安全管理说法的同意程度

	非常同意	同意	无意见	不同意	非常不同意
总体而言，政府的食品安全管理工作做得还不错					
政府完全有能力做好食品安全管理					
政府拥有足够的专业人员管理食品安全					
在食品安全方面，政府有时为自身利益扭曲事实					
政府经常随意改变食品安全管理政策					
行业利益对政府食品安全管理影响很大					
政府能站在公众利益立场上处理食品安全问题					
政府能认真了解公众担忧的食品安全问题					
政府能充分听取公众对食品安全的意见					
政府的食品安全政策能平衡社会各方利益					

（续表）

	非常同意	同意	无意见	不同意	非常不同意
政府有时隐瞒食品安全信息					
政府看待食品安全问题的态度与我基本相同					
政府能够积极应对食品安全突发事件					
我国食品安全管理体制足以控制食品安全风险					
我国正采取恰当方式进行食品安全管理工作					
政府勇于承担自己的食品安全管理责任					
政府能够为公众提供有效的食品安全建议					
政府有效履行了自己的食品安全管理职责					

19. 在对安全优质食品进行宣传的过程中，作为消费者，您更容易接受哪种宣传方式？________

A. 政府公益宣传　　B. 商业广告

C. 改进包装　　D. 产地参观

E. 安全优质农产品标志宣传　　F. 免费样品派送

G. 其他

您的个人情况：

1. 您的性别 ________

A. 男　　B. 女

2. 您的年龄 ________

A. 16—29 岁　B. 30—39 岁　C. 40—55 岁　D. 55 岁以上

3. 您的学历 ________

A. 小学　　B. 初中

C. 高中（包括中专、职高）　　D. 大学（大专和本科）

E. 研究生以上

4. 您的职业 ________

A. 教师　　B. 医生

C. 科研人员　　　　　　　　　　D. 企事业单位干部
E. 国家公务员　　　　　　　　　F. 企业职员
G. 退休人员　　　　　　　　　　H. 学生
I. 其他

5. 家庭月平均收入 ________

A. 2000 元以下　　　　　　　　B. 2000—4000 元
C. 4000—6000 元　　　　　　　D. 6000 元以上

再次感谢您抽出宝贵时间帮助我们完成这份问卷，请您从头检查一遍，如果没有问题的话请您将问卷交还给调查员，谢谢！

调查时间：____________
调查地点：____________
调查员（签字）：________

以感恩之心继续前行(代后记)

本书是在我博士毕业论文的基础上修改完成的。回想在南京大学度过的三年“苦行僧”式的博士生活,不禁感叹时光荏苒,岁月如歌。三载寒暑,曾经闭门枯坐,苦读一本本学术经典;曾经奔走于图书馆、逸夫楼、教学楼,在三点一线的简单生活中自得其乐;曾经深陷沮丧,为论文逻辑架构的完善而绞尽脑汁;也曾心中窃喜,为漫漫学术征途中的点滴进步而感动不已。一路走来,我得到了太多人的帮助与教导,也许我无法以最华丽的辞藻加以诠释,但我将以最真诚的情感表达我平凡而真实的感恩之心。

首先,感谢我的博士生导师周沛教授。正是周教授将我引入社会福利这个包罗万象、充满挑战的知识领域,并助我在这一广阔的知识海洋中遨游。在博士论文选题之初,我也曾徘徊,但最终在“大福利”视域下,选择了与民众切身利益以及福利水平密切相关的“食品安全”这一热点问题。即便这一选题与恩师的研究方向相左,但恩师还是以其严谨的治学态度、渊博的专业知识、务实的行为作风、宽广的学术胸怀包容着我、支持着我、鼓励着我、鞭策着我。正是恩师的言传身教、悉心指导与周至关怀,才使我得以将最初的懵懂想法变为今日的洋洋万言。同时,还要感谢敬爱的师母孙老师,谢谢您在学习、生活、工作中对我的关心与帮助,和您的每次接触都非常愉悦,让我有一种“回家”的感觉。

感谢我的博士后导师风笑天教授。为了提高自己的研究方法,今年4月我又回到南京大学,追随仰慕已久的风老师潜心研习,老师专注、严谨的治学态度与积极、乐观的人生信念深深感染了我,尤其是老师对于社会研究方法的精进钻研,更是予我莫大帮助。师母张老师睿智开朗,暑假期间得知我因种种原因而纠结迷茫,如慈母一般以亲身经历与感悟对我耐心开导,短短数日相处予我诸多人生启迪,令我感激不已。

感谢我的硕士生导师张建东教授。老师在繁重的行政事务之余,仍不忘时时对我给予学术上的指导与生活上的关爱,尤其是2006年,在我最困难的时候安排我到云南大学教务处实习,在缓解我经济压力的同时也让我的工作能力得到了提高,让我感激至今。感谢光荣的人民警察师母对我的帮助与关心。

感谢我的本科生导师李兵教授。“作为我的学生，我就觉得自然地有义务一直来帮助你。”这是老师在云南大学人文学院 2014 级硕士研究生导师见面会介绍我时说的一句话，朴实无华的寥寥数语让我感动万分。即便毕业数年，老师仍尽力为我争取到了硕士生导师资格，衷心感谢！

几位导师及师母对我无微不至的关怀与照拂，让远离故土的我在异乡金陵和春城感受到了父爱的温暖、母爱的伟大，令我终生难忘！

其次，感谢诸位可敬可亲的授课老师。南京大学政府管理学院名师辈出，聆听他们的课程，拜读他们的论著，总会让我获益良多。在此，我要感谢童星教授、张凤阳教授、林闽钢教授、顾海教授、朱国云教授、孔繁斌教授、魏姝教授、庞绍堂教授、张康之教授、严强教授、黄健荣教授、严新明副教授、高传胜副教授、张海波副教授。老师们精彩的教学讲授、深邃的学术眼光、前沿的专业视角，不断激发着我的学习热情与探索动力，感谢您们！

再次，感谢我的师兄梁德友副教授在学术道路上对我的指导，尤其是在几次基金申报关键时刻的倾情指导，让我感激万分；感谢我的小师妹徐倩博士，为了帮我提交博士毕业和博士后进站的相关材料而奔走于学校各职能部门之间；感谢我的博士同学谢治菊教授对我的无私帮助；感谢我的博士同门师兄弟（姐妹）们，如王磊、李炜冰、周进萍、曲绍旭、刘珊、管向梅、张春娟、陈静、柳颖等，感谢我的博士同学，如王晓东、刘娟、蒋励佳、杨钰、石晶、丁学娜、秦莉等，正是与你们的一次次交谈、讨论、争辩，不断激发着我的学术灵感，并不断弥补自己的不足；感谢我的挚友，云南大学的张玲老师、张会龙老师、张玉老师，相识十五载，三位张氏好友待我如亲兄弟，给予无数帮助关爱。

当然，还要感谢云南大学滇池学院的各位领导对我求学的大力支持。尤其是我敬重的马杰院长，始终抱持着“真心办教育”的理念，秉持着“事业留人、感情留人、待遇留人”的信念，坚持着“开明、包容、远见”的观念，对我读博及进行博士后研究给予莫大支持，令我无比感激。感谢管理学院的诸位同仁一直以来的帮助。

最后，我要特别感谢我可爱的家人。感谢我伟大的爸爸妈妈将我带到这个美好的世界，并尽最大努力帮助着我、呵护着我。一生坎坷的爸爸含辛茹苦地将我抚养成人，父子二人相依为命二十载，却因我的任性与无知，怨恨误会爸爸多年，好不容易前两年父子关系才缓和，可爸爸却罹患绝症，尚未享福就离我而去，也让没有尽孝的我后悔终生，痛恨自己枉为人子！我苦命的母亲尝遍人生苦涩，承受了太多生活重负，以一颗纯善的心陪伴父亲走完了生命中的最后岁月，让为人子女的我倍感歉意与感激。感谢我的岳父岳母，待我视如已出，以无私与包容，一直支持着我、帮助着我、信任着我，将最疼爱的女儿嫁给我，并在我外出进行博士后研究期间与已近耄耋之年的外婆一起精心照料吾妻及爱女，给予我最大支持与鼓励。当然，最感谢的是爱妻龚莹，六年的相识、相知、相爱后，我们步入了婚姻殿堂；婚后至今五年的相守，使我们坚信厮守一生的承诺，感谢你的默默支持、理解配合，有了你的鼓励与支持，我才得以在漫漫征程上不断前行；有了你的陪伴与帮扶，今后的路将不再孤独寂寞。感谢我无比可爱的女儿小豆豆，是你在爸爸外出求学之时陪伴守护着妈妈。谢谢你，宝贝，愿你健康成长！感谢我的表妹刘咏玮会计师在计量方法方面给予我的帮助。感谢解放军伉俪——妻妹龚丹夫妇及小芒果一家的关爱与支持。感谢我的伯父伯母、叔叔婶婶、姑姑姑父、舅舅舅妈、兄弟姐妹，以及吾妻之外公外婆、奶奶、姨妈姨父、舅舅舅妈、伯父伯母、姑姑姑父，以及兄弟姐妹们，一百多号人的大家族给予我充分的家庭温暖，也弥补着我童年的遗憾。

行文至此，突感后记犹如颁奖盛典之答谢辞，除了感激已无他言。的确如此，在成长过程中我得到了太多人的帮助，唯有抱持感恩之心，方能不断前行！在复杂性突显的当今社会，“感恩”显得尤为重要。本书研究之“食品安全”亦不例外，唯有感恩，政府方能正确运用手中权力，以食品安全有效治理来回报权力之主人——民众；唯有感恩，企业方能积极履行社会责任，以安全食品的供给来回馈消费者之信任；唯有感恩，社会大众方能意识觉醒，以积极参与共同推进食品安全多元协同治理之实现！

对于未能提及的所有帮助过我的人，请原谅我的疏忽，在此一并表示感谢！让我们在感恩中，不断前行！

李　静

2015年10月12日

于南京大学仙林校区圣达楼